EDMUND LANDAU

TEORIA ELEMENTAR DOS NÚMEROS

Tradução da série de textos clássicos
da
AMERICAN MATHEMATICAL SOCIETY
por
Paulo Henrique Viana de Barros
Professor do Departamento de Matemática da PUC-RJ

Revisão
Lázaro Coutinho
*Consultor-Matemático do
Centro de Análises de Sistemas Navais*

Nenhuma parte deste livro poderá ser reproduzida, transmitida e gravada, por qualquer meio eletrônico, mecânico, por fotocópia e outros, sem a prévia autorização, por escrito, da Editora.

Translation from the english language edition:
ELEMENTARY NUMBER THEORY BY EDMUND LANDAU
Copyright© 1958, 1966, by Chelsea Publishing Company from translation into English, by Jacob E. Goodman of the German-language work Elementary Zahlentheorie, with exercises by Paul T. Bateman and E.E. Kohlbecker.
Reprinted by the American Mathematical Society, 1999
All Rights Reserved.

© 2002 Editora Ciência Moderna Ltda.
Todos os direitos para a língua portuguesa reservada pela
EDITORA CIÊNCIA MODERNA LTDA.
Esta obra foi composta no LaTeX2e

Editor: Paulo André P. Marques
Supervisão Editorial: Carlos Augusto L. Almeida
Consultoria Editorial e Revisão Técnica: Lázaro Coutinho
Tradução: Paulo Henrique Viana de Barros
Assistente Editorial: Daniele M. Oliveira
Capa: Renato Martins
Diagramação: Otávio Alves Barros e Luiz Renato Dantas Coutinho

FICHA CATALOGRÁFICA

LANDAU, EDMUND Georg Hermann (1877-1938)
Teoria Elementar dos Números
Rio de Janeiro: Editora Ciência Moderna, 2002

Matemática; Teoria dos Números
I – Título

ISBN: 85-7393-174-4   CDD 512

EDITORA CIÊNCIA MODERNA LTDA.
Rua Alice Figueiredo, 46
CEP: 20950-150 ▪ Riachuelo ▪ Rio de Janeiro ▪ Brasil
Tel: (0-XX-21) 2201-6662 ▪ 2201-6492 ▪ 2201-6998
Fax: (0-XX-21) 2201-6896 ▪ 2281-5778
E-mail: lcm@lcm.com.br

Sumário

Parte I
Fundamentos da Teoria dos Números

1. O Máximo Divisor Comum de Dois Números 11
2. Números Primos e Fatoração em Primos 21
3. O Máximo Divisor Comum de Vários Números 31
4. Funções Aritméticas 35
5. Congruências 45
6. Resíduos Quadráticos 65
7. A Equação de Pell 91

Parte II
O Teorema de Brun e o Teorema de Dirichlet

8. Algumas Desigualdades Elementares da Teoria de Números Primos 107
9. O Teorema de Brun sobre Pares de Primos 115
10. Teorema de Dirichlet sobre Primos numa Progressão Aritmética 127

Parte III
Decomposição em Dois, Três e Quatro Quadrados

11. Frações de Farey 159
12. Decomposição em Dois Quadrados 163

13 Decomposição em Quatro Quadrados 171

14 Decomposição em Três Quadrados 183

Parte IV
O Número de Classes de Formas Quadráticas Binárias

15 Formas Fatoráveis e não Fatoráveis 205

16 Classes de Formas 207

17 A Finitude do Número de Classes 211

18 Representação Primária por Formas 217

19 Representações de $h(d)$ em Termos de $K(d)$ 229

20 Somas de Gauss 235

21 Redução a Discriminantes Fundamentais 257

22 A Determinação de $K(d)$ para
   Discriminantes Fundamentais 259

23 Fórmulas Finais para o Número de Classes 267

Apêndice

Exercícios 271

Índice de Convenções 289

Índice Remissivo 289

Prefácio do Editor

Podem interessar ao leitor informações bibliográficas maiores. O professor Landau deu um curso de seis semestres sobre Teoria dos Números na Universidade de Göttingen, que foi publicado em três volumes com o título *Vorlesungen über Zahlentheorie* (Leipzig, 1927), cada volume contendo duas seções. Os títulos destas seis seções são *Aus der Elementaren Zahlentheorie* e *Aus der Additiven Zahlentheorie* (vol. I), *Aus der Analytischen Zahlentheorie* e *Aus der Geometrischen Zahlentheorie* (vol. II), e *Aus der Algebraischen Zahlentheorie* e *Über die Fermatsche Vermutung* (vol. III).

Quando *Vorlesungen über Zahlentheorie* foi reimpresso em 1947, a parte de Teoria Elementar dos Números foi editada separadamente como *Elementare Zahlentheorie*, com um glossário em alemão e em inglês. Isto tornou o livro mais accessível aos alunos; e era de se esperar que o livro fosse afinal traduzido em inglês, e esta esperança se realiza agora.

Este trabalho é, assim, uma tradução de *Elementare Zahlentheorie*, ao qual se acrescentaram exercícios para o leitor pelos professores Paul T. Bateman da Universidade de Illinois e Eugene E. Kohlbecker da Universidade de Utah. É, pois, o livro-texto do primeiro semestre do curso do professor Landau em Teoria dos Números.

Prefácio

Em cada um dos seis semestres do outono de 1921 até a primavera de 1924 eu ministrei um curso de quatro horas semanais em Teoria dos Números na Universidade de Göttingen. O conteúdo dos cursos era tão diferente do material apresentado nos livros comuns que eu me decidi a seguir numerosas sugestões para publicar o material das aulas. (Ver o prefácio do editor.)

Entre os tópicos da teoria de inteiros racionais que incluí além do material clássico estão belos resultados de teoria de números moderna que devemos a pesquisadores importantes como van der Corput, Hardy, Littlewood e Siegel.

Sobre a teoria de corpos de números algébricos meu objetivo maior foi apresentar, depois da exposição dos fundamentos, os dois resultados mais importantes obtidos relacionados com o dito Último Teorema de Fermat, bem como as demonstrações destes resultados. Assim, dei primeiro uma exposição do Teorema de Kummer que assegura que para cada número primo $p > 2$ dito regular a equação $\xi^p + \eta^p + \zeta^p = 0$ não tem soluções (não nulas) em inteiros algébricos do corpo de raízes p-ésimas da unidade, o que resulta em particular que ela não tem soluções em inteiros racionais nenhum dos quais se anula. A demonstração deste teorema de Kummer é tão difícil que, por exemplo, mesmo no livro de Bachmann sobre o problema de Fermat é deixado sem prova o lema principal (que contem o núcleo da dificuldade e que só pode ser demonstrado como o passo final de uma longa cadeia). Assim, a única exposição do assunto em toda literatura é o *Zahlbericht* de Hilbert; lá, contudo, tudo é apresentado no contexto de idéias mais gerais. Desta fonte extraí, simplificando o quanto me foi possível, o arranjo da demonstração neste trabalho. O segundo resultado que provo relativo ao Teorema de Fermat é o Teorema de Wieferich, que é o seguinte: se $x^p + y^p + z^p = 0$ tem solução em inteiros, nenhum dos quais é divisível por p, então $2^{p-1} \equiv 1 \pmod{p^2}$; demonstro ainda o resultado suplementar de Mirimanoff que alega que vale também que $3^{p-1} \equiv 1 \pmod{p^2}$.

Quanto ao resto, minhas aulas se voltaram primordialmente para a teoria dos inteiros racionais. Atribuo grande importância à apresentação de novas teorias referentes a problemas, na maioria velhos, que não buscam a maior generalidade possível mas, ao invés disso, vão até o ponto em que a forma mais característica de um resultado se aplica, mas se aplica a problemas na forma mais simples possível. Uma vez que cada secção do trabalho é introduzida por um prefácio mais ou menos considerável, menciono aqui apenas alguns detalhes.

1. Não falo do problema de Waring-Kamke, mas do problema de Waring-Hilbert e provo, seguindo Hardy e Littlewood, que todos grandes números podem ser escritos como soma de 19 quartas potências, e quase todos (em um sentido a ser tornado preciso) como soma de 15 quartas potências; analogamente para todos expoentes k além de 4.

2. Provo o teorema de Thue, com o refinamento de Siegel, apenas para equações diofantinas ordinárias, e não para equações com coeficientes e icógnitas algé-bricas. Assim, o leitor poderá encontrar neste livro o famoso teorema de Thue como um caso especial, a saber: toda equação diofantina $g(x,y) = a$, onde $g(x,y)$ é um polinômio irredutível homogêneo de grau maior do que dois com coeficientes inteiros, tem apenas um número finito de soluções.

3. Na teoria de pontos em um reticulado, incluo certamente o teorema principal da tese de van der Corput, mas, afora isso, trato a fundo o problema bastante especial do número $A(x)$ de pontos do reticulado no disco $u^2 + v^2 \leq x$, porque as idéias essenciais da teoria se manifestam neste problema. O leitor se surpreenderá em ver quão pouca profundidade está envolvida no teorema de Hardy e meu (1915) e no teorema de van der Corput (1923) no sentido em que a cota inferior φ (até o momento desconhecida) para valores α para os quais $A(x) - \pi(x) = O(x^\alpha)$ é, por um lado, $\geq \frac{1}{4}$, e por outro $< \frac{1}{3}$. É verdade que reduzir as coisas a esta simplicidade foi trabalho de alguns anos. Só encontrei minha nova demonstração do teorema $\varphi \geq \frac{1}{4}$ no fim do sexto semestre. Além disso, a demonstração posteriormente dada no livro para $\varphi \leq \frac{37}{112} < \frac{1}{3}$ é o arranjo de três novas demonstrações de Littlewood, Walfisz, e a minha própria.

Desnecessário dizer que alterei a ordem dos tópicos apresentados ao trabalhar a escrita das aulas. Por outro lado, quase não fiz adições ou omissões.

Menciono alguns outros detalhes referentes ao conteúdo. Em primeiro lugar, este trabalho não se destina a concorrer com meus dois volumes publicados sobre números primos nem com meu livro da teoria de ideais. Existem relativamente poucos pontos de contacto. Nem foi minha intenção dar um tratamento completo de toda a teoria dos números. A comparação com o

Prefácio

conteúdo de artigos relevantes na enciclopédia ou com a *História da Teoria dos Números* de Dickson mostra como é grande o mundo da teoria dos números e como é pequena a parte deste mundo que o leitor vai encontrar nestas tantas páginas. Mas eu o guiarei às mais clássicas e às mais belas das regiões, até agora inacessíveis; alguma preferência foi mostrada por lugares para os quais foi meu privilégio contribuir na construção da estrada, ou seja, uma preferência pela teoria analítica dos inteiros racionais.

Para a conveniência do leitor, não há notas de rodapé e só há poucas referências bibliográficas. Com as fontes históricas excelentes mencionadas acima (a enciclopédia e Dickson) o leitor pode saber sem dificuldade onde se encontram os artigos originais.

Seguindo sugestões de amigos, retive tanto quanto possível o estilo vivo e algo alegre das aulas, e não o substituí completamente por um estilo seco de livro texto.

Meus agradecimentos vão em primeiro lugar para autores dos belos trabalhos (especialmente aqueles mais recentes) cujos frutos pude colher. Muito especialmente agradeço meu antigo assistente e atual colega, o Privatdozent Dr. K. Grandjot, que, dominando completamente o assunto, deu sua ajuda valiosa na preparação das aulas, e por fim corrigiu o manuscrito. Revisando as provas, além da ajuda do Dr. Grandjot, pude contar com a colaboração de um especialista notável no campo da teoria analítica e geométrica dos números, meu aluno Dr. A. Walfisz. Além disso, a estudante L. Kirchoff não apenas deu uma ajuda preciosa e eficiente com as provas como também se dispôs a compor uma versão do manuscrito final. Agradeço de coração a fidelidade destes três colaboradores.

Quero ainda expressar meus agradecimentos para a firma de S. Hirzel, que organizou a publicação deste trabalho e assim tornou possível seu aparecimento como livro.

Göttingen, 23 de fevereiro de 1927

Edmund Landau.

Parte I

Fundamentos da Teoria dos Números

Capítulo 1

O Máximo Divisor Comum de Dois Números

A não ser quando mencionado o contrário, letras itálicas minúsculas representarão sempre inteiros, i. e.,

$\qquad$ 1,2,3,...   (inteiros positivos ou naturais),
$\qquad\quad$ 0   (zero),
$\qquad$ -1,-2,-3,...   (inteiros negativos).

Os seguintes fatos serão usados constantemente: se a for um inteiro então também o são $-a$ e $|a|$; se a e b são inteiros então também o são $a+b$, $a-b$ e ab; se $a > b$ então $a \geq b+1$; e se $a < b$ então $a \leq b-1$.

Definição 1. *Seja $a \neq 0$; seja b arbitrário. Então b é dito divisível por a se existe um número q tal que*

$$b = qa.$$

Este q, a saber $q = ba$, é então unicamente determinado.

Dizemos ainda: b é múltiplo de a, a é divisor de b ou a divide b. Em símbolos,
$$a|b.$$
Se $a \neq 0$ e b não for divisível por a então escrevemos

$$a \nmid b.$$

Exemplos: $2|6$, $4 \nmid 6$, $3 \nmid 4$,

$a|0$ para qualquer $a \neq 0$,
$1|a$ e $-1|a$ para qualquer a,
$a|a$ e $a|-a$ para qualquer $a \neq 0$.

Teorema 1. *Se $a|b$ então*

$$a|-b, \qquad -a|b, \qquad -a|-b, \qquad |a| \mid |b|.$$

Prova: Por hipótese temos $b = qa$; além disso, $a \neq 0$, e logo $-a \neq 0$ e $|a| \neq 0$. Segue que

$$-b = (-q)a, \quad b = (-q)(-a), \quad -b = q(-a), \quad |b| = |q||a|.$$

Teorema 2. *Se $a|b$ e $b|c$ então $a|c$.*
Isto também se expressa dizendo: a divisibilidade é transitiva.
Prova: Por hipótese $a \neq 0$, e existem dois números q_1 e q_2 para os quais

$$b = q_1 a, \qquad c = q_2 b.$$

Daí segue que

$$c = q_2 q_1 . a.$$

Teorema 3. *1) Se $ac|bc$ então $a|b$.*
2) Se $a|b$ e $c \neq 0$ então $ac|bc$.
Prova: 1) Como $ac \neq 0$ temos $a \neq 0$ e $c \neq 0$. Além disso, $bc = qac$; logo $b = qa$.
2) Como $a \neq 0$ temos $ac \neq 0$. Além disso $b = qa$; logo $bc = qac$.
Teorema 4. *Se $a|b$ então $a|bx$ para qualquer x.*
Prova: $b = qa$, $bx = qx.a$.
Teorema 5. *Se $a|b$ e $a|c$ então $a|(b+c)$ e $a|(b-c)$.*
Prova: $b = q_1 a$, $c = q_2 a$, $b \pm c = (q_1 \pm q_2)a$.
Teorema 6. *Se $a|b$ e $a|c$ então $a|(bx+cy)$ para quaisquer x e y.*
Prova: Pelo Teorema 4,

$$a|bx, \qquad a|cy;$$

com isso, pelo Teorema 5.

O Máximo Divisor Comum de Dois Números

$$a|(bx+cy).$$

Teorema 7. *Se $a > 0$ e b é arbitrário então existe exatamente um par de números q e r tais que*

(1) $$b = qa + r, \quad 0 \leq r < a.$$

($r = 0$ corresponde ao caso $a|b$.)
"Dividendo=quociente vezes divisor + resto, $0 \leq$ resto $<$ divisor."

Prova: 1) Primeiro mostro que (1) tem pelo menos uma solução.
Entre todos os números da forma $b - ua$ ocorrem negativos e positivos (a saber, para u positivo suficientemente grande e u negativo com valor absoluto suficientemente grande, respectivamente). O menor número não-negativo $b - ua$ ocorre para $u = q$. Se faço

$$b - qa = r,$$

então

$$r = b - qa \geq 0, \quad r - a = b - (q+1)a < 0,$$

de forma que (1) é satisfeito.
2) A unicidade se prova do seguinte modo: se (1) vale e se $u < q$ então

$$u \leq q - 1, \quad b - ua \geq b - (q-1)a = r + a \geq a;$$

se (1) vale e se $u > q$ então

$$u \geq q + 1, \quad b - ua \leq b - (q+1)a = r - a \leq a.$$

As relações que se quer

$$0 \leq b - ua < a$$

valem então com $u = q$.

Teorema 8. (Para $g = 10$ isto é a representação decimal usual de a): Seja $g > 1$. Então qualquer número $a > 0$ pode ser expresso de uma e uma única maneira na forma:

$$a = c_0 + c_1 g + \cdots + c_n g^n, \ n \geq 0,$$

$c_n > 0$, $0 \leq c_m < g$ para $0 \leq m \leq n$.

Prova: 1) Provo em primeiro lugar a *existência* de uma tal representação (usando indução matemática).

Para $a = 1$ a existência é óbvia ($n = 0$, $c_0 = 1$, $0 < c_0 < g$).

Seja $a > 1$, e suponha verdadeira a afirmação para $1, 2, \ldots, a-1$. a pertence a um dos intervalos $1 \leq a < g$, $g \leq a < g^2$, $g^2 \leq a < g^3, \ldots$ (ad infinitum). Logo existe algum $n \geq 0$ para o qual $g^n \leq a < g^{n+1}$. Pelo Teorema 7 temos

$$a = c_n g^n + r, \qquad 0 \leq r < g^n.$$

c_n deve ser > 0, uma vez que $c_n g^n = a - r > g^n - g^n = 0$; além disso, $c_n < g$, uma vez que $c_n g^n \leq a < g^{n+1}$.

Se $r = 0$ então acabamos ($a = 0 + 0.g + \cdots + 0.g^{n-1} + c_n g^n$, $0 < c_n < g$).

Se $r > 0$ então de $r < g^n \leq a$ segue-se

$$r = b_0 + b_1 g + \cdots + b_t g^t, \quad t \geq 0, \quad b_t > 0,$$

$$0 \leq b_m < g \quad \text{para} \quad 0 \leq m \leq t.$$

t deve ser $< n$, uma vez que $g^n > r \geq b_t g^t \geq g^t$; assim

$$a = b_0 + b_1 g + \cdots + b_t g^t + 0.g^{t+1} + \cdots + 0.g^{n-1} + c_n g^n.$$

2) A *unicidade* se prova do seguinte modo: Seja

$$a = c_0 + c_1 g + \cdots + c_n g^n = d_0 + d_1 g + \cdots + d_r g^r,$$

$$n \geq 0, \quad c_n > 0, \quad 0 \leq c_m < g \text{(para} \quad 0 \leq m \leq n),$$

$$r \geq 0, \quad d_r > 0, \quad 0 \leq d_m < g \text{(para} \quad 0 \leq m \leq r).$$

A afirmação é que $n = r$ e que $c_m = d_m$ para $0 \leq m \leq n$. Se não fosse assim a subtração nos daria

$$0 = e_0 + \cdots + e_s g^s, \quad s \geq 0, \quad e_s \neq 0,$$

$$-g \leq e_m < g \quad \text{para} \quad 0 \leq m \leq s;$$

logo

$$a^s \leq |e_s g^s| = |e_0 + \cdots + e_{s-1}| \leq (g-1)$$

O Máximo Divisor Comum de Dois Números

$$(1 + \cdots + g^{s-1}) = g^s - 1.$$

Teorema 9. *Seja $a > 0$ e $b > 0$. De todos os múltiplos comuns de a e b: (existem tais múltiplos, e mesmo positivos: por exemplo, ab e $3ab$), seja m o menor positivo e seja n qualquer um deles ($n > 0$, $n = 0$ ou $n < 0$). Então*

$$m|n.$$

Em palavras: qualquer múltiplo comum é divisível pelo menor deles positivo.

Prova: Pelo Teorema 7 os números q e r podem ser escolhidos de tal forma que

$$n = qm + r, \qquad 0 \leq r < m.$$

De

$$r = n - qm = n.1 + m(-q)$$

e

$$a|n, \qquad a|m, \qquad b|n, \qquad b|m,$$

segue pelo Teorema 6 que

$$a|r, \qquad b|r.$$

Logo, pela definição de m, r não pode ser > 0. Assim

$$r = 0, \qquad n = qm, \qquad m|n.$$

Teorema 10. *Se $a \neq 0$ e $b|a$ então*

$$|b| \leq |a|,$$

de forma que qualquer $a \neq 0$ só tem um número finito de divisores.
Prova: $a = qb$ e $q \neq 0$; assim

$$|q| \geq 1, \qquad |a| = |q||b| \geq |b|.$$

Teorema 11. *Seja a e b não ambos nulos. Seja d o maior divisor comum de a e b. (d existe e é > 0; porque ao menos um dos números a, b é*

$\neq 0$ e logo, pelo Teorema 10, tem apenas um número finito de divisores; e o número 1 é certamente um divisor comum de a e b.)

1) Se f for qualquer divisor comum de a e b então

$$f|d.$$

Em palavras: qualquer divisor comum divide o maior divisor comum.

2) Se $a > 0$, $b > 0$ e m é o menor múltiplo comum positivo de a e b então

$$md = ab.$$

Em particular, se $a > 0$, $b > 0$ e $d = 1$ então $m = ab$.

Prova: Caso I: Sejam $a > 0$ e $b > 0$. Como ab é múltiplo comum de a e b segue do Teorema 9 que

$$m|ab,$$

$$\frac{ab}{m} \text{ é inteiro.}$$

Fazendo
$$\frac{ab}{m} = g$$

provaremos o seguinte:

a) que se $f|a$ e $f|b$ então

$$f|g,$$

b) que

$$g = d.$$

(Provaremos todos estes enunciados no Caso I).

De fato,

a) Se $f|a$ e $f|b$ então

$$a \Big| a\frac{b}{f}, \qquad b \Big| b\frac{a}{f}.$$

abf é então um múltiplo comum de a e b; logo, pelo Teorema 9,

$$m \Big| \frac{ab}{f},$$

$$\frac{ab}{g} \Big| \frac{ab}{f},$$

de modo que o quociente

$$\frac{ab}{f} : \frac{ab}{g} = \frac{g}{f}$$

é um inteiro, e, em consequência,

$$f \mid g.$$

b) Uma vez que

$$\frac{a}{g} = \frac{m}{b}, \qquad \frac{b}{g} = \frac{m}{a}$$

são inteiros temos que

$$g \mid a, \qquad g \mid b;$$

assim g é divisor comum de a e b. Uma vez que, por a), todo divisor comum f de a e b divide g, e $g > 0$, temos pelo Teorema 10 que

$$f \leq g,$$

de modo que g é o maior divisor comum de a e b.

Caso II: Suponha que a hipótese $a > 0$, $b > 0$ não é satisfeita mas que a e b ainda são ambos $\neq 0$. Então 1) segue do Caso I, uma vez que a tem os mesmos divisores que $|a|$ e b tem tem os mesmos divisores $|b|$. De fato, d é o maior divisor comum não só de a e b como também de $|a|$ e $|b|$.

Caso III: Suponha que um dos dois números é 0, $a = 0$, digamos, e que $b \neq 0$. Então obviamente $d = |b|$, e de $f \mid 0$ e $f \mid b$ segue que $f \mid d$.

Notação: *Para quaisquer a e b não ambos nulos, o maior divisor comum é denotado por (a, b).*

Exemplos: $(4, 6) = 2$; $(0, -3) = 3$; $(-4, -6) = 2$; $(1, 0) = 1$.

Teorema 12. *Se a e b não se anulam simultaneamente então*

$$(a, b) = (b, a).$$

Prova: A definição de (a, b) é claramente simétrica em a e b.

Definição 2. *Se $(a, b) = 1$, isto é, se 1 for o único divisor positivo de a e b então a e b são ditos primos entre si.*

Dizemos também: a é relativamente primo com b. 1 e -1 são assim os únicos divisores comuns de a e b.

Exemplos: 1) $(6, 35) = 1$, já que 6 tem $1, 2, 3$ e 6 como seus únicos divisores positivos, e nenhum dos números $2, 3$ e 6 divide 35.

2) $(a, 0) = 1$ para $a = 1$ e para $a = -1$, mas para nenhum outro a.

Teorema 13. *Se $(a, b) = d$ então $(ad, ad) = 1$.*

Prova: Se $f > 0$, $f|ad$, $f|bd$ então, pelo Teorema 3, 2) temos

$$fd|a, \qquad fd|b,$$

e portanto pelo Teorema 11

$$fd|d,$$

de forma que pelo Teorema 3, 1)

$$f|1, \qquad f = 1.$$

Teorema 14. *Se $c > 0$, $c|a$, $c|b$, $(ac, bc) = 1$ então $c = (a, b)$.*

Prova: Como $\frac{a}{c}$ e $\frac{b}{c}$ não se anulam simultaneamente, a e b não são ambos 0. Se $(a, b) = d$ então $c|d$ pelo Teorema 11, de modo que dc é um inteiro. De

$$\frac{d}{c}\frac{a}{d} = \frac{a}{c}, \qquad \frac{d}{c}\frac{b}{d} = \frac{b}{c}$$

segue que

$$\frac{d}{c} \Big| \frac{a}{c}, \qquad \frac{d}{c} \Big| \frac{b}{c},$$

e logo, como $(ac, bc) = 1$, $d > 0$, $c > 0$,

$$\frac{d}{c} = 1, \qquad c = d.$$

Teorema 15. *Se $a|bc$ e $(a, b) = 1$ então $a|c$.*

Em palavras: se um número divide o produto de dois números e é relativamente primo com um deles, então divide o outro.

O Máximo Divisor Comum de Dois Números

Prova: Por hipótese $a \neq 0$.

1) Se $b = 0$ então $a = \pm 1$, já que $(a,0) = 1$, e logo $a|c$.

2) Se $b \neq 0$ seja m o menor múltiplo comum dos números positivos e primos entre si $|a|$ e $|b|$. Pelo Teorema 11,

$$m = |a|\,|b|.$$

Como por hipótese bc é múltiplo comum de $|a|$ e $|b|$, temos pelo Teorema 9

$$|a|\,|b| \mid bc,$$

$$ab|bc \quad \text{(Teorema 1)},$$

$$a|c \quad \text{(Teorema 3, 1))}.$$

Teorema 16. *Se* $a| \prod_{n=1}^{v} a_n$, $v \geq 2$, $(a, a_n) = 1$ *para* $1 \leq n < v$ *então*

$$a|a_v.$$

Prova: Para $v = 2$ isto é mostrado no Teorema 15. Para $v > 2$ o Teorema 15 implica sucessivamente

$$a| \prod_{n=2}^{v} a_n, \quad a| \prod_{n=3}^{v} a_n, \quad \cdots, \quad a| \prod_{n=v-1}^{v} a_n, \quad a|a_v.$$

Capítulo 2

Números Primos e Fatoração em Primos

O número 1 só tem um divisor positivo, a saber, 1; todo número $a > 1$ tem pelo menos dois divisores positivos, a saber 1 e a.

Definição 3. *O número $a > 1$ é dito um número primo (ou simplesmente um primo) se só tiver dois divisores positivos* (a saber 1 e a).

Exemplos: Os primeiros primos são 2,3,5,7,11.

A letra p será reservada apenas para números primos; da mesma forma, símbolos como $p_1, p_2, \ldots, p', p'', \ldots$ representarão sempre primos.

Nosso próximo objetivo será provar que todo número $a > 1$ pode ser representado como produto de primos (isto será fácil) e que esta representação é única a não ser pela ordem dos fatores (isto será um tanto mais profundo).

Teorema 17. *Todo $a > 1$ pode se representado como um produto de números primos*

(2) $$a = \prod_{n=1}^{r} p_n, \qquad r \geq 1.$$

(Para primos $a = p$ isto é óbvio, e o produto se reduz a $p = \prod_{n=1}^{1} p_n$.)

Prova (por indução matemática): 1) Se $a = 2$ a afirmação é verdadeira, já que 2 é primo.

2) Seja $a > 2$ e assuma o teorema verdadeiro para $2, 3, \ldots, a - 1$.

21) Se a for primo, a afirmação é verdadeira.

22) Caso contrário, pela Definição 3 existe uma fatoração

$$a = a_1 a_2, \quad 1 < a_1 < a, \quad 1 < a_2 < a.$$

Então a_1 e a_2, e logo também a, são representáveis como produtos de primos.

O Teorema 17 justifica a seguinte definição:

Definição 4. *Todo número > 1 que não for primo é chamado um número composto.*

Assim os números naturais se dividem naturalmente em três classes:
1) O número 1;
2) Os primos;
3) Os números compostos.

Claramente existem infinitos números compostos; por exemplo, todos os números da forma 2^n, $n \geq 2$.

Teorema 18. *Existem infinitos primos.*

Prova: Devemos mostrar que a qualquer conjunto finito de primos pode ser acrescentado ainda outro primo.

Sejam $p_1, \ldots, p_v$ primos distintos. Então

$$a = 1 + \prod_{n=1}^{v} p_n$$

por um lado é > 1, e por outro não é divisível por nenhum dos primos $p_1, \ldots, p_v$, de modo que pelo Teorema 17 é divisível por um primo diferente de $p_1, \ldots, p_v$.

O Teorema 18 pode ser expresso da seguinte maneira: para qualquer $\mu > 0$, defina $\pi(\mu)$ como o número de primos $\leq \xi$. Quando ξ tende para infinito então o mesmo acontece com $\pi(\xi)$; isto é, dado $\omega > 0$ existe $\eta = \eta(\omega)$ tal que

$$\pi(\xi) > \omega \quad \text{se} \quad \xi > \eta = \eta(\omega).$$

Números Primos e Fatoração em Primos 23

O problema de saber se $\pi(\xi)$ pode ser aproximado, e com que grau de precisão, pelas funções da análise só poderá ser tratada mais tarde. Na parte 7, capítulo 2, parágrafo 3 do meu *Vorlesungen über Zahlentheorie*, o leitor encontrará um resultado muito preciso, com métodos vindo da análise complexa. Este resultado contem como caso especial o "Teorema do Número Primo"

$$\lim_{\xi \to \infty} \pi(\xi) \frac{\xi}{\log(\xi)} = 1;$$

este teorema pode ser encontrado na parte 7, cap. 1, parágrafo 2 da obra citada.

Observemos aqui também que, por exemplo, a questão da existência de infinitos primos cuja expansão decimal termina no algarismo 7 será respondida (afirmativamente) no capítulo 10 (segunda parte); especificamente, a resposta aparecerá como um caso especial do conhecido Teorema de Dirichlet sobre Progressões Aritméticas (Teorema 155).

Nada disso será usado, contudo, até que seja primeiro provado.

Teorema 19. *Se $p \nmid a$ então $(p, a) = 1$.*

Prova: p tem como divisores positivos apenas 1 e p. Assim $(p, a) = 1$ ou p, e como $p \nmid a$, o último caso não acontece.

Teorema 20. *Se*

$$p \mid \prod_{n=1}^{v} a_n,$$

então para ao menos um valor de n temos

$$p \mid a_n.$$

Prova: Se $p \nmid a_n$ para todo n então pelo Teorema 19 teríamos sempre $(p, a_n) = 1$, de modo que pelo Teorema 16

$$p \nmid \prod_{n=1}^{v} a_n.$$

Teorema 21. *Se*

$$p \mid \prod_{n=1}^{v} p_n,$$

então para ao menos um valor de n temos

$$p = p_n.$$

Prova: Pelo Teorema 20

$$p | p_n$$

para ao menos um valor de n; mas como o primo p_n tem só 1 e p_n como divisores positivos, e como $p \neq 1$, segue que $p = p_n$.

Teorema 22. *A representação (2) de qualquer número $a > 1$ é única a não ser pela ordem dos fatores.*

Em palavras: todo primo que aparece numa decomposição em "fatores primos" de um dado número aparece com frequência igual em qualquer decomposição dessas.

Todo $a > 1$ é então da forma

$$a = \prod_{p|a} p^l,$$

onde p percorre os vários primos que dividem a; e onde $l = l_{a,p} > 0$, é unicamente determinado por a e por p. (Esta é a chamada decomposição canônica de a.)

Exemplo: $12 = 2.2.3 = 2.3.2 = 3.2.2 = 2^2.3 = 3.2^2$.

Prova: Claramente é bastante provar o seguinte: se

$$a = \prod_{n=1}^{v} p_n = \prod_{n=1}^{v'} p'_n,$$

$$p_1 \leq p_2 \leq \cdots \leq p_v, p'_1 \leq p'_2 \leq \cdots \leq p'_{v'},$$

então

$$v = v', \qquad p_n = p'_n \quad \text{para} \quad 1 \leq n \leq v.$$

1) Para $a = 2$ a afirmação é verdadeira, uma vez que simplesmente temos

$$v = v' = 1, \qquad p_1 = p'_1 = 2.$$

2) Seja $a > 2$ e suponha que a afirmação foi provada para $2, 3, 4, \ldots, a-1$.

21) Se a for primo então
$$v = v' = 1, \qquad p_1 = p'_1 = a.$$
22) Caso contrário, temos $v > 1$ e $v' > 1$. Como
$$p'_1 \Big| \prod_{n=1}^{v} p_n, \qquad p_1 \Big| \prod_{n=1}^{v'} p'_n,$$
segue do Teorema 21 que
$$p'_1 = p_n, \qquad p_1 = p'_m$$
para pelo menos um n e pelo menos um m. Como
$$p_1 \leq p_n = p'_1 \leq p'_m = p_1,$$
temos
$$p_1 = p'_1.$$
Agora, como $1 < p_1 < a$, $p_1|a$, temos
$$1 < \frac{a}{p_1} = \prod_{n=2}^{v} p_n = \prod_{n=2}^{v'} p'_n < a,$$
e logo, pela hipótese de indução,
$$v - 1 = v' - 1, \qquad v = v'$$
e
$$p_n = p'_n, \qquad \text{para} \qquad 2 \leq n \leq v.$$

Teorema 23. Seja $a > 1$, seja $T(a)$ o número de divisores positivos de a, e seja
$$a = \prod_{n=1}^{r} p^{l_n}$$
a decomposição canônica de a (isto é, $p_1, \ldots, p_r$ são distintos e $l_n > 0$). Então a tem como divisores positivos os números

(3) $\qquad \prod_{n=1}^{r} p_n^{m_n}, \qquad 0 \leq m_n \leq l_n \qquad \text{para} \qquad 1 \leq n \leq r$

e estes são todos. Assim,

$$T(a) = \prod_{n=1}^{r}(l_n + 1).$$

(Que os números (3) são distintos segue do Teorema 22.)

Prova: 1) Todo número da forma (3) evidentemente divide a.

2) Se $d > 0$ e $d|a$ então $a = qd$, de forma que d não pode ser múltiplo de nenhum fator primo que não divida a e nem d pode ser múltiplo de nenhum fator primo num número maior de vezes do que a potência com que este fator aparece na expansão do próprio a.

Definição 5. Para qualquer número real μ, seja $[\mu]$ o maior inteiro $\leq \mu$, isto é, o inteiro g para p qual

$$g \leq \mu < g + 1.$$

Obviamente
$$\mu - 1 < [\mu] \leq \mu,$$
e se
$$a \leq \mu$$
então
$$a \leq [\mu],$$
e se
$$a > \mu$$
então
$$a \geq [\mu] + 1 > [\mu].$$

Teorema 24. *O número q do Teorema 7 é igual a $[\frac{b}{a}]$.*

Prova:
$$qa \leq b = qa + r < (q+1)a,$$
$$q \leq \frac{b}{a} < q + 1.$$

Teorema 25. *Se $k > 0$ e $\eta > 0$ então o número de múltiplos positivos de k que são $\leq \eta$ é*

$$[\frac{\eta}{k}].$$

Números Primos e Fatoração em Primos

Prova: Como $h > o$ e $hk \leq \eta$ segue que
$$0 < h \leq \frac{\eta}{k}$$
e reciprocamente; mas o número de números naturais $\leq \mu$ é $[\mu]$ para qualquer $\mu > 0$.

Teorema 26. *Se $k > 0$ para qualquer η vale*
$$[\frac{\eta}{k}] = [\frac{[\eta]}{k}].$$

Para $\eta > 0$ isto também segue do Teorema 25, porque existem tantos múltiplos de k até η quantos até $[\eta]$.)

Prova: De
$$g \leq \frac{\eta}{k} < g+1$$
segue que
$$kg \leq \eta < k(g+1),$$
$$kg \leq [\eta] < k(g+1),$$
$$g \leq \frac{[\eta]}{k} < g+1.$$

Teorema 27. *Seja $n > 0$ e seja p um primo qualquer. Então p divide $n!$ exatamente*
$$\sum_{m=1}^{\infty} [\frac{n}{p^m}]$$
vezes.

(Esta série infinita converge, uma vez que o termo geral se anula para m suficientemente grande, e em particular para $m > \frac{\log n}{\log p}$, uma vez que temos então $p^m > n$, $0 < \frac{n}{p^m} < 1$. Esta série pode assim ser também escrita como $\sum_{m=1}^{\frac{\log n}{\log p}} [\frac{n}{p^m}]$ onde, no caso $p > n$, a soma se anula — como todo somatório vazio se anula daqui para frente.)

Em outras palavras: temos

(4) $$n! = \prod_{p \leq n} p^{\sum_{m=1}^{\infty} [\frac{n}{p^m}]}$$

(onde, no caso $n = 1$, o produto representa o número 1 — como todo produtório vazio daqui para frente); porque primos $p > n$ não dividem $n!$. Podemos igualmente escrever

$$n! = \prod_p p^{\sum_{m=1}^{\infty}[\frac{n}{p^m}]}$$

onde o produto é tomado sobre todos os primos arranjados em ordem crescente, pois todo fator é 1 para $p > n$.

Prova: Preparando material para uso posterior, apresentamos duas provas.

1) O número de múltiplos positivos do número p até n é, pelo Teorema 25, $[\frac{n}{p}]$; o número de múltiplos positivos do número p^2 até n é $[\frac{n}{p^2}]$, e assim por diante.

A multiplicidade com que p divide $n!$ é então
$= \sum_{m=1}^{\infty}$ número de múltiplos positivos de p^m até n

$$= \sum_{m=1}^{\infty} [\frac{n}{p^m}];$$

porque cada um dos números $1, \ldots, n$ é contado l vezes (e logo não é contado se $l = 0$) como múltiplo de p^m para $m = 1, 2, \ldots, l$, se p o divide exatamente l vezes ($l \geq 0$).

2) (Esta prova é mais longa, e introduz a função logarítmica — o que poderia, é claro, ser evitado com o uso de expoentes — mas a prova é útil por outros motivos.) Daqui para frente colocamos

(5) $\qquad \Lambda(a) \begin{cases} \log p & \text{para } a = p^c \text{ para } c \geq 1, \\ 0 & \text{para qualquer outro } a > 0. \end{cases}$

(Assim, $\Lambda(1) = 0, \Lambda(2) = \log 2$, $\Lambda(3) = \log 3$, $\Lambda(4) = \log 2$, $\Lambda(5) = \log 5$, $\Lambda(6) = 0, \ldots$). O símbolo

$$\sum_{d|a} f(d)$$

significa, em princípio, para $a > 0$, que o somatório é tomado sobre todos os divisores positivos d de a.

Então temos

(6) $\qquad \log a = \sum_d \Lambda(d).$

Porque (6) é óbvio se $a = 1$ $(0 = 0)$ e se

$$a = \prod_{p|a} p_r, \qquad (r = r_{a,p})$$

for a decomposição canônica de $a > 1$ então

$$\log a = \sum_{p|a} r \log p = \sum_{p|a} (\Lambda(p) + \Lambda(p^2) + \cdots + \Lambda(p^r))$$

$$= \sum_{d|a} \Lambda(d).$$

De (6) segue agora que

(7) $$\log([\mu]!) = \sum_{a=1}^{[\mu]} \log a = \sum_{a=1}^{[\mu]} \sum_{d|a} \Lambda(d) = \sum_{a=1}^{[\mu]} \Lambda(d)[\frac{\mu}{d}];$$

(Aqui generalizo um pouco o resultado, no sentido em que substituo n por um real qualquer $\mu > 0$); porque $\Lambda(d)$ aparece apenas para $1 \leq d \leq [\mu]$, e para cada um d assim ele aparece tantas vezes quanto o número de múltiplos de d até μ, ou seja, $[\frac{\mu}{d}]$ vezes, pelo Teorema 25. Pela definição (5) de Λ temos, por (7),

$$\log([\mu]!) = \sum_{p \leq \mu} \log p [\frac{\mu}{p}] + \sum_{p \leq \mu} \log p [\frac{\mu}{p^2}] + \cdots ad\ infinitum$$

$$= \sum_{p \leq \mu} \log p \sum_{m=1}^{\infty} [\frac{\mu}{p^m}],$$

de modo que a afirmação (4) está provada fazendo $\mu = n$.

Ao aplicar o Teorema 27 devemos observar que para cada $n > 0$ e cada p os termos de

$$\sum_{m=1}^{\infty} [\frac{\mu}{p^m}]$$

podem ser mais facilmente calculados um depois do outro com o uso do resultado

$$[\frac{n}{p^{m+1}}] = [\frac{[\frac{n}{p^m}]}{p}],$$

que segue do Teorema 26.

Exemplo: $n = 1000$, $p = 3$; os cálculos não devem ser os seguintes (cada φ é > 0 e < 1)

$$\frac{1000}{3} = 333 + \varphi_1, \quad \frac{1000}{9} = 111 + \varphi_2, \quad \frac{1000}{27} = 37 + \varphi_3,$$

$$\frac{1000}{81} = 12 + \varphi_4, \quad \frac{1000}{243} = 4 + \varphi_5, \quad \frac{1000}{729} = 1 + \varphi_6,$$

e sim

$$\frac{1000}{3} = 333 + \varphi_7, \quad \frac{333}{3} = 111, \quad \frac{111}{3} = 37+,$$

$$\frac{37}{3} = 12 + \varphi_8, \quad \frac{12}{3} = 4, \quad \frac{4}{3} = 1 + \varphi_9,$$

para calcular os termos $333, 111, 37, 12, 4, 1$ e o resultado final de 498.

Capítulo 3

O Máximo Divisor Comum de Vários Números

Teorema 28. *Seja $a \geq 1$ e $b \geq 1$. Sejam suas decomposições canônicas dadas por*

$$a = \prod_{p|a} p^l, \quad b = \prod_{p|b} p^m, \quad (l = l_{a,p} > 0, \ m = m_{b,p} > 0)$$

(onde, se a ou $b = 1$, o produto vazio será 1). Se a l e a m é permitido o valor 0 então a e b podem ser escritos uniformemente como

$$a = \prod_{p|ab} p^l, \quad b = \prod_{p|ab} p^m.$$

E então

(8) $$(a,b) = \prod_{p|ab} p^{\min(l,m)}.$$

Se $\gamma_1, \ldots, \gamma_r$ forem números reais então $\min(\gamma_1, \ldots, \gamma_r)$ representa aqui — e de agora para frente — o menor, e $\max(\gamma_1, \ldots, \gamma_r)$ o maior, dos números $\gamma_1, \ldots, \gamma_r$.

Exemplos: $\min(-3, 0, 3) = -3$; $\max(1, 0) = 1$.

Prova: Os divisores positivos de a são (pelo Teorema 23) os números $\prod_{p|ab} p^t$, $0 \leq t \leq l$; os de b são os números $\prod_{p|ab} p^u$, $0 \leq u \leq m$; os divisores comuns positivos são portanto os números $\prod_{p|ab} p^v$, $0 \leq v \leq \min(l,m)$ e o lado direito de (8) é o maior deles.

Notação: Se os números $a_1, \ldots, a_r$, ($r \geq 2$) não são todos 0 então o seu máximo divisor comum (que claramente existe) é denotado por $(a_1, \ldots, a_r)$ (em concordância com a notação para $r = 2$).

Exemplos: $(6, 10, 15) = 1$, $(2, 0, -4) = 2$.

Definição 6. Se $r \geq 2$ e $(a_1, \ldots, a_r) = 1$ então $a_1, \ldots, a_r$ são ditos *relativamente primos*. (Para $r = 2$ esta é a nossa velha definição.)

Teorema 29. Se $r \geq 2$ e se $a_1, \ldots, a_r$ não são todos 0, então $(a_1, \ldots, a_r)$ é divisível por cada divisor comum de $a_1, \ldots, a_r$.

Prova: Se apenas um dos números $a_1, \ldots, a_r$ for diferente de 0 então a afirmação é trivial.

Caso contrário, sem perda de generalidade sejam $a_1, \ldots, a_r$ todos > 0; porque se não o fossem então simplesmente abandonaríamos aqueles iguais a zero e mudaríamos o sinal daqueles negativos.

1) Para $r = 2$ a afirmação é verdadeira pelo Teorema 11.
2) Para $r > 2$, dou duas provas.
21) Faça

$$a_1 = \prod_{p|a_1\ldots a_r} p^{l_1}, \quad \cdots \quad a_r = \prod_{p|a_1\ldots a_r} p^{l_r}, \quad (l_1 \geq 0, \ldots, l_r \geq 0).$$

Então (compare com a prova do Teorema 28) claramente temos

$$(a_1, \ldots, a_r) = \prod_{p|a_1\ldots a_r} p^{\min(l_1, \ldots, l_r)},$$

e qualquer divisor comum é

$$\pm \prod_{p|a_1\ldots a_r} p^v, \quad 0 \leq v \leq \min(l_1, \ldots, l_r),$$

e logo divide $(a_1, \ldots, a_r)$.

22) Considere a afirmação já provada para $r - 1$. Todo divisor comum de $a_1, \ldots, a_r$ divide $a_1, \ldots, a_{r-1}$, e logo $(a_1, \ldots, a_{r-1})$; divide ainda a_r, e logo também $((a_1, \ldots, a_{r-1}), a_r)$. Este

número divide $(a_1, \ldots, a_{r-1})$ e a_r, e logo $a_1, \ldots, a_{r-1}, a_r$; ele é portanto igual a $(a_1, \ldots, a_r)$.

Devemos tomar nota da relação

(9) $$(a_1, \ldots, a_r) = ((a_1, \ldots, a_{r-1}), a_r)$$

para $r > 2$, $a_1 > 0, \ldots, a_r > 0$, que encontramos na segunda prova.

Teorema 30. *Seja $r \geq 2$ e $a_1 > 0, \ldots, a_r > 0$. Então todo múltiplo comum n de $a_1, \ldots, a_r$ é divisível pelo mínimo múltiplo comum v (que claramente existe).*

Prova: 1) Para $r = 2$ sabemos disto pelo Teorema 9.
2) Para $r > 2$ dou duas provas (como para o Teorema 29).
21) Na notação da prova precedente, claramente temos

$$v = \prod_{p \mid a_1 \ldots a_r} p^{\max(l_1, \ldots, l_r)}.$$

Ou bem $n = 0$ (que é certamente divisível por v), ou vem $|n|$ é múltiplo de cada $p \mid a_1 \ldots a_r$ pelo menos l_1 vezes, $\ldots$, pelo menos l_r vezes, e logo pelo menos $\max(l_1, \ldots, l_r)$ vezes.

22) Considere a afirmação foi provada para $r-1$. Seja w o menor múltiplo comum positivo de $a_1, \ldots, a_{r-1}$, de forma que n é divisível por $a_1, \ldots, a_{r-1}$ e logo por w; Mas é ainda divisível por a_r e logo também pelo menor múltiplo comum positivo de w e de a_r. Como este número é ele mesmo um múltiplo comum positivo de $a_1, \ldots, a_{r-1}, a_r$, deve ser igual a v.

Capítulo 4

Funções Aritméticas

Definição 7.
Uma função $F(a)$ definida para cada $a > 0$ é dita uma função aritmética.
Não se requer que o valor da função seja um inteiro positivo, nem um inteiro, nem um racional, nem sequer um número real.

Exemplos: $F(a) = a!$, $F(a) = \operatorname{sen}(a)$, $F(a) = (a+2)^{-1}$, $F(a) = T(a)$ (o número de divisores positivos do Teorema 23), $F(a) = \Lambda(a)$ (fórmula 5)), $F(a) = \sum_{d|a} d = S(a)$ (a soma dos divisores positivos de a).

Teorema 31. *Se $a > 1$ e $a = \prod_{p|a} p^l$ for sua decomposição canônica então*

$$S(a) = \prod_{p|a} \frac{p^{l+1} - 1}{p - 1}.$$

Prova: Se somarmos os divisores $p_1^{m_1} p_2^{m_2} \ldots p_r^{m_r}$ como enumerados em (3) e usarmos o fato que

$$\sum_{m=0}^{l} p^m = \frac{p^{l+1} - 1}{p - 1},$$

o resultado segue.

Definição 8. Qualquer divisor de a que não o próprio a é dito um divisor próprio de a.

Definição 9. *a é par se $2|a$; ímpar se $2 \nmid a$.*

Exemplos: 0 é par; de dois números sucessivos a e $a+1$ exatamente um é sempre par, o outro ímpar; todo $p > 2$ é ímpar.

Definição 10. *$a > 0$ é dito um número perfeito se a é igual à soma de seus divisores próprios, isto é se*

$$S(a) = 2a.$$

Exemplos: $6 = 1 + 2 + 3$, $28 = 1 + 2 + 4 + 7 + 14$.

Este conceito antigo de número perfeito, e as questões a ele associadas, não são especialmente importantes; nós os consideramos somente porque, ao fazê-lo, encontraremos duas questões que permanecem em aberto: Existem infinitos números perfeitos? Existe algum número perfeito ímpar? A matemática moderna resolveu muitos problemas (aparentemente) difíceis, mesmo em Teoria dos Números; mas ficamos impotentes diante de problemas (aparentemente) simples como estes. Claramente, o fato de nunca terem sido resolvidos é irrelevante para o resto deste trabalho. Não deixaremos nenhuma brecha; quando encontrarmos um atalho que leve a uma barreira intransponível faremos a volta, em vez de — como é frequentemente feito — continuar forçando a barreira.

Teorema 32. *Se $p = 2^n - 1$ (de modo que $n > 1$; por exemplo, $n = 2$, $p = 3$; $n = 3$, $p = 7$), então*

$$\frac{p+1}{2}p = 2^{n-1}(2^n - 1)$$

é um número perfeito (necessariamente par), e não existem outros números perfeitos pares.

Prova: 1) Para

$$a = 2^{n-1}(2^n - 1), \qquad 2^n - 1 = p,$$

temos, pelo Teorema 31,

$$S(a) = \frac{2^n - 1}{2 - 1}\frac{p^2 - 1}{p - 1} = (2^n - 1)(p + 1) = (2^n - 1)2^n = 2a.$$

2) Se a for um número perfeito par então

Funções Aritméticas

$$a = 2^{n-1}u, \qquad n > 1, u > 0 \text{ e ímpar},$$

de forma que, pelo Teorema 31,

$$2^n u = 2a = S(a) = \frac{2^n - 1}{2 - 1} S(u) = (2^n - 1)S(u)$$

e

$$S(u) = \frac{2^n u}{2^n - 1} = u + \frac{u}{2^n - 1}.$$

Nesta fórmula $\frac{u}{2^n-1}$ $(= S(u) - u)$ é um inteiro, e logo (como $n > 1$) é um divisor próprio de u. A soma $S(u)$ de todos os divisores próprios de u é então igual à soma de u e um certo divisor próprio. Logo u é um primo, e o divisor próprio $\frac{u}{2^n-1} = 1$, de forma que $u = 2^n - 1$. Isto prova o teorema.

Existem infinitos números perfeitos? Não sei. Foi já mencionado que $2^n - 1$ é primo para $n = 2$ e $n = 3$. Para $n = 4$, $2^n - 1 = 15$ é composto. Mais geralmente, $2^n - 1$ é sempre composto se n for composto; pois se $n = bc$, com $b > 1$ e $c > 1$ então

$$2^n - 1 = 2^{bc} - 1 = (2^b - 1)(2^{b(c-1)} + 2^{b(c-2)} + \cdots + 2^b + 1),$$

onde os dois fatores são > 1.

Para $n = 5$, $2^n - 1 = 31$ é um primo que fornece o número prefeito $16.31 = 496$; para $n = 7$, $2^n - 1 = 2^7 - 1 = 127$ é um primo que fornece o número prefeito $64.127 = 8128$; para $n = 11$, $2^n - 1 = 2^{11} - 1 = 2047 = 23.89$ é composto. A questão é, então, se existem infinitos primos p para os quais $2^p - 1$ é um primo. Mesmo isto é desconhecido.

Existem infinitos números perfeitos ímpares? Não sei sequer se existe um único.

Entretanto, gostaria de pedir ao leitor que não se detenha muito longamente nestas questões; ele encontrará muitos problemas mais promissores e gratificantes no estudo deste trabalho.

O problema análogo de encontrar todos os números $a > 1$ que são iguais ao produto de seus fatores, isto é, para os quais

(10) $$\prod_{d|a} d = a^2, \qquad a > 1$$

é trivial. Porque vale o teorema simples:

Teorema 33. (10) *vale se e só se*

$$a = p^3 \quad \text{ou} \quad a = p_1 p_2,\ p_1 \neq p_2.$$

Prova: 1) Se d percorre todos os divisores positivos de a então claramente $\frac{d}{a}$ também o faz. Segue então de (10) que

$$a^4 = a^2 a^2 = \prod_{d|a} d \prod_{d|a} \frac{a}{d} = \prod_{d|a}(d.\frac{a}{d}) = \prod_{d|a} a = a^{T(a)},$$

$$T(a) = 4;$$

e logo, pelo Teorema 23,

$$(l_1 + 1) \cdots (l_r + 1) = 4$$

na decomposição canônica $a = p_1^{l_1} \ldots p_r^{l_r}$, de modo que ou $r = 1$ e $l_1 = 3$ ou $r = 2$ e $l_1 = l_2 = 1$.

2) Reciprocamente, nestes casos,

$$\prod_{d|p_1^3} \doteq 1.p_1.p_1^2.p_1^3 = p_1^6 = (p_1^3)^2$$

e

$$\prod_{d|p_1 p_2} \doteq 1.p_1.p_2.p_1 p_2 = (p_1 p_2)^2,$$

respectivamente.

Definição 11. *A função aritmética $\mu(a)$ (a função de Möbius) é definida por*

$$\mu(a) = \begin{cases} 1 & \text{se } a = 1, \\ (-1)^r & \text{se } a \text{ for o produto de } r(\geq 1) \\ & \text{primos distintos,} \\ 0 & \text{caso contrário, i.e., se o quadrado} \\ & \text{de algum primo divide} a. \end{cases}$$

Os números $a \geq 1$ que não são divisíveis pelo quadrado de nenhum primo (ou equivalentemente, por qualquer quadrado perfeito > 1) são também chamados números livres de quadrados; esta terminologia bem corriqueira é tão lógica quanto dizer que dois números são primos entre si quando tiverem exatamente um divisor comum positivo (a saber, 1). Neste sentido podemos dizer: $\mu(a) = \pm 1$ se a for livre de quadrados, e $\mu(a) = 0$ caso contrário.

Funções Aritméticas

Exemplos: $\mu(1) = 1$, $\mu(2) = -1$, $\mu(3) = -1$, ($\mu(p)$ é sempre -1), $\mu(4) = 0$, $\mu(5) = -1$, $\mu(6) = 1$, $\mu(7) = -1$, $\mu(8) = 0$, $\mu(9) = 0$, $\mu(10) = 1$.

Teorema 34. *Se $a > 0$, $b > 0$, e $(a,b) = 1$ então*

$$\mu(ab) = \mu(a)\mu(b).$$

Prova: 1) Se a ou b não forem livres de quadrados então tampouco o será ab, de modo que

$$\mu(ab) = 0 = \mu(a)\mu(b).$$

2) Se a e b forem livres de quadrados então, como $(a,b) = 1$, ab é também livre de quadrados. Se $a = 1$ ou $b = 1$ então a afirmação é obviamente verdadeira; caso contrário o número de fatores primos de ab é igual à soma dos número de fatores primos de a e de b.

Teorema 35.

$$\sum_{d|a} \mu(d) = \begin{cases} 1 & \text{para a=1,} \\ 0 & \text{para } a > 1. \end{cases}$$

Prova: 1) $\sum_{d|1} \mu(d) = \mu(1) = 1$.

2) Se $a > 1$ e se $a = p_1^{l_1} \ldots p_r^{l_r}$ for a decomposição canônica de a então obviamente

$$\begin{aligned}\sum_{d|a} \mu(d) &= \sum_{d|p_1\ldots p_r} \mu(d) = \\ &= 1 + \binom{r}{1}(-1) + \binom{r}{1} + \cdots + \binom{r}{r}(-1)^r = \\ &= \sum_{s=0}^{r} \binom{r}{s}(-1)^s = (1-1)^s = 0;\end{aligned}$$

pois se $s = 1, 2, \ldots, r$ então existem exatamente $\binom{r}{s}$ divisores de $p_1 \ldots p_r$ os quais tem exatamente s fatores primos, e para estes temos $\mu(d) = (-1)^s$.

Teorema 36. *Se $\xi \geq 1$ então*

$$\sum_{n=1}^{[\xi]} \mu(n)[\frac{\xi}{n}] = 1.$$

Prova: Some a fórmula do Teorema 35 para $a = 1, 2, \ldots, [\xi]$. Isto resulta em

$$1 = \sum_{a=1}^{[\xi]} \sum_{d|a} \mu(d) = \sum_{d=1}^{[\xi]} \mu(d)[\frac{\xi}{d}];$$

pois pelo Teorema 25 o número de múltiplos positivos de d até ξ é $[\frac{\xi}{d}]$.

Teorema 37. *Se $x \geq 1$ então*

$$|\sum_{n=1}^{x} \frac{\mu(n)}{n}| \leq 1.$$

Observação: A série infinita

$$\sum_{n=1}^{\infty} \frac{\mu(n)}{n}$$

portanto ou converge ou oscila entre limites finitos. A questão sobre qual destas duas alternativas se dá não nos interessa no momento; o leitor pode encontrar a resposta no parágrafo 1 do capítulo 12 da parte sétima do meu *Vorlesungen über Zahlentheorie*.

Gordan dizia algo como "A Teoria do Números é útil porque afinal podemos doutorar-nos com ela". Em 1899 eu recebi meu doutorado respondendo a esta questão.

Prova: Temos

$$0 \leq \frac{x}{n} - [\frac{x}{n}] \begin{cases} < 1 & \text{para } 1 \leq n < x, \\ = 0 & \text{para n=x}. \end{cases}$$

Assim, pelo Teorema 36,

$$|x \sum_{n=1}^{x} \frac{\mu(n)}{n} - 1| =$$

$$= |\sum_{n=1}^{x} \mu(n)(\frac{x}{n} - [\frac{x}{n}])| \leq \sum_{n=1}^{x} (\frac{x}{n} - [\frac{x}{n}]) \leq x - 1,$$

$$|x\sum_{n=1}^{x}\frac{\mu(n)}{n}| \le 1+(x-1) = x.$$

Teorema 38. *Seja $F(a)$ qualquer função aritmética. Seja $G(a)$ a função aritmética*

$$G(a) = \sum_{d|a} F(d).$$

Então

$$F(a) = \sum_{d|a} \mu(d) D(\frac{a}{d}).$$

(Esta é a chamada Inversão de Möbius.)

Observação: O fato que $F(a)$ é unicamente determinado por $G(a)$, invertendo, é evidente, desde logo, porque a partir de

$$G(1) = F(1),\ G(2) = F(2) + \cdots,\ G(3) = F(3) + \cdots, \cdots$$

podemos sucessivamente determinar $F(1), F(2), F(3), \cdots$.

Prova: Para cada $d|a$ positivo temos

$$G(\frac{a}{d}) = \sum_{b|\frac{a}{d}} F(b),\ \mu(d) G(\frac{a}{d}) = \sum_{b|\frac{a}{d}} \mu(d) F(b),$$

$$\sum_{d|a} \mu(d) G(\frac{a}{d}) = \sum_{d|a} \sum_{b|\frac{a}{d}} \mu(d) F(b) = \sum_{b|a} \sum_{d|\frac{a}{b}} \mu(d) F(b)$$

(pois b percorre apenas divisores positivos de a, e para cada um destes b correspondem exatamente aqueles d para os quais $d|a$ e também $db|a$, ou seja, para os quais $d|\frac{a}{b}$)

$$= \sum_{b|a} F(b) \sum_{d|\frac{a}{b}} \mu(d) = F(a),$$

uma vez que, pelo Teorema 35,

$$\sum_{d|\frac{a}{b}} \mu(d) = \begin{cases} 1 & \text{para } b = a, \\ 0 & \text{para } b|a,\ b < a. \end{cases}$$

Definição 12. *A função aritmética $\varphi(a)$ (a função de Euler) representa o números de números n na sequência $1, 2, \ldots, a$ para os quais $(n, a) = 1$.*

Exemplos: $\varphi(1) = 1$ $(n = 1)$, $\varphi(2) = 1$ $(n = 1)$, $\varphi(3) = 2$ $(n = 1, 2)$, $\varphi(4) = 2$ $(n = 1, 3)$, $\varphi(5) = 4$ $(n = 1, 2, 3, 4)$, $\varphi(6) = 2$ $(n = 1, 5)$, $\varphi(p) = p - 1$ $(n = 1, 2, \ldots, p - 1)$.

Teorema 39. $\sum_{d|a} \varphi(d) = a$.

Prova: Divida todos os a números $n = 1, \ldots, a$ em classes de acordo com o valor $d = (n, a)$. Apenas os números com $d > 0$ que dividem a são levados em consideração. Para cada $d|a$ a classe correspondente contém os $n = kd$ para os quais $(kd, a) = d$, i.e., (pelos Teoremas 13 e 14), $(k, \frac{a}{d}) = 1$ e além disso para os quais $0 < kd \leq a$, i.e., $0 < k \leq \frac{a}{d}$. Mas pela Definição 12 existem exatamente $\varphi(\frac{a}{d})$ tais números. Assim

$$a = \sum_{d|a} \varphi(\frac{a}{d}) = \sum_{d|a} \varphi(d),$$

uma vez que $\frac{a}{d}$ percorre todos os divisores positivos de a quando d o faz.

Teorema 40. $\varphi(a) = a \sum_{d|a} \frac{\mu(d)}{d}$.

Prova: Pelos Teoremas 39 e 38 (com $F(a) = \varphi(a)$ e $G(a) = a$), temos

$$\varphi(a) = \sum_{d|a} \mu(d) \frac{a}{d} = a \sum_{d|a} \frac{\mu(d)}{d}.$$

Teorema 41. $\varphi(a) = a \prod_{p|a} (1 - \frac{1}{p})$.

Prova: 1) Para $a = 1$ temos $\varphi(1) = 1$ (o produto da afirmação do Teorema sendo vazio).

2) Para $a > 1$ seja $a = p_1^{l_1} \ldots p_r^{l_r}$ sua decomposição canônica. Assim pelo Teorema 40 temos

$$\varphi(a) = a \sum_{d | p_1 \ldots p_r} \frac{\mu(d)}{d} = a \prod_{n=1}^{r} (1 - \frac{1}{p_n}),$$

como se vê calculando os 2^r termos do produto.

Teorema 42. Para $a > 1$ temos, na notação canônica,

$$\varphi(a) = \prod_{n=1}^{r} p_n^{l_n - 1}(p_n - 1).$$

Prova: Pelo Teorema 41,

$$\varphi(a) = \prod_{n=1}^{r} p_n^{l_n} \prod_{n=1}^{r} (1 - \frac{1}{p_n}) = \prod_{n=1}^{r} p_n^{l_n}(1 - \frac{1}{p_n}).$$

Teorema 43. Para $l > 0$ temos

$$\varphi(p^l) = p^{l-1}(p - 1).$$

Duas provas: 1) Caso especial do Teorema 42.
2) (Prova direta.) Dos números $1, 2, \ldots, p^l$, os que não são relativamente primos com p^l são precisamente todos os múltiplos de p; o número p^{l-1}; assim

$$\varphi(p^l) = p^l - p^{l-1}.$$

Todo o Teorema 42 pode ser provado diretamente contando os números n que não são relativamente primos com a e para os quais $1 \leq n \leq a$; mas isto é algo mais trabalhoso e é um bom exercício para o leitor. (A solução deste exercício não é, contudo, essencial para o resto do livro.)

Teorema 44. Se $a > 0$, $b > 0$ e $(a,b) = 1$ então

$$\varphi(ab) = \varphi(a)\varphi(b).$$

Prova: Sem perda de generalidade seja *(canonicamente)*

$$a = \prod_{n=1}^{r} p_n^{l_n} > 1$$

e

$$b = \prod_{m=1}^{s} q_m^{k_m} > 1.$$

Segue do Teorema 42 que

$$\varphi(a) = \prod_{n=1}^{r} p_n^{l_n-1}(p_n - 1), \qquad \varphi(b) = \prod_{m=1}^{s} q_m^{k_m-1}(q_m - 1).$$

Como $(a,b) = 1$,

$$ab = \prod_{n=1}^{r} p_n^{l_n} \prod_{m=1}^{s} q_m^{k_m}$$

é a decomposição canônica de ab; assim, pelo Teorema 42,

$$\varphi(ab) = \prod_{n=1}^{r} p_n^{l_n-1}(p_n - 1) \prod_{m=1}^{s} q_m^{k_m-1}(q_m - 1) = \varphi(a)\varphi(b).$$

O leitor encontrará outra prova do Teorema 44, baseada diretamente na definição de φ, no Teorema 74.

Capítulo 5

Congruências

Neste capítulo m será sempre > 0.

Definição 13. a é dito congruente módulo m, escrito

$$a \equiv b \pmod{m},$$

se

$$m|(a-b).$$

a é dito incongruente módulo m, escrito

$$a \not\equiv b \pmod{m},$$

se

$$m \nmid (a-b).$$

Exemplos:

$$\begin{aligned} 31 &\equiv -9 \pmod{10}, \\ 627 &\equiv 587 \pmod{10}, \\ 5 &\not\equiv 4 \pmod{2}, \\ a &\equiv b \pmod{1}, \quad \text{para } s \text{ e } b \text{ arbitrários.} \end{aligned}$$

Qualquer conceito como "congruente", "equivalente", "igual", ou "similar", em matemática deve satisfazer três propriedades (as propriedades chamadas reflexividade, simetria e transitividade), que são expressas por meio dos três teorema seguintes.

Teorema 45. *(Reflexividade) Sempre temos*

$$a \equiv a \pmod{m}.$$

Prova: $m|0$, $m|(a-a)$.

Teorema 46. *(Simetria) Se*

$$a \equiv b \pmod{m}$$

então

$$b \equiv a \pmod{m}.$$

Prova: $m|(a-b)$ e logo, pelo Teorema 1, $m|(b-a)$.

Teorema 47. *(Transitividade) Se*

$$a \equiv b \pmod{m}, \quad b \equiv c \pmod{m}$$

então

$$a \equiv c \pmod{m}.$$

Prova: $m|a-b$, $m|b-c$, $m|(a-b)+(b-c)$, $m|a-c$.

Assim, tais como as equações, as congruências (com o mesmo módulo) podem ser escritas em seqüência como uma congruência com mais de dois termos; por exemplo,

$$a \equiv b \equiv c \pmod{m}.$$

O próximo teorema (que, incidentalmente, torna auto-evidentes os Teoremas 45-47) fornece uma condição necessária e suficiente útil para a validade de uma congruência.

Teorema 48. *De acordo com o Teorema 7, dados os números c e m, existe um número unicamente determinado r tal que*

$$c = qm + r, \quad 0 \leq r < m;$$

defina este número r como o resíduo de c módulo m. Então

$$a \equiv b \pmod{m}$$

Congruências

vale se e só se a e b tem o mesmo resíduo módulo m.

Prova: 1) Se
$$a = q_1 m + r, \qquad b = q_2 m + r$$
então
$$a - b = (q_1 - q_2)m,$$
$$m \mid a - b.$$

2) Se
$$a = q_1 m + r, \qquad 0 \le r < m, \qquad a \equiv b \pmod{m}$$
então
$$b = a + qm = (q_1 + q)m + r = q_2 m + r.$$

O Teorema 48 mostra que, dado um número m, todos os números se dividem em m classes ("classes residuais") de forma que quaisquer dois números na mesma classe são congruentes, e quaisquer dois números em classes diferentes são incongruentes. Uma das classes consiste nos múltiplos de m.

Os Teoremas 49-56 que se seguem são análogos aos teoremas correspodentes sobre igualdades; eles esclarecem a utilidade do sinal de congruência; olhando para ele intrinsicamente, poderia ser objetado que nenhum símbolo novo é necessário para $m|(a-b)$. Uma vez que o módulo m nos Teoremas 49-56 permanece o mesmo, não precisaremos escrevê-lo por enquanto.

Teorema 49. Se
$$a \equiv b, \qquad c \equiv d$$
então
$$a + c \equiv b + d, \qquad a - c \equiv b - d.$$
Prova: $m|a-b$, $m|c-d$, $m|(a-b) \pm (c-d)$, $m|(a \pm c) - (b \pm d)$.

Teorema 50. Se
$$a_n \equiv b_n, \qquad \text{para} \qquad n = 1, \ldots, v,$$
então
$$\sum_{n=1}^{v} a_n \equiv \sum_{n=1}^{v} b_n.$$

Prova: Segue por indução do Teorema 49.

Teorema 51. *Se*
$$a \equiv b$$
então, para cada c
$$ac \equiv bc.$$

Prova: $m|(a-b)$, $m|(a-b)c$, $m|(ac-bc)$.

Teorema 52. *Se*
$$a \equiv b, \quad e \quad c \equiv d$$
então
$$ac \equiv bd.$$

Prova: Pelo Teorema 51 segue da primeira parte da hipótese que $ac \equiv bc$ e da segunda que $bc \equiv bd$; assim, pelo Teorema 47, a conclusão segue.

Teorema 53. *Se*
$$a_n \equiv b_n, \quad para \quad n = 1, \ldots, v,$$
então
$$\prod_{n=1}^{v} a_n \equiv \prod_{n=1}^{v} b_n.$$

Prova: Segue por indução do Teorema 52.

Teorema 54. *Se*
$$a \equiv b, \quad v > 0,$$
então
$$a^v \equiv b^v.$$

Prova: Segue do Teorema 53.

Teorema 55. *Seja*

$$f(x) = c_0 + c_1 x + \cdots + c_n x^n = \sum_{v=0}^{n} c_v x^v \quad (n \geq 0)$$

uma função polinomial com coeficientes inteiros. Se

$$a \equiv b$$

então

$$f(a) \equiv f(b).$$

As soluções (se existirem) da congruência

$$f(x) \equiv 0$$

assim formam classes residuais completas mod m.

Prova: Pelo Teorema 54 segue da hipótese que

$$a^v \equiv b^v \quad \text{para} \quad 0 < v \leq n,$$

de forma que, pelo Teorema 51,

$$c_v a^v \equiv c_v b^v \quad \text{para} \quad 0 < v \leq n;$$

uma vez que

$$c_0 \equiv c_0$$

nosso resultado

$$\sum_{v=0}^{n} c_v a^v \equiv \sum_{v=0}^{n} c_v b^v$$

segue do Teorema 50.

O Teorema 55 justifica:

Definição 14. Por número de soluções, ou raízes, de uma congruência

$$f(x) \equiv 0$$

queremos dizer o número dos números no conjunto $x = 0, \ldots, m - 1$ que satisfazem a congruência, isto é, o número de classes residuais nas quais todos os membros satisfazem a congruência.

Assim o número de soluções é sempre ou 0 ou algum outro número finito.

Exemplo: $x^2 \equiv 1 \pmod 8$ tem quatro soluções, uma vez que $x = 1, 3, 5, 7$ (mas não $x = 0, 2, 4, 6$) satisfazem a congruência. Este fato, que $8|(x^2 - 1)$ para qualquer número ímpar x, deve ser lembrado.

Teorema 56. Se
$$ac \equiv bc, \qquad (c, m) = 1$$
então
$$a \equiv b.$$

Prova: $m|(ac - bc)$, $m|(a - b)c$; como $(m, c) = 1$ segue do Teorema 15 que
$$m|(a - b).$$

Teorema 57. Se
$$ac \equiv bc \pmod{m}$$
então
$$a \equiv b \left(\bmod \frac{m}{c, m}\right).$$

(Se $(c, m) = 1$, isto se reduz ao Teorema 56.) Prova:
$$m|(a - b)c,$$
e logo, pelo Teorema 3,
$$\frac{m}{(c, m)} \Big| (a - b)\frac{c}{(c, m)}.$$

Pelo Teorema 13 segue que
$$\left(\frac{m}{(c, m)}, \frac{c}{(c, m)}\right) = 1,$$
de modo que pelo Teorema 15
$$\frac{m}{(c, m)} \Big| (a - b).$$

Teorema 58. *Seja $c > 0$. Se*
$$a \equiv b \pmod{m}$$
então
$$ac \equiv bc \pmod{cm}$$
e reciprocamente.

Prova: Como $c > 0$, segue do Teorema 3 que as relações $m|(a-b)$ e $cm|c(a-b)$ são equivalentes.

Teorema 59. *Se*
$$a \equiv b \pmod{m}, \qquad n > 0, \qquad n|m,$$
então
$$a \equiv b \pmod{n}.$$

Prova: $m|(a-b)$ e $n|m$; logo $n|(a-b)$.

Teorema 60. *Se*
$$a \equiv b \pmod{m_n}, \quad \text{para} \quad n = 1, 2, \ldots, v, \quad (v \geq 2)$$
então, se m é o mínimo múltiplo comum positivo de $m_1, \ldots, m_v$ temos
$$a \equiv b \pmod{m_n}.$$

Prova: $a - b$ é divisível por $m_1, \ldots, m_v$, e logo, pelo Teorema 30, por m.

Teorema 61. *Se*
$$a \equiv b \pmod{m},$$
então
$$(a, m) = (b, m).$$

Em particular: se $(a, m) = 1$ então $(b, m) = 1$. Em conseqüência os números numa classe residual ou são todos relativamente primos com m ou nenhum o é.

Prova: De $b = a + mq$ segue que $(a, m)|b$, de modo que $(a, m)|(b, m)$; analogamente, $(b, m)|(a, m)$.

Definição 15. *Por um conjunto completo de resíduos (mod) m queremos dizer um conjunto de m números cada um dos quais é congruente a um dos m números $0, 1, \ldots, m-1$ (mod m), isto é, um conjunto que contém um representante para cada uma das m classes nas quais os inteiros mod m se dividem.*

Seria suficiente, é claro, exigir que ao menos um dos m números pertença a cada classe. "Se m objetos são colocados em m escaninhos e se cada escaninho contem no mínimo um objeto então cada escaninho conterá exatamente um objeto."

Alternativamente: Seria suficiente exigir que cada par dos m números fosse incongruente. "Se se colocam m objetos em m escaninhos e cada escaninho contem no máximo um objeto então cada escaninho contem exatamente um objeto."

Exemplos: Quaisquer m números consecutivos, por exemplo, $1, \ldots, m$, ou os inteiros no intervalo $-\frac{m}{2}$ (exclusive) até $\frac{m}{2}$ (inclusive) constituem um conjunto completo de resíduos, já que são incongruentes entre si.

Nossa velha definição 14 pode ser expressa como se segue: o número de soluções de

$$f(x) \equiv 0 \pmod{m}$$

é o número de suas soluções tomadas em qualquer conjunto completo de resíduos.

Definição 16. *Por um conjunto reduzido de resíduos mod m queremos dizer um conjunto de $\varphi(m)$ números exatamente um dos quais pertence a cada uma das classes cujos membros são relativamente primos com m.*

Novamente seria suficiente, dados $\varphi(m)$ números, exigir quer que no mínimo um pertença a cada uma das $\varphi(m)$ classes mencionadas acima, quer que cada um dos $\varphi(m)$ números sejam relativamente primos com m e que cada par entre eles seja incongruente.

Teorema 62. *Se $(k, m) = 1$ então os números*

$$0.k, 1.k, 2.k, \ldots, (m-1).k$$

contituem um conjunto completo de resíduos $\bmod m$.

Mais geralmente: Se $(k, m) = 1$ e $a_1, \ldots, a_m$ é um conjunto completo de resíduos $\bmod m$, então também o é

$$a_1 k, \ldots, a_m k.$$

Congruências

Prova: De

$$a_r k \equiv a_s k \pmod{m}, \quad 1 \leq r \leq m, \quad 1 \leq s \leq m$$

segue pelo Teorema 56, uma vez que por hipótese $(k,m) = 1$, que

$$a_r \equiv a_s \pmod{m}$$

e

$$r = s;$$

os termos $a_r k$ são portanto mutuamente incongruentes.

Teorema 63. Se $(k,m) = 1$ e $a_1, \ldots, a_{\varphi(m)}$ é um conjunto reduzido de resíduos $\mod m$ então também o é

$$a_1 k, \ldots, a_{\varphi(m)} k.$$

Prova: Cada um dos $\varphi(m)$ números é relativamente primo com m (pois cada fator comum de $a_r k$ e m deveria dividir a_r e m); também cada par é incongruente, pelo Teorema 62.

Teorema 64. Se $(a,m) = 1$ então a congruência

$$ax + a_0 \equiv 0 \pmod{m}$$

tem exatamente uma solução.

Prova: Pelo Teorema 62,

$$a.0, a.1, \ldots, a(m-1)$$

contituem um conjunto completo de resíduos; logo exatamente um destes números é $\equiv -a_0 \pmod{m}$.

Teorema 65. *1) A congruência*

(11) $$ax + a_0 \equiv 0 \pmod{m}$$

é solúvel se e só se

$$(a,m) | a_0.$$

2) Neste caso o número de soluções $= (a, m)$, e a congruência é satisfeita por precisamente todos os números x numa certa classe residual mod $(\frac{m}{(a,m)})$.

Observação: O Teorema 64 é certamente um caso particular deste teorema, mas ele é usado em sua prova.

Prova: 11) Se (11) é solúvel então
$$ax + a_0 \equiv 0 (\mod (a, m)),$$
$$\equiv 0 (\mod (a, m)).$$

12) Se
$$a_0 \equiv 0 \ (mod\,(a, m)),$$
então, pelo Teorema 64 a congruência
$$\frac{a}{(a,m)}x + \frac{a_0}{(a,m)} \equiv (\mod \frac{m}{(a,m)})$$
é solúvel. Logo, pelo Teorema 58, (11) é satisfeito.

2) Se $(a, m) | a_0$ então (12) tem exatamente uma solução mod $\frac{m}{(a,m)}$, de acordo com o Teorema 64; como (11) e (12) tem as mesmas soluções, pelo Teorema 58, seque que (11) tem (a, m) soluções (soluções mod m, como usual), uma vez que se $d > 0$ e $d | m$ então uma classe residual mod $\frac{m}{d}$ se divide em d classes residuais mod m.

Teorema 66. Seja $n > 1$ com ao menos um dos números $a_1, \ldots, a_n$ diferente de 0; seja
$$(a_1, \ldots, a_n) = d.$$

Alegamos que a equação diofantina (i.e., equação com coeficientes e icógnitas inteiras)
$$a_1 x_1 + \cdots + a_n x_n = c$$
é solúvel se e só se
$$d | c.$$

Em particular: se $(a, b) = 1$ então

(13) $$ax + by = 1$$

é solúvel.

Congruências   55

Prova: *1)* Se exatamente um coeficiente não se anula, a_1, digamos, então
$$a_1 x_1 + 0.x_2 \cdots + 0.x_n = c$$
é obviamente solúvel se $a_1 | c$, isto é, se
$$(a_1, 0, \ldots, 0) | c.$$

2) Se no mínimo dois dos coeficientes não se anulam então podemos assumir sem perda de generalidade que nenhum coeficiente se anula; caso contrário simplesmente omitiríamos os termos $a_m x_m$ para os quais $a_m = 0$, e isto não altera o valor do máximo divisor comum dos coeficientes; o número dos termos que permanecem é ainda ≥ 2.

Sem perda de generalidade podemos mesmo tomar todos os coeficientes > 0; pois simplesmente temos que substituir cada a_m negativo por $-a_m$ (o que não altera o máximo divisor comum) e o x_m correspondente por $-x_m$.

Podemos portanto assumir que
$$n > 1, \qquad a_1 > 0, \ldots, a_n > 0.$$

21) Se nossa equação diofantina é solúvel então claramente
$$d | a_1 x_1 + \cdots + a_n x_n,$$
$$d | c.$$

22) Suponha
$$d | c.$$

221) Se $n = 2$ então temos simplesmente que mostrar que
$$a_1 x_1 \equiv c \ (\text{mod}\, a_2)$$
é solúvel para x_1. Isto segue do Teorema 65, uma vez que
$$(a_1, a_2) | - c.$$

222) Seja $n > 2$ e suponha a afirmação provada para $2, \ldots, n-1$; se fizermos
$$(a_1, \ldots, a_{n-1}) = a$$
então, por *(9)*,
$$(a, a_n) = d.$$
Pelo que mostramos em *221)*, segue que
$$ax + a_n x_n = c$$

para x, x_n escolhidos apropriadamente. Pela hipótese de indução para $n-1$ segue além disso, uma vez que

$$(a_1, \ldots, a_{n-1}) | ax,$$

que
$$a_1 x_1 + \cdots + a_{n-1} x_{n-1} = ax$$

para $x_1, \ldots, x_{n-1}$ escolhidos apropriadamente, de modo que, finalmente,

$$a_1 x_1 + \cdots + a_{n-1} x_{n-1} + a_n x_n = c.$$

Teorema 67. Se $(a,b) = d$ e $d|c$ então

$$ax + by = c$$

é solúvel, pelo Teorema 66; ainda, dada uma solução x_0, y_0, todas as soluções são da forma

$$x = x_0 + h\frac{b}{d}, \qquad y = y_0 - h\frac{a}{d},$$

onde h é arbitrário.

Prova: 1) O fato que um tal par x, y satisfaz a equação segue da relação

$$a(x_0 + h\frac{b}{d}) + b(y_0 - h\frac{a}{d}) = ax_0 + by_0 = c.$$

2) O fato de não existirem outras soluções é visto como se segue. Sem perda de generalidade, seja $b \neq 0$. (Senão trocaríamos a e b, observando que quando h percorre os inteiros $-h$ também o faz.) Uma vez que

$$ax + by = c = ax_0 + by_0,$$

segue que
$$ax - c \equiv 0 \ (mod \ |b|),$$
$$ax - c \equiv 0 \ (mod \ |b|),$$

e logo pelo Teorema 65 (com $a_0 = -c, m = |b|$) temos

$$x \equiv x_0 \ (mod \ \frac{|b|}{d}),$$

$$x = x_0 + h\frac{b}{d},$$

$$by = c - ax = c - a(x_0 + h\frac{b}{d}) = (c - ax_0) - b\frac{ha}{d} =$$

$$by_0 - b\frac{ha}{d} = b(y_0 - h\frac{a}{d}), y = y_0 - h\frac{a}{d}.$$

Teorema 68. Se $(a,b) = 1$ e se x_0, y_0 for qualquer solução de (13) então todas as soluções são da forma

$$x = x_0 + hb \qquad y = y_0 - ha,$$

onde h é arbitrário.

Prova: Segue do Teorema 67, com $d = c = 1$.

Teorema 69. As congruências

(14) $$x \equiv a_1 \ (mod \ m_1),$$

(15) $$x \equiv a_2 \ (mod \ m_2),$$

tem uma solução comum se e só se

(16) $$(m_1, m_2) | a_1 - a_2.$$

Em particular, portanto, sempre existe solução se

$$(m_1, m_2) = 1.$$

2) Se a condição (16) for satisfeita e se m representa o mínimo múltiplo comum de m_1 e de m_2 então as soluções comuns de (14) e (15) consistem de todos os números de uma certa classe residual mod m.

Prova: 11) Fazendo $(m_1, m_2) = d$ segue de (14) e (15) que

$$x \equiv a_1 \ (mod \ d),$$
$$x \equiv a_2 \ (mod \ d),$$
$$a_1 \equiv a_2 \ (mod \ d),$$
$$d | a_1 - a_2.$$

12) Se
$$d | a_1 - a_2$$
então dentre todas as soluções de *(14)* da forma
$$x = a_1 + y m_1 \qquad (y \text{ arbitrário})$$
podemos certamente escolher uma de forma a que *(15)* valha. Porque necessitamos
$$a_1 + y m_1 \equiv a_2 \; (mod \; m_2);$$
isto é equivalente a

(17) $$m_1 y + (a_1 - a_2) \equiv 0 \; (mod \; m_2)$$

que, pelo Teorema 65, 1), é solúvel.

2) Se *(16)* é satisfeito, e logo *(14)* e *(15)* também, então a congruência *(17)* é satisfeita para y_0 escolhido apropriadamente precisamente por
$$y \equiv y_0 \; (mod \; \frac{m_2}{d})$$
em virtude do Teorema 65, 2). Assim, como $\frac{m_1 m_2}{d} = m$ (pelo Teorema 11), todos os números x satisfazendo *(14)* e *(15)* são dados pelas fórmulas
$$x = a_1 + (y + y_0 h \frac{m_2}{d}) m_1 = a_1 + m_1 y_0 + h \frac{m_1 m_2}{d} =$$
$$a_1 + m_1 y_0 + hm, \qquad h \text{ arbitrário},$$
e estes constituem uma certa classe residual $mod \, m$.

Teorema 70. Seja $r > 1$ e considere $m_1, \ldots, m_r$ dois a dois relativamente primos entre si. Então as congruências

(18) $$x \equiv a_n \; (mod \; m_n), \qquad n = 1, \ldots, r$$

são consistentes, e suas soluções em comum consistem de todos os números de uma certa classe residual $mod \, m_1 \ldots m_r$.

Prova: 1) Para $r = 2$ isto segue do Teorema 69, já que $m = m_1 m_2$ neste caso.

2) Suponha $r > 2$ e suponha o teorema provado para $r - 1$. Então as primeiras $r - 1$ congruências de *(18)* são dadas por
$$x \equiv a \; (mod \; m_1 \ldots m_{r-1})$$

para a escolhido apropriadamente. Assim, pelo Teorema 69 a conclusão segue, já que $m_1 \ldots m_{r-1}$ é relativamente primo com m_r.

Teorema 71. Seja $r > 1$ e considere $m_1, \ldots, m_r$ dois a dois relativamente primos entre si. Então o número de soluções de

(19) $$f(x) \equiv 0 \pmod{m_1 m_2 \ldots m_r}$$

é igual ao produto do número de soluções de

(20) $$f(x) \equiv 0 \pmod{m_1}, \ldots, f(x) \equiv 0 \pmod{m_r}.$$

Em particular: se $m > 1$ e $m = \prod_{n=1}^{r} p_n^{l_n}$ for sua decomposição canônica então, se $r > 1$, o número de soluções de

$$f(x) \equiv 0 \pmod{m}$$

é igual ao produto do número de soluções de

$$f(x) \equiv 0 \pmod{p_n^{l_n}}.$$

Prova: 1) Em primeiro lugar, é claro que *(19)* é satisfeito se e só se as r congruências em *(20)* são simultaneamente satisfeitas. Logo se uma destas não tem solução então *(19)* também não terá. Se as congruências em *(20)* são todas solúveis então, pelo Teorema 70, a cada escolha de um sistema de classes residuais $\bmod m_1, \ldots, m_r$ satisfazendo as respectivas congruências em *(20)* corresponde univocamente uma classe residual $\bmod m_1 \ldots m_r$ satisfazendo *(19)*.

Teorema 72. Se

$$f(x) = c_0 + c_1 x + \cdots + c_n x^n, \qquad p \nmid c_n,$$

então a congruência

(21) $$f(x) \equiv 0 \pmod{p}$$

tem no máximo n soluções.

Prova: 1) Para $n = 0$ isto é óbvio, uma vez que para cada x

$$c_0 \not\equiv 0 \pmod{p},$$

de modo que (21) não tem raízes.

2) Seja $n > 0$ e suponha o teorema verdadeiro para $n-1$. Se (21) tivesse pelo menos $n+1$ raízes (incongruentes) $x_0, \ldots, x_n$ então observando que

$$f(x) - f(x_0) = \sum_{r=1}^{n} c_r(x^r - x_0^r) =$$
$$= (x - x_0) \sum_{r=1}^{n} c_r(x^{r-1} + x_0 x^{r-2} + \cdots + x_0^{r-1})$$
$$= (x - x_0)g(x)$$

$$g(x) = b_0 + b_1 x + \cdots + b_{n-1} x^{n-1}, \quad b_{n-1} = c_n, \quad p \nmid b_{n-1},$$

segue que

$$(x_k - x_0)g(x_k) \equiv f(x_k) - f(x_0) \equiv 0 - 0 \equiv 0 \ (mod \ p),$$

para $k = 1, \ldots, n$, de modo que

$$g(x_k) \equiv 0 \ (mod \ p),$$

contradizendo a hipótese de indução para $n-1$.

Teorema 73. Seja $a > 0$, $b > 0$ e $(a, b) = 1$ Se x percorre um conjunto completo de resíduos $mod \, b$ e y percorre um conjunto completo de resíduos $mod \, a$ então $ax + by$ percorre um conjunto completo de resíduos $mod \, ab$.

Prova: Dos ab números $ax + by$, quaisquer dois são incongruentes $mod \, ab$. Porque se

$$ax_1 + by_1 \equiv ax_2 + by_2 \ (mod \, ab),$$

então

$$ax_1 + by_1 \equiv ax_2 + by_2 \ (mod \ ab),$$
$$ax_1 \equiv ax_2 \ (mod \ b),$$
$$x_1 \equiv x_2 \ (mod \ b),$$

e analogamente, por simetria,

$$y_1 \equiv y_2 \ (mod \, a).$$

Teorema 74. Seja $a > 0$, $b > 0$ e $(a, b) = 1$ Se x e y percorrem conjuntos reduzidos de resíduos $mod \, b$ e $mod \, a$ respectivamente, então $ax + by$ percorre um conjunto reduzido de resíduos $mod \, ab$.

Observação: Esta é a prova direta do Teorema 44 que foi anunciada anteriormente. Como o Teorema 43 foi também provado diretamente, resulta daí uma outra prova direta do Teorema 42, e consequentemente dos Teoremas 41 e 40; até então tudo tinha sido obtido pela fórmula da inversão de Möbius.

Prova: Se $(x,b) > 1$ então certamente $(ax + by, ab) > 1$; porque (x,b) divide $ax + by$ e ab, e logo divide $(ax + by, ab)$. Se $(y,b) > 1$, então, por simetria, $(ax + by, ab) > 1$ também.

O que resta provar, pelo Teorema 73, é que se

$$(x,b) = 1 \quad \text{e} \quad (y,a) = 1$$

então
$$(ax + by, ab) = 1.$$

De fato, seja $p|(ax+by, ab)$. Teríamos então $p|ab$, de modo que, sem perda de generalidade, $p|a$; além disso, $p|(ax+by)$, de modo que $p|by$, e em consequência (como $(a,b) = 1$) $p|y$, em contradição com a hipótese $(y,a) = 1$.

Teorema 75. *(O chamado Pequeno Teorema de Fermat)* Se $(a,m) = 1$ então
$$a^{\varphi(m)} \equiv 1 \ (mod\ m).$$

Observação: Não se sabe se o chamado Último Teorema de Fermat, discutido nas partes 12 e 13 do meu *Vorlesungen über Zahlentheorie*, é verdadeiro ou não.[1] Eu preferiria então referir-me a ele como Conjectura de Fermat e ao Teorema 75 simplesmente como o Teorema de Fermat.

Prova: Sejam $a_1, \ldots, a_{\varphi(m)}$ um conjunto reduzido de resíduos $mod\ m$. Então, pelo Teorema 63, $aa_1, \ldots, aa_{\varphi(m)}$ é ainda um conjunto assim. Assim, os números a_n são congruentes aos números aa_n ($n = 1, \ldots \varphi(m)$), exceto por ordem. Assim o produto dos a_n é congruente ao produto dos aa_n, ou

$$1. \quad \prod_{n=1}^{\varphi(m)} a_n \equiv \prod_{n=1}^{\varphi(m)} a_n \equiv \prod_{n=1}^{\varphi(m)} (aa_n) \equiv a^{\varphi(m)} \prod_{n=1}^{\varphi(m)} a_n 1 \ (mod\ m),$$

---

[1]*O Último Teorema de Fermat é de fato um teorema: foi afinal demonstrado por Andrew Wiles e Richard Taylor em 1995– N.T.

de modo que, pelo Teorema 56,

$$1 \equiv a^{\varphi(m)} \pmod{m}.$$

Teorema 76. Se $p \nmid a$ então

$$a^{p-1} \equiv 1 \pmod{p};$$

para qualquer a temos

$$a^p \equiv a \pmod{p}.$$

Prova: A primeira afirmação segue do Teorema 75, uma vez que $\varphi(p) = p - 1$; a segunda segue da primeira pelo Teorema 51 se $p \nmid a$; e se $p|a$ então ela é trivial, porque

$$a^p \equiv 0 \equiv a \pmod{p}.$$

Teorema 77. (O chamado Teorema de Wilson)

$$(p-1)! \equiv -1 \pmod{p}.$$

Duas provas: 1) Para $p = 2$ e $p = 3$ a afirmação é óbvia. Para $p > 3$, considere os $p - 3$ números

(22) $$2, 3, \ldots, p-3, p-2.$$

Para cada r nesta sequência $p \nmid r$, e logo, pelo Teorema 64, existe exatamente um s na sequência $0, 1, \ldots, p-1$ para o qual

(23) $$rs \equiv 1 \pmod{p}.$$

Aqui não serve $s = 0$, e nem $s = 1$ nem $s = p-1$ porque senão r seria $\equiv \pm 1$. O s portanto ocorre também na sequência (22). Além disso,

$$s \nmid r;$$

pois

$$r^2 \equiv 1 \pmod{p}$$

resultaria em

$$p|(r-1)(r+1),$$

$$r \equiv \pm 1 \ (mod\, p).$$

Assim para cada r em (22) corresponde exatamente um $s \neq r$ em (22) para o qual (23) vale. Como $rs = sr$ segue que, reciprocamente, r é unicamente detereminado por s. Os $p - 3$ números em (22) assim se dividem em $\frac{p-3}{2}$ pares de tal modo que o produto dos números em cada par é $\equiv 1$. Assim

$$(p-2)! \equiv 2.3.\ldots.(p-2) \equiv 1^{\frac{p-3}{2}} \equiv 1 \ (mod\, p),$$
$$(p-1)! \equiv (p-1)(p-2)! \equiv -(p-2)! \equiv -1 \ (mod\, p).$$

2) Fazendo

$$f(x) = x^{p-1} - 1 - \prod_{m=1}^{p-1}(x-m),$$

claramente vale que

$$f(x) = c_0 + c_1 x + \cdots + c_{p-2} x^{p-2}.$$

Pelo Teorema 76, a congruência

$$f(x) \equiv 0 \ (mod\ p)$$

tem pelo menos as $p-1$ raízes $x \equiv 1, 2, \ldots, p-1$. Assim, pelo Teorema 72,

$$c_0 \equiv c_1 \equiv \cdots \equiv c_{p-2} \equiv 0 \ (mod\ p).$$

Nosso resultado segue do fato que

$$c_0 = -1 - (-1)^{p-1}(p-1)!$$

Capítulo 6

Resíduos Quadráticos

Definição 17. *Se a congruência*

$$x^2 \equiv n \,(mod\ m)$$

Exemplo: 0, 1, e todos os outros quadrados perfeitos são resíduos quadráticos módulo qualquer número.

Definição 18. (O símbolo de Legendre) *Se $p > 2$ e $p \nmid n$ seja*

$$\left(\frac{n}{p}\right) = \begin{cases} 1 & se \quad n \quad \text{for resíduo quadrático } (mod\,p), \\ -1 & se \quad n \quad \text{for não-resíduo quadrático}(mod\,p). \end{cases}$$

Exemplo: $\left(\frac{m^2}{p}\right) = 1$ se $p > 2$ e $p \nmid m$; em particular, $\left(\frac{1}{p}\right) = 1$ se $p > 2$.

Teorema 78. *Seja $p > 2$. Se $n \equiv n' \,(mod\,p)$ e $p \nmid n$ então*

$$\left(\frac{n}{p}\right) = \left(\frac{n'}{p}\right).$$

Prova: Por hipótese, certamente temos $p \nmid n'$. De $x^2 \equiv n \,(mod\,p)$ segue que $x^2 \equiv n' \,(mod\,p)$, e reciprocamente.

Teorema 79. *Seja $p > 2$. em cada conjunto reduzido de resíduos mod p existem exatamente $\frac{p-1}{2}$ números n para os quais $\left(\frac{n}{p}\right) = 1$ e logo existem exatamente $\frac{p-1}{2}$ números n para os quais $\left(\frac{n}{p}\right) = -1$. O primeiro* conjunto de $\frac{p-1}{2}$ números são representados pelas classes às quais pertencem $1^2, 2^2, \ldots, (\frac{p-1}{2})^2$.

Em particular, portanto: dado $p > 2$ existe um n para o qual

$$\left(\frac{n}{p}\right) = -1.$$

Prova: A congruência

$$x^2 \equiv n \ (mod \, p),$$

se tiver alguma solução, tem pelo menos uma solução no intervalo $0 \leq x \leq p-1$; mas pelo Teorema 72 ela tem no máximo duas soluções neste intervalo, e no caso $p \nmid n$ o número 0 não é uma delas. Como

$$(p-x)^2 \equiv (-x)^2 \equiv x^2 \ (mod \, p),$$

existe portanto exatamente uma solução no intervalo $1 \leq x \leq \frac{p-1}{2}$.

Assim quaisquer dois entre os números

$$1^2, 2^2, \ldots, (\frac{p-1}{2})^2$$

são incongruentes.

O teorema foi assim provado.

Teorema 80. (O critério de Euler) *Seja* $p > 2$ *e* $p \nmid n$ *então*

$$n^{\frac{p-1}{2}} \equiv \left(\frac{n}{p}\right) \ (mod \, p).$$

Observação: O fato que

$$n^{\frac{p-1}{2}} \equiv \pm 1 \ (mod \, p).$$

é, para começar, uma consequência do Teorema de Fermat; pois de

$$n^{p-1} \equiv 1 \ (mod \, p)$$

segue que

(24) $$p | (n^{\frac{p-1}{2}} - 1)(n^{\frac{p-1}{2}} + 1).$$

Resíduos Quadráticos

Prova: O módulo na prova será p o tempo todo.

1) Seja
$$\left(\frac{n}{p}\right) = 1.$$

Então existe um x tal que
$$x^2 \equiv n.$$

Assim, pelo Teorema de Fermat,
$$n^{\frac{p-1}{2}} \equiv (x^2)^{\frac{p-1}{2}} \equiv x^{p-1} \equiv 1.$$

1) Seja
$$\left(\frac{n}{p}\right) = -1.$$

A congruência
$$x^{\frac{p-1}{2}} - 1 \equiv 0$$

tem no máximo $\frac{p-1}{2}$ soluções, pelo Teorema 72. Por 1) e pelo Teorema 79, ela tem no mínimo $\frac{p-1}{2}$ soluções, a saber, os resíduos quadráticos em qualquer conjunto reduzido de resíduos; assim não existem outras soluções. Logo, por (24), nosso número n, sendo um não-resíduo quadrático, satisfaz a congruência
$$n^{\frac{p-1}{2}} + 1 \equiv 0.$$

Teorema 81. *Seja $p > 2$, $p \nmid n$ e $p \nmid n'$ então*
$$\left(\frac{nn'}{p}\right) = \left(\frac{n}{p}\right)\left(\frac{n'}{p}\right).$$

Em palavras: a congurência $x^2 \equiv nn'$ é solúvel se e só se as congruências $x^2 \equiv n$ e $x^2 \equiv n'$ são ambas solúveis ou ambas não solúveis. Expresso de outra maneira: se n e n' são ambos resíduos quadráticos ou ambos não-resíduos quadráticos, então nn' é um resíduo quadrático; se um deles é um resíduo quadrático e o outro é um não-resíduo quadrático então o produto é um não-resíduo quadrático. Tudo sob as hipóteses $p > 2$, $p \nmid n$ e $p \nmid n'$.

Prova: Pelo Teorema 80 temos
$$\left(\frac{nn'}{p}\right) \equiv (nn')^{\frac{p-1}{2}} \equiv n^{\frac{p-1}{2}} n'^{\frac{p-1}{2}} \equiv \left(\frac{n}{p}\right)\left(\frac{n'}{p}\right) \pmod{p}.$$

Uma vez que

$$\left(\frac{nn'}{p}\right) - \left(\frac{n}{p}\right)\left(\frac{n'}{p}\right) = 0,\ 2 \quad \text{ou} \quad -2$$

e $p > 2$ temos

$$\left(\frac{nn'}{p}\right) - \left(\frac{n}{p}\right)\left(\frac{n'}{p}\right) = 0.$$

Teorema 82. Seja $p > 2$, $r \geq 2$, $p \not| n_1, \ldots, p \not| n_r$ então

$$\left(\left(n_1 \ldots \frac{n_r}{p}\right) = \left(\frac{n_1}{p}\right) \cdots \left(\frac{n_r}{p}\right)\right).$$

Prova: Teorema 81.

Se $p > 2$ e $p \not| n$ então o símbolo $\left(\frac{n}{p}\right)$ se divide, pelo Teorema 82, em símbolos mais simples da forma $\left(\frac{-1}{p}\right)$, $\left(\frac{2}{p}\right)$ e $\left(\frac{q}{p}\right)$, onde q é um primo ímpar diferente de p. Os teoremas principais da teoria de resíduos quadráticos, apresentados a seguir (Teoremas 83, 85 e 86) se referem a estas três situações.

Teorema 83. (Chamado o Primeiro Suplemento da Lei de Reciprocidade Quadrática)

$$\left(\frac{-1}{p}\right) = (-1)^{\frac{p-1}{2}} \quad \text{para} \quad p > 2,$$

ou, mais explicitamente,

$$\left(\frac{-1}{p}\right) = \begin{cases} 1 & \text{para } p \equiv 1 \pmod{4}, \\ -1 & \text{para } p \equiv -1 \pmod{4}. \end{cases}$$

Em palavras: cada divisor primo ímpar de $x^2 + 1$ é $\equiv 1 \pmod{4}$, e cada $p \equiv 1 \pmod{4}$ divide $x^2 + 1$ para números apropriados x.

Prova: Pelo Critério de Euler (Teorema 80) temos

$$\left(\frac{-1}{p}\right) = (-1)^{\frac{p-1}{2}} \equiv 1 \pmod{p};$$

como $p > 2$, temos a igualdade.

Teorema84. (Chamado o Lema de Gauss) *Seja $p > 2$ e $p \nmid n$. Considere os $\frac{p-1}{2}$ números*

$$n, 2n, \ldots, \frac{p-1}{2}n$$

e determine seus resíduos mod p. Obtemos (pelo Teorema 62)

$$\frac{p-1}{2}$$

números distintos, que são > 0 e $< p$. Seja m o número destes resíduos que são $> \frac{p}{2}$ (i.e., $\geq \frac{p+1}{2}$). (m pode ainda ser $= 0$; por exemplo, se $n = 1$.) Afirmamos que

$$\left(\frac{n}{p}\right) = (-1)^m.$$

Exemplo: $p = 7$, $n = 10$. Os números 10, 20 e 30 deixam resíduos 3, 6 e 2, respectivamente. Neste caso $m = 1$, e logo $\left(\frac{3}{7}\right) = -1$ pelo Teorema 84. E, de fato, a congruência $x^2 \equiv 3 \pmod 7$ é insolúvel.

Prova: Fixe em p o módulo. $l = \frac{p-1}{2} - m$ é o número de resíduos que é $< \frac{p}{2}$ (i.e., $\leq \frac{p-1}{2}$). Se $l > 0$, denote estes números por $a_1, \ldots, a_l$; sejam os resíduos $> \frac{p}{2}$ ocorrendo no teorema dados por $b_1, \ldots, b_m$ se $m > 0$. Se multiplicarmos todos os $\frac{p-1}{2}$ resíduos (ou seja, todos os a_s, b_t) obtemos a congruência

$$\prod_{s=1}^{l} a_s \prod_{t=1}^{m} b_t \equiv \prod_{h=1}^{\frac{p-1}{2}} hn \equiv \left(\frac{p-1}{2}\right)! n^{\frac{p-1}{2}}.$$

Os "complementos dos números b_t (quero dizer, os números $p - b_t$) pertencem ao intervalo de 1 a $\frac{p-1}{2}$. Quaisquer dois deles são distintos, já que isto vale para os números b_t. Além disso, cada a_s é distinto de $p - b_t$; pois

$$a_s = p - b_t$$

resultaria em

$$xn \equiv p - yn, \quad 1 \leq x \leq \frac{p-1}{2}, \quad 1 \leq y \leq \frac{p-1}{2},$$

$$xn \equiv -yn, \quad x \equiv -y, \quad x + y \equiv 0,$$

em contradição a

$$0 < x + y < p.$$

Em consequência (já que existem $\frac{p-1}{2}$ números) os números a_s e os números $p - b_t$, juntos, são os números $1, \ldots, \frac{p-1}{2}$ em alguma ordem (o princípio da casa do pombo — ou dos escaninhos), de modo que

$$(\frac{p-1}{2})! \equiv \prod_{s=1}^{l} a_s \prod_{t=1}^{m}(p - b_t) \equiv (-1)^m \prod_{s=1}^{l} a_s \prod_{t=1}^{m} b_t$$

$$\equiv (-1)^m (\frac{p-1}{2})! n^{\frac{p-1}{2}}, 1 \equiv (-1)^m n^{\frac{p-1}{2}},$$

e consequentemente, pelo Teorema 80,

$$(\frac{n}{p}) \equiv n^{\frac{p-1}{2}} \equiv (-1)^m,$$

$$(\frac{n}{p}) \equiv (-1)^m.$$

Teorema 85. (Chamado o Segundo Suplemento da Lei de Reciprocidade Quadrática)

$$(\frac{2}{p}) = (-1)^{\frac{p^2-1}{8}} \quad \text{para} \quad p > 2;$$

ou (observando que $\frac{(8a\pm 1)^2-1}{8} = 8a^2 \pm 2a$ e $\frac{(8a\pm 3)^2-1}{8} = 8a^2 \pm 6a + 1$) mais explicitamente:

$$(\frac{2}{p}) = \begin{cases} 1 & \text{para } p \equiv \pm 1 \ (mod\, 8), \\ -1 & \text{para } p \equiv \pm 3 \ (mod\, 8). \end{cases}$$

Prova: Para $p > 2$ e $n = 2$ o Teorema 84 fornece

$$m \equiv \frac{p^2 - 1}{8} \ (mod\, 2).$$

Pois os números

$$2, 2.2, \ldots, \frac{p-1}{2}.2$$

já são eles próprios > 0 e $< p$, e logo são seus próprios resíduos; e

$$\frac{p}{2} < 2h < p$$

vale sempre que

$$\frac{p}{4} < 2h < \frac{p}{2},$$

Resíduos Quadráticos

isto é, $[\frac{p}{2}] - [\frac{p}{4}]$ vezes; se $p = 8a + r$ onde $r = 1, 3, 5$ ou 7 então isto é $4a - 2a \equiv 0,\ 4a + 1 - 2a \equiv 1,\ 4a + 2 - 2a - 1 \equiv 1,\ 4a + 3 - 2a - 1 \equiv 0\ (mod\,2)$, respectivamente.

Uma prova mais elegante do Teorema 85 é apresentada ao longo da prova do próximo teorema.

Teorema 86. (A Lei da Reciprocidade Quadrática, conjecturada primeiro por Euler e provada primeiro por Gauss) *Se $p > 2$ e $q > 2$ forem primos com $p \neq q$ então*

$$\left(\frac{p}{q}\right)\left(\frac{q}{p}\right) = (-1)^{\frac{p-1}{2}\frac{q-1}{2}}.$$

Em palavras (uma vez que $\frac{p-1}{2}\frac{q-1}{2}$ é ímpar para $p \equiv q \equiv 3\ (mod\,4)$ e par caso contrário), as congruências

$$x^2 \equiv p\ (mod\,q), \qquad x^2 \equiv q\ (mod\,p)$$

são ambas solúveis ou ambas insolúveis a não ser que $p \equiv q \equiv 3\ (mod\,4)$; se $p \equiv q \equiv 3\ (mod\,4)$ então uma é solúvel e a outra insolúvel.

Prova: Por enquanto admitimos $q = 2$; mas seja q ainda um primo $\neq p$. Se $1 \le k \le \frac{p-1}{2}$ então

(25) $$kq = q_k p + r_k, \qquad 1 \le r_k \le p - 1,$$

onde os números r_k são os números a_s e b_t na prova do Teorema 84 (com $n = q$).

Nesta fórmula

$$q_k = \left[\frac{kq}{p}\right].$$

Já sabemos que os números a_s e $p - b_t$, exceto pela ordem, são $1, 2, \ldots, \frac{p-1}{2}$. Se, por brevidade, colocarmos

$$\sum_{s=1}^{l} a_s = a, \qquad \sum_{t=1}^{m} b_t = b,$$

então

$$\sum_{k=1}^{\frac{p-1}{2}} r_k = a + b,$$

$$\frac{p^2-1}{8} = \frac{\frac{p-1}{2}\frac{p+1}{2}}{2} = \sum_{k=1}^{\frac{p-1}{2}} k = a + mp - b.$$

Somando as equações (25) resulta em

$$\frac{p^2-1}{8}q = p\sum_{k=1}^{\frac{p-1}{2}} q_k + \sum_{k=1}^{\frac{p-1}{2}} r_k = p\sum_{k=1}^{\frac{p-1}{2}} q_k + a + b.$$

Daí

$$\frac{p^2-1}{8}(q-1) = p\sum_{k=1}^{\frac{p-1}{2}} q_k - mp + 2b,$$

(26) $$\frac{p^2-1}{8}(q-1) \equiv \sum_{k=1}^{\frac{p-1}{2}} q_k + m \ (mod\, 2).$$

1) (Prova alternativa do Teorema 85.) Seja $q=2$. Então todo $q_k = 0$, de forma que, por (26),

$$\frac{p^2-1}{8}(q-1) \equiv m \ (mod\, 2),$$

e logo, pelo Teorema 84,

$$(\frac{2}{p}) = (-1)^m = (-1)^{\frac{p^2-1}{8}}.$$

2) Seja $q > 2$. Assim, por (26),

$$m \equiv \sum_{k=1}^{\frac{p-1}{2}} q_k \ (mod\, 2),$$

de modo que, pelo Teorema 84,

$$\frac{q}{p} = (-1)^m = (-1)^{\sum_{k=1}^{\frac{p-1}{2}} [\frac{kq}{p}]}.$$

Por simetria temos

$$(\frac{p}{q}) = (-1)^{\sum_{l=1}^{\frac{q-1}{2}} [\frac{lp}{q}]},$$

Resíduos Quadráticos

$$\left(\frac{p}{q}\right)\left(\frac{q}{p}\right) = (-1)^{\sum_{k=1}^{\frac{p-1}{2}}[\frac{kq}{p}]+\sum_{l=1}^{\frac{q-1}{2}}[\frac{lp}{q}]}.$$

Com isso é suficiente mostrar que

$$\sum_{k=1}^{\frac{p-1}{2}}[\frac{kq}{p}] + \sum_{l=1}^{\frac{q-1}{2}}[\frac{lp}{q}] \equiv \frac{p-1}{2}\frac{q-1}{2} \pmod{2}.$$

De fato acontece mesmo que

(27) $$\sum_{k=1}^{\frac{p-1}{2}}[\frac{kq}{p}] + \sum_{l=1}^{\frac{q-1}{2}}[\frac{lp}{q}] = \frac{p-1}{2}\frac{q-1}{2},$$

e não faremos uso do fato que p e q são primos ímpares distintos, apenas do fato que são números ímpares > 1 relativamente primos entre si.

De fato, consideremos os $\frac{p-1}{2}\frac{q-1}{2}$ números

$$lp - kq, \qquad \text{onde} \qquad k = 1, \ldots, vp - 12; \ l = 1, \ldots, \frac{q-1}{2}.$$

(Não nos interessa saber se são distintos: é um exercício para o leitor.) Nenhum destes números é 0; pois senão teríamos

$$lp = kq, \qquad q|lp, \qquad q|l.$$

A quantidade de números positivos entre estes $\frac{p-1}{2}\frac{q-1}{2}$ números é claramente $\sum_{l=1}^{\frac{q-1}{2}}[\frac{lp}{q}]$; porque seja

$$k < \frac{lp}{q}, \qquad 1 \leq k \leq \frac{p-1}{2}$$

para todo $l = 1, \ldots, \frac{q-1}{2}$; como $\frac{lp}{q}$ não é um inteiro segue que $1 \leq k < \frac{lp}{q}$ tem exatamente $[\frac{lp}{q}]$ soluções, e além disso $k < \frac{\frac{q}{2}p}{q} = \frac{p}{2}$, $k \leq \frac{p-1}{2}$ é automaticamente verdade.

A quantidade de números negativos entre estes é $\sum_{k=1}^{\frac{p-1}{2}}[\frac{kq}{p}]$, por simetria. Assim (27) está provado.

Exemplo de aplicação da Lei de Reciprocidade: Com esta lei podemos rapidamente dizer quais os primos tem o número 3 como resíduo quadrático. De fato, segue da Lei de Reciprocidade para $p > 3$ que

$$\left(\frac{3}{p}\right) = \left(\frac{p}{3}\right)(-1)^{\frac{p-1}{2}}.$$

Pelos Teoremas 78 e 83 temos, nesta fórmula,

$$\left(\frac{p}{3}\right) = \begin{cases} \left(\frac{1}{3}\right) = 1 & \text{se } p \equiv 1 \pmod{3}, \\ \left(\frac{-1}{3}\right) = -1 & \text{se } p \equiv 2 \pmod{3}, \ p > 2; \end{cases}$$

além disso,

$$(-1)^{\frac{p-1}{2}} = \begin{cases} 1 & \text{se } p \equiv 1 \pmod{4}, \\ -1 & \text{se } p \equiv -1 \pmod{4}. \end{cases}$$

Assim

$$\left(\frac{3}{p}\right) = \begin{cases} 1 & \text{se } p \equiv \pm 1 \pmod{12}, \\ -1 & \text{se } p \equiv \pm 5 \pmod{12}. \end{cases}$$

Mais geralmente vemos que para um primo ímpar fixo q o símbolo $\left(\frac{q}{p}\right)$ tem o mesmo valor para todos os p (desde que existam) pertencendo à mesma classe residual reduzida mod $4q$. De fato, $\left(\frac{p}{q}\right)$ tem, pelo Teorema 78, o mesmo valor para todos os p ímpares pertencendo à mesma classe residual reduzida mod q e $(-1)^{\frac{p-1}{2}}$ tem o mesmo valor para todos os p pertencendo à mesma classe residual reduzida mod 4.

Teorema 87. *Seja $l > 0$ e $p \nmid n$. Então o número de soluções de*

(28) $$x^2 \equiv n \pmod{p^l}$$

tem o seguinte valor:

$$\begin{array}{ll} 1 & \text{para } p=2, \ l = 1, \\ 0 & \text{para } p=2, \ l = 2, \ n \equiv 3 \pmod{4} \\ 2 & \text{para } p=2, \ l = 2, \ n \equiv 1 \pmod{4} \\ 0 & \text{para } p=2, \ l > 2, \ n \not\equiv 3 \pmod{8} \\ 4 & \text{para } p=2, \ l > 2, \ n \equiv 1 \pmod{8} \\ 1 + \left(\frac{n}{p}\right) & \text{para } p > 2. \end{array}$$

Prova: 1) $x^2 \equiv n \pmod{2}$ tem uma raiz $x^2 \equiv 1 \pmod{2}$ se $2 \nmid n$.
2) $x^2 \equiv 3 \pmod{4}$ não tem raiz.

Resíduos Quadráticos

3) $x^2 \equiv 1 \pmod{4}$ tem duas raízes $x \equiv \pm 1 \pmod{4}$.
4) Seja $p = 2$, $l > 2$, $2 \nmid n$, e $n \not\equiv 1 \pmod{8}$. Se

(29) $$x^2 \equiv n \pmod{2^l}$$

tivesse soluções então x seria ímpar e teríamos

$$x^2 \equiv n \pmod{8},$$

de modo que
$$x^2 \not\equiv 1 \pmod{8}.$$

Contudo, o quadrado de qualquer número ímpar é $\equiv 1 \pmod{8}$.

5) Seja $p = 2$, $l > 2$, e $n \equiv 1 \pmod{8}$. Sem perda de generalidade, seja $0 < n < 2^l$. As soluções de (29) devem ser procuradas apenas entre os 2^{l-1} números ímpares x satisfazendo $0 < x < 2^l$.

Para cada x assim, certamente temos

$$x^2 \equiv m \pmod{2^l}$$

para $m \equiv 1 \pmod{8}$ escolhido apropriadamente no intervalo $0 < m < 2^l$. Cada um destes 2^{l-1} números m ocorre no máximo quatro vezes. Pois de

$$x^2 \equiv x_0^2 \pmod{2^l}, \quad 2 \nmid x_0$$

segue que
$$2^l \mid (x - x_0)(x + x_0);$$

como x e x_0 são ímpares, de modo que $x - x_0$ e $x + x_0$ são pares, temos

$$2^{l-2} \Big| \frac{x - x_0}{2} \frac{x + x_0}{2}.$$

2 não divide ambos os fatores $\frac{x-x_0}{2}$ e $\frac{x+x_0}{2}$, já que a soma deles é ímpar; assim

$$2^{l-2} \Big| \frac{x + x_0}{2} \quad \text{ou} \quad 2^{l-2} \Big| \frac{x - x_0}{2},$$

isto é,
$$x^2 \equiv \mp x_0 \pmod{2^{l-1}},$$

resultando em no máximo quatro valores para x.

Como os $2^{l-1} = 4 \cdot 2^{l-3}$ números x estão distribuídos entre 2^{l-3} posições ("escaninhos") de tal maneira que existem no máximo quatro deles em cada um, segue que existem exatamente quatro em cada um, e portanto a posição n dada contem exatamente quatro soluções.

6) Seja $p > 2$.

61) Seja $\left(\frac{n}{p}\right) = -1$. Já temos que

$$x^2 \equiv n \pmod{p}$$

é insolúvel, de modo que

(28) $$x^2 \equiv n \pmod{p^l}$$

é certamente insolúvel, e o número de soluções de (28) é

$$0 = 1 + \left(\frac{n}{p}\right).$$

62) Seja $\left(\frac{n}{p}\right) = 1$. Sem perda de generalidade seja $0 < n < p^l$. As soluções de (28) devem ser procuradas somente entre os $\varphi(p^l)$ números x no intervalo $0 < x < p^l$ que não são divisíveis por p.

Para cada x assim certamente temos

$$x^2 \equiv m \pmod{p^l}$$

para m apropriado com $\left(\frac{m}{p}\right) = 1$, $0 < m < p^l$. Cada qual destes $\frac{p-1}{2}p^{l-1} = \frac{1}{2}\varphi(p^l)$ números ocorre no máximo duas vezes. Pois de

$$x^2 \equiv x_0^2 \pmod{p^l}, \qquad p \nmid x_0$$

segue que

$$p^l | (x - x_0)(x + x_0).$$

p não divide ambos os fatores $\frac{x-x_0}{2}$ e $\frac{x+x_0}{2}$, já que a soma deles $2x$ não é divisível por p; assim

$$x^2 \equiv \pm x_0 \pmod{p^{l-1}},$$

resultando em no máximo dois valores para x.

Uma vez que os $\varphi(p^l)$ números estão distribuídos entre $\frac{1}{2}\varphi(p^l)$ posições ("escaninhos") de tal maneira que existem no máximo dois deles em cada um, segue que existem exatamente quatro em cada um, e portanto a posição n dada contem exatamente duas soluções. Assim o número de soluções de (28) é

$$2 = 1 + \left(\frac{n}{p}\right).$$

Resíduos Quadráticos

Teorema 88. *Seja $m > 0$ e $(n, m) = 1$. Então o número de soluções de*

$$x^2 \equiv n \pmod{m}$$

tem o seguinte valor

0   se $4|m$, $8 \nmid m$ e $n \not\equiv 1 \pmod{4}$;
0   se $8|m$ e $n \not\equiv 1 \pmod{8}$;
0   se um primo $p > 2$ para o qual $\left(\frac{n}{p}\right) = -1$ divide m.

Caso contrário, se s for o número de primos ímpares distintos $p|m$ então o número de soluções é

$$\begin{aligned} 2^s & \quad \text{para } 4 \nmid m, \\ 2^{s+1} & \quad \text{para } 4|m,\ 8 \nmid m \\ 2^{s+2} & \quad \text{para } 8|m. \end{aligned}$$

Prova: Para $m = 1$ a afirmação é verdadeira (o número de soluções é 1); para $m > 1$ o número de soluções de (28) para os vários primos $p|m$ e suas respectivas multiplicidades l aparecendo na decomposição canônica de m é multiplicativo, pelo Teorema 71. Os enunciados então seguem. Porque se $p = 2$ então 0 é o número de soluções de (28) quando $4|m$, a não ser que ou $l = 2$ e $n \equiv 1 \pmod{4}$ ou $l > 2$ e $n \equiv 1 \pmod{8}$; se $p > 2$ é 0 quando $\left(\frac{n}{p}\right) = -1$. Caso contrário, a potência de 2, se houver alguma, fornece o fator de 1 na última fórmula se $l = 1$; 2 se $l = 2$; e 4 se $l \geq 3$; e cada primo ímpar $p|m$ que ocorre fornece um fator de 2.

A introdução a seguir do chamado símbolo de Jacobi, uma generalização do de Legendre, irá entre outras coisas tornar a decomposição prima de $|n|$ desnecessária para a análise completa de $\left(\frac{n}{p}\right)$, onde $p > 2$ e $p \nmid n$. Em particular as cinco propriedades mais importantes (Teoremas 78, 81, 83, 85 e 86) do símbolo de Legendre serão válidas também para o símbolo de Jacobi.

Definição 19. *(O símbolo de Jacobi): Seja $m > 0$ e m ímpar, e seja $m = \prod_{r=1}^{v} p_r$ a decomposição de m em fatores primos (com fatores repetidos reescritos o número apropriado de vezes); além disso, seja $(n, m) = 1$. Então*

$$\left(\frac{n}{m}\right) = \prod_{r=1}^{v} \left(\frac{n}{p_r}\right).$$

(Isto é 1 se $m = 1$.) Esta definição faz sentido, já que os fatores à direita são definidos como símbolos de Legendre, porque $p_r \nmid n$ e $p_r > 2$. E para $m = p > 2$ isto concorda com a Definição 18.

Exemplos: $(\frac{1}{m}) = 1$ para $m > 0$ ímpar; $(\frac{a^2}{m}) = 1$ para $m > 0$ ímpar, se $(a, m) = 1$.

Não devemos pensar que para $m > 0$ ímpares e $(n, m) = 1$ tenhamos $(\frac{n}{m}) = -1$ sempre que n for um não-resíduo quadrático; isto acontece, ao invés, sempre que n for um não-resíduo quadrático para um número ímpar de p_r. Assim, se n for um resíduo quadrático de m (e consequentemente um resíduo quadrático para todos os p_r) então (mas não só então) $(\frac{n}{m}) = 1$.

Teorema 89. (Generalização do Teorema 78) Seja $m > 0$ ímpar, $n \equiv n' \pmod{m}$, e $(n, m) = 1$. Então

$$(\frac{n}{m}) = (\frac{n'}{m}).$$

Prova: Por hipótese certamente temos $(n', m) = 1$. Pelo Teorema 78, como $n \equiv n' \pmod{p_r}$, e $p_r \nmid n$, temos

$$(\frac{n}{p_r}) = (\frac{n'}{p_r})$$

para todo $p_r | m$, de onde segue o nosso resultado por multipli-cação sobre todos os r.

Teorema 90. Para $m > 0$ ímpar, $m' > 0$ ímpar, $(n, m) = 1$ e $(n, m') = 1$ (em outras palavras, o lado esquerdo da equação abaixo faz sentido) temos

$$(\frac{n}{m})(\frac{n}{m'}) = (\frac{n}{m})(\frac{n}{m'}).$$

Prova: mm' é > 0, ímpar, e relativamente primo com n. Em consequência, se $m = \prod_{r=1}^{v} p_r$ e $m' = \prod_{r=1}^{v'} p'_r$ então

$$(\frac{n}{m})(\frac{n}{m'}) = \prod_{r=1}^{v}(\frac{n}{p_r}) \prod_{r=1}^{v'}(\frac{n}{p'_r}) = \prod_{p}(\frac{n}{p}),$$

onde o produto é tomado sobre todos os fatores primos de mm' (com multiplicidades apropriadas), e logo

$$=(\frac{n}{m})(\frac{n}{m'}).$$

Teorema 91. (Generalização do Teorema 81) *Seja $m > 0$ ímpar, $(n,m)=1$ e $(n',m)=1$. Então*

$$(\frac{nn'}{m}) = (\frac{n}{m})(\frac{n'}{m}).$$

Prova: Temos $(nn',m)=1$. Para $p_r|m$ temos, pelo Teorema 81,

$$(\frac{nn'}{p_r}) = (\frac{n}{p_r})(\frac{n'}{p_r}),$$

de onde segue o nosso resultado por multiplicação sobre todos os r.

Teorema 92. (Generalização do Teorema 83; o chamado Primeiro Suplemento à Lei de Reciprocidade de Jacobi) *Seja $m > 0$ ímpar. Então*

$$(\frac{-1}{m}) = (-1)^{\frac{m-1}{2}}.$$

Prova: Para $m=1$ isto é óbvio; consequentemente, seja $m > 1$.
Para u e u' ímpares, temos

$$(u-1)(u'-1) \equiv 0 \ (mod\,4),$$

de modo que

$$uu'-1 \equiv (u-1)+(u'-1) \ (mod\,4).$$

Para $u_1,\ldots,u_v$ ímpares, temos portanto

$$\prod_{r=1}^{v} u_r - 1 \equiv \sum_{r=1}^{v}(u_r-1) \ (mod\,4),$$

(30) $$\frac{\prod_{r=1}^{v} u_r - 1}{2} \equiv \sum_{r=1}^{v} \frac{u_r-1}{2} (mod\,2),$$

$$(-1)^{\frac{\prod_{r=1}^{v} u_r-1}{2}} = \prod_{r=1}^{v}(-1)^{\sum_{r=1}^{v} \frac{u_r-1}{2}}.$$

De $m = \prod_{r=1}^{v} p_r$, como (pelo Teorema 83)

$$\left(\frac{-1}{p_r}\right) = (-1)^{\frac{p_r-1}{2}},$$

segue portanto que

$$\left(\frac{-1}{m}\right) = \prod_{r=1}^{v}\left(\frac{-1}{p_r}\right) = \prod_{r=1}^{v}(-1)^{\frac{p_r-1}{2}} = (-1)^{\frac{\prod_{r=1}^{v} p_r-1}{2}} = (-1)^{\frac{m-1}{2}}.$$

Teorema 93. (Generalização do Teorema 85; o chamado Segundo Suplemento à Lei de Reciprocidade de Jacobi) *Seja $m > 0$ ímpar. Então*

$$\left(\frac{2}{m}\right) = (-1)^{\frac{m^2-1}{8}}.$$

Prova: Para $m = 1$ isto é óbvio; consequentemente, seja $m > 1$. Para u e u' ímpares, temos

$$(u^2 - 1)(u'^2 - 1) \equiv 0 \;(mod\,16), \quad \text{(de fato mesmo } (mod\,64)\text{)};$$

de modo que

$$u^2 u'^2 - 1 \equiv (u^2 - 1) + (u'^2 - 1) \;(mod\,16).$$

Para $u_1, \ldots, u_v$ ímpares, temos portanto

$$\prod_{r=1}^{v} u_r^2 - 1 \equiv \sum_{r=1}^{v}(u_r^2 - 1) \;(mod\,16),$$

$$\frac{\prod_{r=1}^{v} u_r^2 - 1}{8} \equiv \sum_{r=1}^{v} \frac{u_r^2 - 1}{8} \,mod\,2),$$

$$(-1)^{\frac{(\prod_{r=1}^{v} u_r)^2 - 1}{8}} = \prod_{r=1}^{v}(-1)^{\sum_{r=1}^{v} \frac{u_r^2-1}{8}}.$$

De $m = \prod_{r=1}^{v} p_r$, e do fato que (pelo Teorema 85)

$$\left(\frac{2}{p_r}\right) = (-1)^{\frac{p_r^8-1}{8}},$$

segue portanto que

$$\left(\frac{2}{m}\right) = \prod_{r=1}^{v}\left(\frac{2}{p_r}\right) = \prod_{r=1}^{v}(-1)^{\frac{p_r^2-1}{8}} =$$
$$(-1)^{\frac{(\prod_{r=1}^{v} p_r)^2 - 1}{8}} = (-1)^{\frac{m^2-1}{8}}.$$

Teorema 94. (Generalização do Teorema 86; a Lei de Reciprocidade de Jacobi) *Sejam n e $m > 0$ ímpares e relativamente primos. Então*

$$\left(\frac{n}{m}\right)\left(\frac{m}{n}\right) = (-1)^{\frac{n-1}{2}\frac{m-1}{2}}.$$

Prova: Sem perda de generalidade suponhamos $n > 1$ e $m > 1$, e suas decomposições em fatores primos dadas por $n = \prod p$ e por $m = \prod q$. Então pelos Teoremas 90 e 91 temos

$$\left(\frac{n}{m}\right) = \left(\frac{\prod p}{\prod q}\right) = \prod_p \left(\frac{p}{\prod_q q}\right) = \prod_p \prod_q \left(\frac{p}{q}\right),$$

$$\left(\frac{m}{n}\right) = \prod_p \prod_q \left(\frac{q}{p}\right),$$

de modo que, pelo Teorema 86 e (30), temos

$$\left(\frac{n}{m}\right)\left(\frac{m}{n}\right) = \prod_{p,q}\left(\frac{p}{q}\right)\left(\frac{q}{p}\right) = \prod_{p,q}(-1)^{\frac{p-1}{2}\frac{q-1}{2}} = (-1)^{\sum_{p,q}\frac{p-1}{2}\frac{q-1}{2}}$$

$$= (-1)^{\sum_p \frac{p-1}{2}}(-1)^{\sum_q \frac{q-1}{2}} = (-1)^{\frac{\prod_p p - 1}{2}\frac{\prod_q q - 1}{2}} = (-1)^{\frac{n-1}{2}\frac{m-1}{2}}.$$

Exemplos de aplicação do símbolo de Jacobi:
1) O símbolo de Legendre $\left(\frac{383}{443}\right)$ (443 é primo) pode ser calculado rapidamente pela aplicação dos teoremas referentes ao símbolo de Jacobi, como se segue:

$$\left(\frac{383}{443}\right) = -\left(\frac{443}{383}\right) = -\left(\frac{60}{383}\right) = -\left(\frac{2^2}{383}\right)\left(\frac{15}{383}\right) = -\left(\frac{15}{383}\right)$$

$$= \left(\frac{383}{15}\right) = \left(\frac{8}{15}\right) = \left(\frac{2^2}{15}\right)\left(\frac{2}{15}\right) = \left(\frac{2}{15}\right) = 1.$$

2) O símbolo de Jacobi $(\frac{35}{87})$ (87 não é primo, mas é relativamente primo com 35) pode ser calculado analogamente, como se segue:

$$(\frac{35}{87}) = -(\frac{87}{35}) = -(\frac{17}{35}) = -(\frac{35}{17}) = -(\frac{1}{17}) = -1.$$

O cálculo é frequentemente simplificado com o uso do

Teorema 95. *Sejam n e m ímpares e relativamente primos. Então*

$$(\frac{n}{|m|})(\frac{m}{|n|}) = \begin{cases} -(-1)^{\frac{n-1}{2}\frac{m-1}{2}} & \text{se } n < 0 \text{ e } m < 0, \\ (-1)^{\frac{n-1}{2}\frac{m-1}{2}} & \text{caso contrário.} \end{cases}$$

Prova: 1) Se $n > 0$ e $m > 0$ então isto é o Teorema 94.
2) Se n e m são < 0 então pelos Teoremas 92 e 94,

$$(\frac{n}{|m|})(\frac{m}{|n|}) = (\frac{-|n|}{|m|})(\frac{-|m|}{|n|}) = (\frac{-1}{|m|})(\frac{|n|}{|m|})(\frac{|m|}{|n|})(\frac{-1}{|n|})$$

$$= (-1)^{\frac{|m|-1}{2} + \frac{|n|-1}{2}\frac{|m|-1}{2} + \frac{|n|-1}{2}} = -(-1)^{\frac{|m|-1}{2} + \frac{|n|-1}{2}\frac{|m|-1}{2} + \frac{|n|-1}{2}+1}$$

$$= -(-1)^{(\frac{|n|-1}{2}+1)(\frac{|m|-1}{2}+1)} = -(-1)^{\frac{|n|+1}{2}\frac{|m|+1}{2}} =$$

$$-(-1)^{\frac{-n+1}{2}\frac{-m+1}{2}} = -(-1)^{\frac{1-n}{2}\frac{1-m}{2}}.$$

3) Se um dos números n e m for positivo e o outro negativo, então sem perda de generalidade seja $n > 0$ e $m < 0$. Então pelos Teoremas 92 e 94,

$$(\frac{n}{|m|})(\frac{m}{|n|}) = (\frac{n}{|m|})(\frac{-|m|}{|n|}) =$$

$$(\frac{n}{|m|})(\frac{|m|}{|n|})(\frac{-1}{|n|}) = (-1)^{\frac{n-1}{2}\frac{|m|-1}{2} + \frac{n-1}{2}} =$$

$$(-1)^{\frac{n-1}{2}\frac{|m|+1}{2}} = (-1)^{\frac{n-1}{2}\frac{-m+1}{2}} = (-1)^{\frac{n-1}{2}\frac{m-1}{2}}.$$

Exemplo: $(\frac{-3}{p}) = (\frac{p}{3})$ para $p > 3$, já que $p > 0$ e $-3 \equiv -1 \pmod 4$.

O resto do capítulo não é em si importante, mas é usado na parte quatro (que é por sua vez aplicada depois no terceito volume de meu *Vorlesungen über Zahlentheorie*). Assim o leitor, se estiver curioso em saber como se desenvolve a teoria dos números, pode pular o resto do capítulo pelo momento. Mas eu o aconselho a não deixar de ler a parte quatro (e portanto o resto

Resíduos Quadráticos

deste capítulo), especialmente porque ela trata de um dos fios condutores da teoria de números clássica e do trabalho clássico de Dirichlet, já que não me agrada ver que hoje em dia, à parte os rudimentos da teoria de números, só se estudam conceitos modernos.

Definição 20. (O símbolo de Kronecker): (Até o final deste capítulo) seja $d \equiv 0$ ou $1 \pmod 4$, d não quadrado perfeito (assim, por exemplo, $d = 5, 8, 12, 13, 17,$
$20, 21, \ldots$ ou $-3, -4, -7, -8, \ldots$). Seja $m > 0$. Então $(\frac{d}{m})$ quer dizer o seguinte

$$\left(\frac{d}{m}\right) = 0 \quad \text{se} \quad p | d,$$

$$\left(\frac{d}{m}\right) = \begin{cases} 1 & \text{se } d \equiv 1 \pmod 8, \\ -1 & \text{se } d \equiv 5 \pmod 8 \end{cases}$$

(de modo que $(\frac{d}{2})$ = símbolo de Jacobi $(\frac{2}{|d|})$ para $2 \nmid d$),

$$\left(\frac{d}{p}\right) = \text{o símbolo de Legendre se } p > 2 \text{ e } p \nmid d,$$

$$\left(\frac{d}{m}\right) = \prod_{r=1}^{v} \left(\frac{d}{p_r}\right), \quad \text{para } m = \prod_{r=1}^{v} p_r \quad (\text{i.e., } 1 \text{ para } m - 1).$$

Os valores de d e m para os quais os símbolos de Jacobi e de Kronecker estão definidos (a saber, para os d acima e para $m > 0$ ímpar relativamente primo com d) as definições claramente concordam (como era de se esperar).

Observamos desde já que para $(d, m) > 1$ sempre temos

$$\left(\frac{d}{m}\right) = 0,$$

e para $(d, m) = 1$ sempre temos

$$\left(\frac{d}{m}\right) = \pm 1.$$

Teorema 96. Se $m_1 > 0$ e $m_2 > 0$ então

$$\left(\frac{d}{m_1 m_2}\right) = \left(\frac{d}{m_1}\right)\left(\frac{d}{m_2}\right).$$

Prova: Segue imediatamente da Definição 20.

Teorema 97. Seja $k > 0$ e seja $(d, k) = 1$. O número de soluções de

(31) $$x^2 \equiv d \pmod{4k}$$

é

$$2 \sum_{f \mid k} \left(\frac{d}{f}\right),$$

onde f percorre os divisores positivos de k livres de quadrados.

Observação: Uma vez que sempre que x_0 satisfaz a congruência o mesmo acontece com x_0+2k (pois $(x_0+2k)^2 \equiv x_0^2+4kx_0+4k^2 \equiv x^2 \pmod{4k}$), segue que $\sum_{f \mid k}\left(\frac{d}{f}\right)$ é o número de x no intervalo $0 \leq x < 2k$ que satisfazem a congruência (31). Será desta forma que aplicaremos o Teorema 97 posteriormente.

Prova: 1) Seja d ímpar, e logo $\equiv 1 \pmod 4$; então $(d, 4k) = 1$. Para cada p^l na decomposição canônica de $4k$ o número de soluções de

$$x^2 \equiv d \pmod{p^l}$$

é, pelo Teorema 87,

$$2 \quad \text{para } p = 2,\ l = 2,$$

$$2(1 + \left(\frac{d}{p}\right)) \quad \text{para } p = 2,\ l > 2,$$

($l = 1$ não ocorre quando $p = 2$, já que $4 \mid 4k$), e

$$1 + \left(\frac{d}{p}\right) \quad \text{para } p > 2.$$

Do Teorema 71 segue que o número de soluções de (31) é

$$2 \prod_{p \mid k}\left(1 + \left(\frac{d}{p}\right)\right) = 2 \sum_{f \mid k}\left(\frac{d}{f}\right)$$

(já que para $p = 2$ temos $l = 2$ se $2 \nmid k$ e $l > 2$ se $2 \mid k$).

2) Seja d par, e logo $\equiv 0 \pmod 4$. Então k é ímpar. A congruência

$$x^2 \equiv d \equiv 0 \pmod 4$$

tem duas soluções;
$$x^2 \equiv d \pmod{p^l}$$
tem $1 + (\frac{d}{p})$ soluções para $p^l | k$, $l > 0$, de modo que neste caso também o número de soluções de (31) é

$$2\prod_{p|k}(1 + (\frac{d}{p})) = 2\sum_{f|k}(\frac{d}{f}).$$

Façamos $|d| = a$ até o final deste capítulo.

Teorema 98. Se $m > 0$ e $(d, m) = 1$ então
1) Para d ímpar temos
$$(\frac{d}{m}) = (\frac{m}{d})$$
(o símbolo à direita é um símbolo de Jacobi);

2) Para d par, se 2 divide d exatamente b vezes, de forma que $d = 2^b u$ e u é ímpar, e fazendo $|u| = v$ então

$$(\frac{d}{m}) = (\frac{2}{m})^b (-1)^{\frac{u-1}{2}\frac{m-1}{2}}(\frac{m}{v})$$

(ambos os símbolos à direita são símbolos de Jacobi).

Prova: 1) Seja d ímpar, de modo que $d \equiv 1 \pmod 4$. Temos $m = 2^l w$, onde w é ímpar e > 0 e $l \geq 0$. Pelo Teorema 96 e Definição 20 temos

$$(\frac{d}{m}) = (\frac{d}{2^l w}) = (\frac{d}{2})^l (\frac{d}{w}) = (\frac{2}{a})^l (\frac{d}{w}),$$

de modo que pelos Teoremas 95 e 91 temos

$$(\frac{d}{m}) = (\frac{2}{a})^l (\frac{w}{a}) = (\frac{2^l w}{a}) = (\frac{m}{a}).$$

2) Seja d par. Então

$$(\frac{d}{m}) = (\frac{2^b u}{m}) = (\frac{2}{m})^b (\frac{u}{m}),$$

de modo que pelo Teoremas 95, já que m é ímpar e > 0, temos

$$(\frac{d}{m}) = (\frac{2}{m})^b (-1)^{\frac{u-1}{2}\frac{m-1}{2}}(\frac{m}{v}).$$

Teorema 99. A função aritmética $(\frac{d}{m})$ de m satisfaz as seguintes propriedades:
1) $(\frac{d}{m}) = 0$ para $(d, m) > 1$.
2) $(\frac{d}{1}) \neq 0$.
3) $(\frac{d}{m_1})(vdm_2) = (\frac{d}{m_1 m_2})$.
4) $(\frac{d}{m_1}) = (\frac{d}{m_2})$ para $m_1 \equiv m_2 \pmod{a}$.
5) $(\frac{d}{m}) = -1$ para m apropriado.

Prova: 1) segue da definição.
2) $(\frac{d}{1}) = 1$.
3) sabemos pelo Teorema 96.
41) Seja $(a, m_1) > 1$. Temos então $(a, m_2) > 1$, de modo que
$$\left(\frac{d}{m_1}\right) = 0 = \left(\frac{d}{m_2}\right).$$
42) Seja $(a, m_1) = 1$, de modo que $(a, m_2) = 1$.
421) Seja d ímpar. Pelos Teoremas 98 e 99 temos
$$\left(\frac{d}{m_1}\right) = \left(\frac{m_1}{a}\right) = \left(\frac{m_2}{a}\right) = \left(\frac{d}{m_2}\right).$$
422) Seja d par. Pelo Teorema 98 temos
$$\left(\frac{d}{m_1}\right) = \left(\frac{2}{m_1}\right)^b (-1)^{\frac{u-1}{2}\frac{m_1-1}{2}}\left(\frac{m_1}{v}\right),$$
$$\left(\frac{d}{m_2}\right) = \left(\frac{2}{m_2}\right)^b (-1)^{\frac{u-1}{2}\frac{m_2-1}{2}}\left(\frac{m_2}{v}\right).$$

À direita temos
$$\left(\frac{m_1}{v}\right) = \left(\frac{m_2}{v}\right)$$
pelo Teorema 89 (uma vez que $v|a$ e $m_1 \equiv m_2 \pmod{v}$); além disso (como $4|a$ e $m_1 \equiv m_2 \pmod 4$) temos
$$(-1)^{\frac{u-1}{2}\frac{m_1-1}{2}} = (-1)^{\frac{u-1}{2}\frac{m_2-1}{2}};$$
finalmente temos
$$\left(\frac{2}{m_1}\right)^b = \left(\frac{2}{m_2}\right)^b;$$
pois isto é óbvio para $b = 2$ e quando $b > 2$ é uma consequência do Teorema 93 e do fato que $8|a$ e $m_1 \equiv m_2 \pmod 8$).

Resíduos Quadráticos

51) Seja d ímpar. Então a não é um quadrado perfeito; porque se $d > 0$ temos $a = d$ e se $d < 0$ temos $a \equiv 3 \ (mod\, 4)$. Para p apropriado temos portanto $a = p^l g$, onde $p > 2$, l é ímpar, $p \not| g$ e g é ímpar. Seja s um não-resíduo quadrático mod p (s existe pelo Teorema 79); escolha $m > 0$, pelo Teorema 69, de modo que

$$m \equiv s \ (mod\, p), \qquad m \equiv 1 \ (mod\, g).$$

Então $(a, m) = 1$, de modo que pelo Teorema 98 temos

$$(\frac{d}{m}) = (\frac{m}{a}) = (\frac{m}{p})^l (\frac{m}{g}) = (\frac{s}{p})^l (\frac{l}{g}) = (-1)^l = -1.$$

52) Seja d par.

521) Seja b ímpar. Escolho então $m > 0$ tal que

$$m \equiv 5 \ (mod\, 8), \qquad m \equiv 1 \ (mod\, v),$$

(o que é possível, uma vez que $(8, v) = 1$). Temos então $(a, m) = 1$ e pelo Teorema 98

$$(\frac{d}{m}) = (\frac{2}{m})^b (-1)^{\frac{u-1}{2} \frac{m-1}{2}} (\frac{m}{v}) = (\frac{2}{m}).1.(\frac{1}{v}) = -1.$$

522) Seja b par. Então u não é quadrado perfeito, e pelo Teorema 98, se $(a, m) = 1$ e $m > 0$ temos

$$(\frac{d}{m}) = (-1)^{\frac{u-1}{2} \frac{m-1}{2}} (\frac{m}{v}).$$

5221) Seja $u \equiv 3 \ (mod\, 4)$. Escolho então $m > 0$ tal que

$$m \equiv -1 \ (mod\, 4), \qquad m \equiv 1 \ (mod\, v).$$

Então temos $(a, m) = 1$ e

$$(\frac{d}{m}) = (-1)^{\frac{u-1}{2}} (\frac{1}{v}) = -1.$$

5222) Seja $u \equiv 1 \ (mod\, 4)$. Então para $(a, m) = 1$ e $m > 0$ temos

$$(\frac{d}{m}) = (\frac{m}{v}).$$

v não é quadrado perfeito, já que temos ou $v = u$ ou $v \equiv -u \equiv -1 \ (mod\, 4)$. Para p apropriado temos portanto que $v = p^l g$, onde $p > 2$, l é ímpar, $p \not| g$

e g é ímpar. Seja s um não-resíduo quadrático mod p; escolha $m > 0$, pelo Teorema 70, de modo que

$$m \equiv s \pmod{p}, \qquad m \equiv 1 \pmod{g}, \qquad m \equiv 1 \pmod{2}.$$

Então $(a, m) = 1$, e

$$\left(\frac{d}{m}\right) = \left(\frac{m}{p^l g}\right) = \left(\frac{m}{p}\right)^l \left(\frac{m}{g}\right) = \left(\frac{s}{p}\right)^l \left(\frac{l}{g}\right) = (-1)^l = -1.$$

Teorema 100.

$$\left(\frac{d}{a-1}\right) = \begin{cases} 1 & \text{para } d > 0, \\ -1 & \text{para } d < 0. \end{cases}$$

Prova: 1) Seja d ímpar. Então, pelo Teorema 98, temos

$$\left(\frac{d}{a-1}\right) = \left(\frac{a-1}{a}\right) = \left(\frac{-1}{a}\right) = (-1)^{\frac{a-1}{2}} =$$

$$= (-1)^{\frac{|d|-1}{2}} = \begin{cases} 1 & \text{para } d > 0, \\ -1 & \text{para } d < 0. \end{cases}$$

2) Seja d par. Então $d = 2^b u$, $b \geq 2$, com u ímpar. Então, pelo Teorema 98,

$$\left(\frac{d}{a-1}\right) = \left(\frac{2}{a-1}\right)^b (-1)^{\frac{u-1}{2}} \left(\frac{a-1}{|u|}\right).$$

Aqui, por outro lado, temos,

$$\left(\frac{2}{a-1}\right)^b = 1;$$

pois se $b = 2$ isto é óbvio, e se $b \geq 3$ temos $a - 1 \equiv 7 \pmod{8}$; por outro lado, temos

$$(-1)^{\frac{u-1}{2}} \left(\frac{a-1}{|u|}\right) = (-1)^{\frac{u-1}{2}} \left(\frac{-1}{|u|}\right) =$$

$$= (-1)^{\frac{u-1}{2} + \frac{|u|-1}{2}} \begin{cases} 1 & \text{para } d > 0, \\ -1 & \text{para } d < 0. \end{cases}$$

Teorema 101. Para $n > 0$, $m > 0$ e $n \equiv -m \pmod{a}$ temos

Resíduos Quadráticos

$$\left(\frac{d}{n}\right) = \begin{cases} \left(\frac{d}{m}\right) & \text{para } d > 0, \\ -\left(\frac{d}{m}\right) & \text{para } d < 0. \end{cases}$$

Prova:
$$\left(\frac{d}{n}\right) = \left(\frac{d}{am-m}\right) = \left(\frac{d}{m(a-1)}\right) = \left(\frac{d}{m}\right)\left(\frac{d}{a-1}\right)$$

e o Teorema 100.

Capítulo 7

A Equação de Pell

Neste capítulo discutimos a chamada equação de Pell, isto é, a equação diofantina

(32) $$x^2 - dy^2 = 1,$$

onde d é dado (como um inteiro arbitrário).

Nos casos em que $d < 0$ (elipse) e nos quais $d =$ um quadrado perfeito > 0 (hipérbole, cuja razão entre o eixo maior e o eixo menor é racional), será provado facilmente que (32) só tem um número finito de soluções, e para $d = 0$ (reta dupla) um número infinito. Por outro lado, o fato de (32) ter um número infinito de soluções para qualquer d positivo não quadrado (hipérbole, cuja razão entre o eixo maior e o eixo menor é irracional), se revelará um teorema bastante profundo (e uma porta de entrada para a teoria de números clássica).

Se este não fosse um livro-texto em teoria de números eu não elaboraria sobre o termo "não-quadrado", e tomaria como dada a equivalência entre as duas noções
1) $\sqrt{d}$ não é um inteiro, e
2) $\sqrt{d}$ não é um número racional.

Contudo, como já provei mesmo coisas mais simples neste livro, ofereço o seguinte cálculo: se

$$d = (ab)^2, \quad a > 0, \quad b > 0, \quad (a,b) = 1,$$

então

$$b^2 d = a^2, \quad b^2 | a^2, \quad (b^2, a^2) = 1, \quad b^2 = 1, \quad b = 1, \quad d = a^2.$$

Trato em primeiro lugar dos casos triviais.
Para $d < -1$, como $1 \geq |d|y^2$, devemos ter

$$y = 0, \quad x = \pm 1.$$

Para $d = -1$,
$$x^2 + y^2 = 1$$
obviamente tem as quatro soluções

$$x = \pm 1, \, y = 0; \quad x = 0, \, y = \pm 1.$$

Para $d = a^2 > 0$,

$$x^2 - dy^2 = x^2 - a^2y^2 = (x + ay)(x - ay) = 1$$

é claramente possível só se

$$x + ay = x - ay = \pm 1.$$

Neste caso,
$$x = \frac{(x + ay) + (x - ay)}{2} = \pm 1, \quad y = 0.$$

Para $d = 0$,
$$x^2 = 1$$
é claramente satisfeita para $x = \pm 1$ e y arbitrário.

Se $d > 0$ não é um quadrado (o que assumo de agora em diante), então (32) tem certamente as duas soluções

$$x = \pm 1,, \quad y = 0.$$

Nosso objetivo principal é mostrar que tem infinitas mais. Por ora, está claro apenas que quaisquer soluções aparecerão de quatro em quatro $\pm x$, $\pm y$, de modo que todas serão levadas em consideração assim que saibamos quais estão no primeiro quadrante $x > 0$, $y > 0$. Além disso, neste quadrante, quanto maior for y maior será x.

Teorema 102. *Seja α um número real qualquer, e seja $m > 0$. Então é possível encontrar x e y tais que*

$$|x - \alpha y| < \frac{1}{m}, \quad 0 < y \leq m.$$

A Equação de Pell

Prova: Na expressão $u - \alpha v$, seja $v = 0, 1, \ldots, m$, e seja $u = [\alpha v] + 1$ para cada vm de forma que

$$0 < u - \alpha v \leq 1.$$

(Se α for irracional então os $m + 1$ números $u - \alpha v$ que ocorrem serão todos distintos.) Pelo menos um dos m intervalos

$$\frac{h}{m} < \xi \leq \frac{h+1}{m}; \qquad v = 0, 1, \ldots, m-1$$

deve conter dois dos $m + 1$ números (princípio da casa do pombo, ou dos escaninhos). Logo existirão dois números v_1 e v_2 tais que $0 \leq v_1 < v_2 \leq m$, e dois números u_1 e u_2 tais que

$$|(u_2 - u_1) - \alpha(v_2 - v_1)| = |(u_2 - \alpha v_2) - (u_1 - \alpha v_1)| < \frac{1}{m}.$$

Fazendo $v_2 - v_1 = y$ e $u_2 - u_1 = x$ então, como $0 < y \leq m$, tudo foi provado.

Teorema 103. *A desigualdade*

(33) $$|x - y\sqrt{d}| < \frac{1}{y}$$

tem um número infinito de soluções. (Aqui devemos necessariamente ter $y > 0$; logo também $x > y\sqrt{d} - \frac{1}{y} \geq \sqrt{d} - 1 > 0$.)

Prova: Obtemos uma solução pelo Teorema 102, com $\alpha = \sqrt{d}$, $m = 1$. É bastante provar que para cada solução x', y' de (33) podemos encontrar uma solução x, y para a qual

$$|x - y\sqrt{d}| < |x' - y'\sqrt{d}|.$$

Pois então teremos uma sequência de soluções x_n, y_n ($n = 1, 2, \ldots$) de (33) para as quais

$$|x_1 - y_1\sqrt{d}| > |x_2 - y_2\sqrt{d}| > \cdots > |x_n - y_n\sqrt{d}| > \cdots$$

tal que nunca teremos simultaneamente $x_{n_1} = x_{n_2}$ e $y_{n_1} = y_{n_2}$ para $n_1 \lessgtr n_2$.

Para conseguir isto, dados x' e y', escolhemos m grande o suficiente para que

$$\frac{1}{m} < |x' - y'\sqrt{d}|.$$

(Isto pode ser feito, uma vez que $\sqrt{d}$ é irracional e $y' > 0$, de modo que $x' - y'\sqrt{d} \neq 0$.) Agora x e y podem ser escolhidos de acordo com o Teorema 102. Temos então

$$|x - y\sqrt{d}| < \frac{1}{m} \begin{cases} < |x' - y'\sqrt{d}|, \\ \leq \frac{1}{y}. \end{cases}$$

Teorema 104. *Existe um número k diferente de zero (e dependente de d) para o qual a equação*

(34) $$x^2 - dy^2 = k$$

tem um número infinito de soluções positivas x, y.

Prova: Para cada solução de (33) temos

$$|x + y\sqrt{d}| = |(x - y\sqrt{d}) + 2y\sqrt{d}| < \frac{1}{y} + 2y\sqrt{d} \leq y + 2y\sqrt{d} = (1 + 2\sqrt{d})y,$$

$$0 < |x^2 - dy^2| = |(x + y\sqrt{d})(x - y\sqrt{d})| < (1 + 2\sqrt{d})y\frac{1}{y} = 1 + 2\sqrt{d},$$

$$x^2 - dy^2 = k, \quad 0 < |k| < 1 + 2\sqrt{d}.$$

Consequentemente pelo menos um destes números k corresponde a um número infinito de pares distintos de números positivos x, y. (Princípio da casa do pombo, ou dos escaninhos: se colocarmos um número infinito de objetos num número finito de escaninhos então pelo menos um escaninho irá conter um número infinito de objetos.)

Teorema 105. *A equação de Pell (32) tem pelo menos uma solução com y não nulo (e logo pelo menos uma solução com $x > 0$ e $y > 0$).*

A prova deste resultado é a parte mais difícil da nossa tarefa; mais tarde seremos capazes de deduzir dele com facilidade a existência de um número infinito de soluções, e ao mesmo tempo obtê-las todas.

Prova: De acordo com o Teorema 104, escolhemos k para o qual (34) tem um número infinito de soluções positivas. Estas se dividem em k^2 classes de acordo com

$$x \equiv 0, 1, \ldots |k| - 1 \ (mod|k|); \quad y \equiv 0, 1, \ldots |k| - 1 \ (mod|k|);$$

algumas destas classes podem, é claro, ser vazias. Consequentemente pelo menos uma das k^2 classes deve conter um número infinito de soluções positivas x, y de (34) (princípio da casa do pombo, ou dos escaninhos), e portanto pelo menos duas. Temos assim cinco números k, x_1, y_1, x_2 e y_2 com as seguinte propriedades:

$$x_1^2 - dy_1^2 = k, \quad x_2^2 - dy_2^2 = k, \quad x_1 > 0, \quad y_1 > 0, \quad x_2 > 0, \quad y_2 > 0, \quad k \gtrless 0,$$

$$x_1 \equiv x_2 \ (mod|k|), \quad y_1 \equiv y_2 \ (mod|k|);$$

e não ambos
$$x_1 = x_2 \quad e \quad y_1 = y_2.$$

Agora faço

$x = \frac{x_1 x_2 - dy_1 y_2}{k}$, $y = \frac{x_1 y_2 - x_2 y_1}{k}$, e terminarei assim que tiver mostrado que
1) x e y são inteiros.
2) $x^2 - dy^2 = 1$.
3) $y \neq 0$.

Prova de 1) Segue das congruências acima que

$$x_1 x_2 - dy_1 y_2 \equiv x_1^2 - dy_1^2 \equiv k \equiv 0 \ (mod|k|),$$

$$x_1 y_2 - x_2 y_1 \equiv x_1 y_1 - x_1 y_1 \equiv 0 \ (mod|k|).$$

Prova de 2) $k^2(x^2 - dy^2) = (x_1 x_2 - dy_1 y_2)^2 - d(x_1 y_2 - x_2 y_1)^2$

$$= x_1^2 x_2^2 + d^2 y_1^2 y_2^2 - dx_1^2 y_2^2 - dx_2^2 y_1^2 = (x_1^2 - dy_1^2)(x_2^2 - dy_2^2) = k^2,$$

$$x^2 - dy^2 = 1.$$

Prova de 3) Se y fosse 0 seguiria que

$$x = \pm 1,$$

$$y_2 = y_2 x - x_2 y = \frac{y_2(x_1 x_2 - d y_1 y_2) - x_2(x_1 y_2 - x_2 y_1)}{k} = \frac{y_1(x_2^2 - d y_2^2)}{k} = y_1;$$

consequentemente, como $y_1 > 0$ e $y_2 > 0$,

$$y_1 = y_2,$$

de modo que, como $x_1 > 0$, $x_2 > 0$, $x_1^2 = k + d y_1^2$, $x_2^2 = k + d y_2^2$,

$$x_1 = x_2,$$

tem-se uma contradição.

Teorema 106. Se x_1, y_1 e x_2, y_2 satisfazem a equação de Pell (32), e se x_3, y_3 forem determinados por

(35) $\qquad \pm(x_1 + y_1\sqrt{d})(x_2 + y_2\sqrt{d}) = x_3 + y_3\sqrt{d}$

(isto é, fazemos $x_3 = \pm(x_1 x_2 + d y_1 y_2)$ e $y_3 = \pm(x_1 y_2 + x_2 y_1)$), então x_3, y_3 é também solução de (32).

Prova: De (35) segue que

$$\pm(x_1 - y_1\sqrt{d})(x_2 - y_2\sqrt{d}) = x_3 - y_3\sqrt{d},$$

de modo que, multiplicando, obtemos

$$(x_1^2 - d y_1^2)(x_2^2 - d y_2^2) = x_3^2 - d y_3^2$$

(claro que seria possível provar esta identidade diretamente das fórmulas para x_3 e y_3), e consequentemente

$$x_3^2 - d y_3^2 = 1.1 = 1.$$

Teorema 107. Se x, y é uma solução de (32), se $y \neq 0$ e se fizermos $x + y\sqrt{d} = \eta$ então

$$\begin{aligned}
\eta &> 1 & \text{para } x &> 0,\ y > 0, \\
0 &< \eta < 1 & \text{para } x &> 0,\ y < 0, \\
-1 &< \eta < 0 & \text{para } x &< 0,\ y > 0, \\
\eta &< -1 & \text{para } x &< 0,\ y < 0.
\end{aligned}$$

# A Equação de Pell

Prova: 1) Para $x > 0$ e $y > 0$ temos

$$\eta > y \geq 1;$$

consequentemente, para $x < 0$ e $y < 0$ temos

$$\eta < -1.$$

2) Para $x > 0$ e $y < 0$ temos

$$1 = (x + y\sqrt{d})(x - y\sqrt{d}), \quad x - y\sqrt{d} > 1,$$

e portanto

$$0 < \eta < 1;$$

consequentemente, para $x < 0$ e $y > 0$ temos

$$-1 < \eta < 0.$$

Teorema 108. *Se x_0, y_0 é a solução de (32) para a qual y_0 tem o menor valor positivo possível e x_0 é positivo, então a solução geral é dada pelas fórmulas*

$$\pm(x_0 + y_0\sqrt{d})^n = x + y\sqrt{d}, \quad n \gtrless 0.$$

(Em qualquer caso, $\pm(x_0+y_0\sqrt{d})^n$ tem a forma x+y$\sqrt{d}$, *onde x e y são inteiros. Isto é óbvio para* $n \geq 0$, *e para* $n < 0$ *é também óbvio, já que* $(x_0 + y_0\sqrt{d})^{-1} = x_0 - y_0\sqrt{d}$.)

Prova: 1) O fato de (36) sempre fornecer uma solução segue, para $n > 0$, do Teorema 106 e, para $n < 0$, do fato que

$$\pm(x_0 + y_0\sqrt{d})^n = \pm(x_0 - y_0\sqrt{d})^{|n|}$$

junto com o Teorema 106; para $n = 0$ é óbvio ($x = \pm 1$, $y = 0$).

2) Façamos $x_0 + y_0\sqrt{d} = \epsilon$. Devemos mostrar que

$$\pm\epsilon^n = x + y\sqrt{d}$$

fornece todas as soluções, isto é, $\pm\epsilon^n$, $n \gtrless 0$ fornece todas as soluções nas quais $y \neq 0$. Todas as soluções nas quais $y \neq 0$ vem daquelas nas quais

$x > 0$ e $y > 0$, quando consideramos as expressões da forma $\pm(x + y\sqrt{d})$ e $\pm(x - y\sqrt{d}) = \pm(x + y\sqrt{d})^{-1}$. Como $\epsilon > 1$, devemos portanto mostrar, pelo Teorema 107, que todas as soluções nas quais $x + y\sqrt{d} > 1$ são dadas pelas fórmulas

$$\epsilon^n = x + y\sqrt{d}, \quad n > 0.$$

Em qualquer caso, segue do fato que $x + y\sqrt{d} > 1$ e a minimalidade na definição de ϵ, que existe um número $n > 0$ para o qual

$$\epsilon^n \leq x + y\sqrt{d} < \epsilon^{n+1}.$$

Temos então

$$1 \leq (x + y\sqrt{d})(\epsilon^{-1})^n = (x + y\sqrt{d})(x_0 - y_0\sqrt{d})^n < \epsilon.$$

Pelo Teorema 106 segue que na equação

$$(x + y\sqrt{d})(x_0 - y_0\sqrt{d})^n = x' + y'\sqrt{d},$$

x', y' uma solução. Pela definição de ϵ não podemos ter

$$1 < x' + y'\sqrt{d} < \epsilon.$$

Consequentemente

$$x' + y'\sqrt{d} = 1,$$

$$x + y\sqrt{d} = \epsilon^n.$$

É também necessário, para o que faremos mais tarde, tratar a equação

(37) $$x^2 - dy^2 = 4,$$

que é análoga a (32), onde $d \equiv 0$ ou $1 \ (mod \, 4)$ e não é um quadrado perfeito; de fato, este estudo pode ser reduzido ao da equação anterior, a maior dificuldade sendo já superada pelo Teorema 105.

(O que se passa com os outros valores de d que não considero é deixado como *exercício* para o leitor.)

As soluções "triviais" $x = \pm 2$, $y = 0$ sempre ocorrem. Se $d < -4$, obviamente não existem outras soluções; de $d = -4$ existem as soluções adicionais $x = 0$, $y = \pm 1$; se $d = -3$ existem, além das soluções triviais,

A Equação de Pell

as quatro soluções $x = \pm 1$, $y = \pm 1$. Então, de agora em diante, posso novamente assumir que $d > 0$.

Teorema 109. Se x_1, y_1 e x_2, y_2 são soluções de (37), e se fizermos

$$\frac{x_1 + y_1\sqrt{d}}{2} \frac{x_2 + y_2\sqrt{d}}{2} = \frac{x + y\sqrt{d}}{2} \quad (x, y \text{ racionais}),$$

então x e y são inteiros e constituem uma solução de (37).

Prova: 1)
$$x = \frac{x_1 x_2 + d y_1 y_2}{2}, \quad y = \frac{x_1 y_2 + x_2 y_1}{2},$$

$$x_1 \equiv x_1^2 \equiv d y_1^2 + 4 \equiv d y_1, \quad x_2 \equiv d y_2 \pmod{2},$$

$$x_1 x_2 + d y_1 y_2 \equiv d y_1 d y_2 + d y_1 y_2 \equiv d y_1 y_2 + d y_1 y_2 \equiv 2 d y_1 y_2 \equiv 0 \pmod{2},$$

$$x_1 y_2 + x_2 y_1 \equiv d y_1 y_2 + d y_1 y_2 \equiv 2 d y_1 y_2 \equiv 0 \pmod{2}.$$

2)
$$\frac{x_1 - y_1\sqrt{d}}{2} \frac{x_2 - y_2\sqrt{d}}{2} = \frac{x - y\sqrt{d}}{2},$$

$$1 = 1 \cdot 1 = \frac{x_1^2 - d y_1^2}{4} \frac{x_2^2 - d y_2^2}{4} = \frac{x^2 - d y^2}{4}.$$

Teorema 110. Se x, y for uma solução de (37) para a qual $y \neq 0$ (uma tal solução existe, pelo Teorema 105; pois de $x'^2 - d y'^2 = 1$ segue que $(2x')^2 - d(2y')^2 = 4$) e se fizermos

$$\frac{x + y\sqrt{d}}{2} = \eta,$$

então as quatro afirmações com enunciados iguais à s do Teorema 107 também valem.

Prova: 1) Para $x > 0$ e $y > 0$ temos

$$\eta > \frac{1+1}{2} = 1,$$

consequentemente, para $x < 0$ e $y < 0$ temos

$$\eta < -1.$$

2) Para $x > 0$ e $y < 0$ temos

$$1 = \frac{x + y\sqrt{d}}{2} \frac{x - y\sqrt{d}}{2}, \qquad \frac{x - y\sqrt{d}}{2} > 1,$$

e portanto

$$0 < \eta < 1;$$

consequentemente, para $x < 0$ e $y > 0$ temos

$$-1 < \eta < 0.$$

Teorema 111. *Se x_0, y_0 é a solução de (37) para a qual y_0 tem o menor valor positivo possível e para a qual $x_0 > 0$. Faço*

$$\epsilon = \frac{x_0 + y_0\sqrt{d}}{2}.$$

Então a solução geral é dada pelas fórmulas

(38)
$$\pm \epsilon^n = \frac{x + y\sqrt{d}}{2}, \quad n \gtreqless 0, \quad x, y, \text{racionais}.$$

(x e y são inteiros pelo Teorema 109 e em vista de

$$\epsilon^{-1} = \frac{x_0 - y_0\sqrt{d}}{2})$$

Prova: 1) O fato que (38) fornece uma solução segue do Teorema 109; para $n = 0$ obtemos as duas soluções triviais.

2) Por causa do Teorema 110 só precisamos mostrar (ver a prova do Teorema 108) que para $n > 0$, ϵ^n fornece todas as soluções para as quais $\frac{x+y\sqrt{d}}{2} > 1$. Em qualquer caso, como $\frac{x+y\sqrt{d}}{2} \geq \epsilon$, existe um $n > 0$ tal que

A Equação de Pell

$$\epsilon^n \leq \frac{x+y\sqrt{d}}{2} < \epsilon^{n+1}.$$

Temos então

$$1 \leq \frac{x+y\sqrt{d}}{2}(\epsilon^{-1})^n = \frac{x+y\sqrt{d}}{2}(\frac{x_0-y_0\sqrt{d}}{2})^n < \epsilon,$$

de modo que, pela definição de ϵ, temos

$$\frac{x+y\sqrt{d}}{2}\epsilon^{-n} = 1,$$

$$\frac{x+y\sqrt{d}}{2} = \epsilon^n.$$

Depois da teoria da equação de Pell, o leitor irá se surpreender com o fato a seguir, tanto quanto eu me surpreendi quando, em 1909, eu o aprendi por um trabalho de Thue: cada equação diofantina

$$a_n x^n + a_{n-1} x^{n-1} y + \cdots + a_0 y^n = a,$$

onde $n \geq 3$, tem apenas um número finito de soluções, desde que a forma à esquerda não puder ser decomposta em fatores homogêneos de grau menor com coeficientes inteiros. Assim a situação é bem diferente do caso da hipérbole, mesmo quando a curva vai para infinito (caso contrário é trivial). Vou deixar para a parte nona (do meu *Vorlesungen über Zahlentheorie*) até desenvolver a prova, já que algumas propriedades dos chamados números algébricos são necessárias.

Parte II

O Teorema de Brun e o Teorema de Dirichlet

Introdução

Nesta segunda parte, meu objetivo é preparar o leitor para as aplicações da análise que virão, em vários exemplos importantes. Aqui os métodos da análise real serão ainda suficientes; mesmo quando, no capítulo 10, números complexos são empregados (raízes da unidade), as variáveis permanecem reais; e os teoremas usados — sobre séries infinitas de termos complexos (convergência, convergência absoluta e convergência uniforme) — seguem imediatamente de teoremas correspondentes sobre séries reais. Contudo, nas partes cinco, seis e sete do meu *Vorlesungen über Zahlentheorie* (que é uma continuação do presente trabalho) eu faço uso constante da teoria de funções de uma variável complexa.

Embora os métodos desta segunda parte sejam elementares, eu discuto contudo dois teoremas cujas provas, apesar de muitas simplificações obtidas desde suas descobertas originais, não são de forma alguma curtas. Assim nenhum destes teoremas, o de Brun (1919) do capítulo 9 e o de Dirichlet (1837) do capítulo 10, são profundos analiticamente, embora ambos requeiram um ferramental grande em teoria dos números. Esta é a razão para introduzi-los neste ponto. A fim de orientar o leitor a respeito do significado do Teorema de Brun eu apresento em primeiro lugar, no capítulo 8, as provas de várias propriedades assintóticas simples da distribuição de números primos, que também ocorrerão depois (na parte sete do meu *Vorlesungen über Zahlentheorie*) de uma forma consideravelmente mais refinada, depois da introdução de alguma teoria de funções de uma variável complexa. Nem tudo apresentado no capítulo 8 é utilizado no capítulo 9 (o capítulo 10 é completamente independente dos capítulos 8 e 9); mas não é nenhum trabalho adicional provar ao mesmo tempo todos os teorema enunciados.

Introdução

Capítulo 8

Algumas Desigualdades Elementares da Teoria de Números Primos

Neste capítulo e no próximo os símbolos $\alpha_1, \ldots, \alpha_{39}$ serão usados para representar constantes estritamente positivas das quais não nos importarão nem os valores exato

Teorema 112. *Se* $\xi \geq 2$ *então*

$$\alpha_1 \frac{\xi}{\log \xi} < \pi(\xi) < \alpha_2 \frac{\xi}{\log \xi}.$$

Isto significa: o número $\pi(\xi)$ de primos até ξ tem ordem de grandeza $\frac{\xi}{\log \xi}$ quando $\xi \to \infty$. Este pequeno passo na prova do Teorema do Número Primo de Hadamard e de la Vallée Poussin (1896)

$$\lim_{\xi \to \infty} \frac{\pi(\xi)}{\frac{\xi}{\log \xi}} = 1$$

foi dado primeiro por Chebyshev (em 1852).

Prova: Para qualquer $\eta \gtreqless 0$
temos

(39) $$[\eta] - 2[\frac{\eta}{2}] \leq 1;$$

pois

$$[\eta] - 2[\frac{\eta}{2}] < [\eta] - 2(\frac{\eta}{2} - 1) = 2,$$

e o lado esquerdo é um inteiro.

Seja $n \geq 2$. Para cada $p \leq 2n$, seja r o maior natural para o qual $p^r \leq 2n$ (em outras palavras, $r = [\frac{\log 2n}{\log p}]$). Primeiro mostro que

(40) $$\prod_{n<p\leq 2n} p \mid \frac{(2n)!}{n!n!} \mid \prod_{p\leq 2n} p^r.$$

(A expressão do meio é um inteiro, sendo o coeficiente binomial $\binom{2n}{n}$. O lado direito obviamente representa o mínimo múltiplo comum de todos os naturais $\leq 2n$.)

A primeira parte de (40) segue do fato que qualquer p para o qual $n < p \leq 2n$ divide $(2n)!$ mas não $n!n!$. A segunda parte de (40) é provada como se segue. $\frac{(2n)!}{n!n!}$ só tem fatores primos que são $\leq 2n$, e cada $p \leq 2n$ tem multiplicidade exatamente

$$\sum_{m=1}^{r}([\frac{2n}{p^m}] - 2[\frac{n}{p^m}]),$$

pelo Teorema 27; portanto, pelo (39), cada p aparece no máximo

$$\sum_{m=1}^{r} 1 = r$$

vezes.

De (40) (onde o lado esquerdo tem $\pi(2n) - \pi(n)$ fatores que são todos $> n$ e o lado direito $\pi(2n)$ fatores que são todos $\leq 2n$), segue ainda que

$$n^{\pi(2n)-\pi(n)} \leq \prod_{n<p\leq 2n} p \leq \frac{(2n)!}{n!n!} \leq \prod_{p\leq 2n} p^r \leq (2n)^{\pi(2n)},$$

$$(\pi(2n) - \pi(n))\log(n) \leq \log\frac{(2n)!}{n!n!} \leq \pi(2n)\log(2n).$$

Temos, por um lado

Algumas Desigualdades Elementares da Teoria de Números Primos

$$\frac{(2n)!}{n!n!} = \binom{2n}{n} \leq \sum_{a=0}^{2n} \binom{2n}{a} = (1+1)^{2n} = 2^{2n},$$

e por outro,

$$\frac{(2n)!}{n!n!} = \frac{(n+1)\cdots 2n}{1\cdots n} = \prod_{a=1}^{n} \frac{n+a}{a} \geq \prod_{a=1}^{2n} 2 = 2^{2n};$$

em consequência, por um lado temos

$$(\pi(2n) - \pi(n))\log(n) \leq \log(2^{2n}) = 2n\log 2,$$

(41) $$(\pi(2n) - \pi(n)) < \alpha_3 \frac{n}{\log n},$$

e por outro,

$$\pi(2n)\log(2n) \geq \log(2^n) = n\log 2,$$

(42) $$\pi(2n) > \alpha_4 \frac{n}{\log n}.$$

Se $\xi \geq 4$ então por (42) temos

$$\pi(\xi) \geq \pi(2[\tfrac{\xi}{2}]) > \alpha_4 \frac{[\tfrac{\xi}{2}]}{log[\tfrac{\xi}{2}]} > \alpha_5 \frac{\xi}{\log \xi};$$

e para $\xi \geq 2$ (como $\pi(\xi) \geq 1$ sempre que $2 \leq \xi < 4$) temos portanto

$$\pi(\xi) > \alpha_1 \frac{\xi}{\log \xi},$$

o que prova a primeira parte do teorema.
Por outro lado, como $\eta = 2 + 2(\eta 2 - 1) < 2 + 2[\eta 2]$, segue de (41) que

$$\pi(\eta) - \pi(\tfrac{\eta}{2}) = \pi(\eta) - \pi([\tfrac{\eta}{2}]) \leq 2 + \pi(2[\tfrac{\eta}{2}]) - \pi([\tfrac{\eta}{2}])$$

$$< 2 + \alpha_3 \frac{[\tfrac{\xi}{2}]}{\log[\tfrac{\xi}{2}]} < \alpha_6 \frac{\eta}{\log \eta}$$

para $\eta \geq 4$; consequentemente, para $\eta \geq 2$ temos

$$\pi(\eta) - \pi(\frac{\eta}{2}) < \alpha_7 \frac{\eta}{\log \eta}.$$

Usando a desigualdade trivial $\pi(\frac{\eta}{2}) \leq \frac{\eta}{2}$ (até $\frac{\eta}{2}$ não existem mais primos do que naturais), vemos que para $\eta \geq 2$,

$$\log \eta \pi(\eta) - \log \frac{\eta}{2} \pi(\frac{\eta}{2}) = \log \eta (\pi(\eta) - \pi(\frac{\eta}{2})) + \log 2 \pi(\frac{\eta}{2})$$

$$< \log \eta \, \alpha_7 \frac{\eta}{\log \eta} + \eta \geq 2 < \alpha_8 \eta.$$

Consequentemente, se $m \geq 0$ e $2^m \leq \frac{\xi}{2}$ então

$$\log \frac{\xi}{2^m} \pi(\frac{\xi}{2^m}) - \log \frac{\xi}{2^{m+1}} \pi(\frac{\xi}{2^{m+1}}) < \alpha_8 \frac{\xi}{2^m}$$

para $\xi \geq 2$. Somando então sobre todos os valores de m em consideração, e como, para o maior destes valores de m (que chamaremos de v) temos

$$2^{v+1} > \frac{\xi}{2}, \quad \frac{\xi}{2^{v+1}} < 2, \quad \pi(\frac{\xi}{2^{v+1}}) = 0,$$

segue que

$$\log \xi \pi(\xi) =$$

$$= \sum_{m=0}^{v} (\log \frac{\xi}{2^m} \pi(\frac{\xi}{2^m}) - \log \frac{\xi}{2^{m+1}} \pi(\frac{\xi}{2^{m+1}}))$$

$$< \alpha_8 \xi \sum_{m=0}^{v} \frac{1}{2^m} < \alpha_8 \xi \sum_{m=0}^{\infty} \frac{1}{2^m} = \alpha_2 \xi,$$

$$\pi(\xi) < \alpha_2 \frac{\xi}{\log \xi},$$

o que prova a segunda parte do teorema.

Teorema 113. *Se p_r representa o r-ésimo primo então para $r > 1$ temos*

$$\alpha_9 r \log r < p_r < \alpha_{10} r \log r.$$

Prova: 1) Pela segunda parte da prova do Teorema 112, substituindo ξ por p_r obtemos

$$r = \pi(p_r) < \alpha_2 \frac{p_r}{\log p_r},$$

$$p_r > \alpha_9 r \log p_r.$$

Certamente ($p_r > r$ (pois primos sucessivos diferem por no mínimo 1 e $p_1 = 2 > 1$); em consequência, para $r > 0$, temos

$$p_r > \alpha_9 r \log r.$$

2) Pela segunda parte da prova do Teorema 112 obtemos

(43) $$\alpha_1 \frac{p_r}{\log p_r} < \pi(p_r) = r.$$

Assim, para $r > \alpha_{11}$, temos

$$\frac{\log p_r}{\sqrt{p_r}} < \alpha_1 < \frac{r \log p_r}{p_r},$$

$$p_r < r^2,$$

$$\log p_r < 2 \log r;$$

e logo, para $r > \alpha_{11}$, segue de (43) que

(44) $$\alpha_1 p_r < r \log p_r < 2r \log p_r.$$

Segue de (44), para $r > 1$, que

$$p_1 < \alpha_{10} r \log p_r.$$

Teorema 114. *A série*

$$\sum_p \frac{1}{p},$$

sobre todos os primos em ordem crescente, diverge.

Duas provas: 1) (Baseada no Teorema 113) Da segunda parte do Teorema 113 segue que, para $r > 1$,

$$1p_r > \alpha_{12} \frac{1}{r \log p_r}.$$

Assim, como a série

$$\sum_{r=2}^{\infty} \frac{1}{r \log p_r}$$

diverge, segue que $\sum_p \frac{1}{p}$ também diverge.

2) (Direta) Do Teorema 22 segue que, para $\xi \geq 2$,

$$\prod_{p \leq \xi} \frac{1}{1 - \frac{1}{p}} = \prod_{p \leq \xi} (1 + \frac{1}{p} + \frac{1}{p^2} + \cdots + ad\ inf.) = {\sum_{a=1}^{\infty}}' \frac{1}{a},$$

onde o símbolo $\sum'$ indica que a soma é tomada sobre todos os números a que não são divisíveis por nenhum $p > \xi$. Estes a incluem todos os naturais $\leq \xi$. Consequentemente temos

(45) $$\prod_{p \leq \xi} \frac{1}{1 - \frac{1}{p}} \geq \sum_{a=1}^{[\xi]} \frac{1}{a}.$$

Pela divergência da série harmônica $\sum_{a=1}^{\infty} \frac{1}{a}$ segue que quando $\xi \to \infty$

$$\prod_{p \leq \xi} \frac{1}{1 - \frac{1}{p}} \to \infty,$$

$$-\sum_{p \leq \xi} \log(1 - \frac{1}{p}) \to \infty.$$

Para $0 < \eta < \frac{1}{2}$ temos agora

$$-\log(1 - \eta) = \eta + \frac{\eta^2}{2} + \frac{\eta^3}{3} + \cdots < \eta + \eta^2 + \eta^3 + \cdots = \frac{\eta}{1 - \eta} < 2\eta;$$

e logo

$$2 \sum_{p \leq \xi} \frac{1}{p} \to \infty.$$

Teorema 115. *Para $\xi \geq 3$ temos*

Algumas Desigualdades Elementares da Teoria de Números Primos   113

(46) $$\sum_{2<p\leq\xi}\frac{1}{p} < \alpha_{13}\log\log\xi,$$

(47) $$\prod_{2<p\leq\xi}(1-\frac{2}{p}) < \frac{\alpha_{14}}{\log^2\xi}.$$

Para esclarecer: (46) implica que existem poucos, e (47) que existem muitos, primos. Assim, (46) pode ser mostrado a partir da primeira metade do Teorema 113. Por outro lado, (47) pode ser mostrado logo diretamente; a segunda metade do Teorema 113 não forneceria uma estimativa suficiente. Devemos observar que $\log\log\xi \geq \log\log 3 > 0$.

Prova: 1) Para $r > 1$ segue, pelo Teorema 113, que

$$\frac{1}{p_r} < \frac{\alpha_{15}}{r\log r},$$

de forma que, para $\xi \geq 3$,

$$\sum_{2<p\leq\xi}\frac{1}{p} < \alpha_{15}\sum_{r=2}^{\pi(\xi)}\frac{1}{r\log r} \leq \alpha_{15}\sum_{r=2}^{[\xi]}\frac{1}{r\log r} < \alpha_{15}(\frac{1}{2\log 2} + \int_2^{[\xi]}\frac{d\eta}{\eta\log\eta})$$

$$< \alpha_{15}(\log\log\xi + \alpha_{16}) < \alpha_{13}\log\log\xi.$$

2) Para $\xi \geq 3$ segue de (45) que

$$\frac{1}{4}\prod_{2<p\leq\xi}(1-\frac{2}{p}) < \frac{1}{4}\prod_{2<p\leq\xi}(1-\frac{2}{p}+\frac{1}{p^2}) = \prod_{p\leq\xi}(1-\frac{1}{p})^2 = (\prod_{p\leq\xi}(1-\frac{1}{p}))^2$$

$$\leq (\sum_{a=1}^{[\xi]}\frac{1}{a})^{-2} < (\int_1^{[\xi]+1}\frac{d\eta}{\eta})^{-2} < (\int_1^{[\xi]}\frac{d\eta}{\eta})^{-2} = \frac{1}{\log^2\xi}.$$

Capítulo 9

O Teorema de Brun sobre Pares de Primos

Este capítulo é algo difícil; o leitor pode dispensá-lo inteiramente. O Teorema de Brun nem será aplicado no resto do livro nem no meu *Vorlesungen Über Zahlentheorie*.

Existe apenas um par de primos que difere de 1 — a saber, os primos 2 e 3 — já que todos os outros primos são ímpares.

Não importa o quanto avancemos numa tabela de primos, sempre encontramos pares de primos que diferem por 2, por exemplo,

$$3, 5;\ 5, 7;\ 11, 13;\ 17, 19;\ 29, 31; \cdots; 101, 103; \cdots.$$

(Incidentalmente, cada um destes pares, exceto pelo segundo, começa com um número maior do que o segundo número do par precedente; isto é porque um dos números n, $n+2$ e $n+4$ é divisível por 3, de forma que se estes forem todos primos então devemos ter $n=3$.)

A questão agora se coloca sobre se existem infinitos "pares de primos"[1], ou seja, se existem infinitos números n e $n+2$ que sejam primos. Os métodos da aritmética e da análise até hoje não foram capazes de decidir sobre esta questão. (Certamente apostaríamos numa resposta positiva.)

Mais notável é, com isso, o seguinte Teorema de Brun (Teorema 120) que é provado com métodos elementares (o chamado Crivo de Eratóstenes): *Se existem infinitos pares de primos então a série*

$$\frac{1}{3} + \frac{1}{5} + \frac{1}{5} + \frac{1}{11} + \frac{1}{13} + \frac{1}{17} + \frac{1}{19} + \frac{1}{29} + \frac{1}{31} + \cdots,$$

---
[1]*Terminologia alternativa: *primos gêmeos*.

somada sobre todos estes primos, converge. (Para entender o significado deste teorema compare-o com o Teorema 114.)

De qualquer forma, segue que não existem "muitos" pares de primos.

Começo com três lemas simples (Teoremas 116-118). Toda dificuldade reside no Teorema 119; o Teorema 120 segue facilmente dele.

Teorema 116. *Se $b > 0$ e se $m > 0$ for ímpar, então*

$$\sum_{l=0}^{m-1}(-1)^l\binom{b}{l} \geq 0.$$

Duas provas: 1) É facilmente visto por indução, para $b > 0$ e $n \geq 0$, que

(48) $$\sum_{l=0}^{n}(-1)^l\binom{b}{l} = (-1)^n\binom{b-1}{n}.$$

Pois para $n = 0$ isto é verdadeiro ($1 = 1$); e na indução de n para $n+1$ o lado direito aumenta de

$$(-1)^{n+1}\binom{b-1}{n+1} - (-1)^n\binom{b-1}{n} = (-1)^{n+1}(\binom{b-1}{n+1} + \binom{b-1}{n+1}))$$

$$= (-1)^{n+1}\binom{b}{n+1}.$$

(Pos trás disto está, é claro, as expansões em série

$$\sum_{n=0}^{\infty}(-1)^n\binom{b-1}{n}\xi^n = \sum_{n=0}^{b-1}(-1)^n\binom{b-1}{n}\xi^n = (1-\xi)^{b-1} = \frac{1}{1-\xi}(1-\xi)^b$$

$$= \sum_{a=0}^{\infty}\xi^a\sum_{l=0}^{b}(-1)^l\binom{b}{l}\xi^l = \sum_{a=0}^{\infty}\xi^a\sum_{l=0}^{\infty}(-1)^l\binom{b}{l}\xi^l,$$

que valem para $|\xi| < 1$, das quais uma comparação de coeficientes implica (48).)

Se $n = m - 1$ for par então nossa afirmação segue de (48).

2) Os coeficientes binomiais $\binom{b}{l}$, $0 \leq l \leq b$, crescem até o ponto médio (onde, se b for ímpar, se encontram dois valores, a saber, $l = \frac{b-1}{2}$ e $l = \frac{b+1}{2}$), e então decrescem; eles ainda ocorrem com sinais alternados.

Para $m - 1 \leq \frac{b}{2}$ segue que a soma do enunciado do teorema é > 0, uma vez que o último termo é > 0.

Para $m - 1 \geq b$ ela é $(1-1)^b = 0$.

Para $\frac{b}{2} < m - 1 < b$ ela é

$$\sum_{l=0}^{m-1}(-1)^l \binom{b}{l} = -\sum_{l=m}^{b}(-1)^l \binom{b}{l} = \sum_{l=m}^{b}(-1)^{l+1}\binom{b}{l},$$

onde o primeiro termo à direita é > 0 e os termos se alternam em sinal e decrescem em valor absoluto; assim aqui, também, temos a soma > 0.

Teorema 117. *Se S_n for a n-ésima função simétrica elementar dos s números positivos $\xi_1, \xi_2, \ldots, \xi_s$ $(1 \leq n \leq s)$ então*

$$S_n \leq \frac{S_1^n}{n!}.$$

Prova: Na expansão de

$$S_1^n = (\xi_1 + \ldots + \xi_s)^n,$$

cada um dos $\binom{s}{n}$ produtos $\xi_{h_1}, \xi_{h_2}, \ldots, \xi_{h_n}$, onde $1 \leq h_1 < h_2 < \cdots < h_n \leq s$ tem o coeficiente $n!$.

Teorema 118. *Seja $d > 0$ e $\xi > 0$. Então o número de números positivos $n \leq \xi$ que pertencem a qualquer classe residual dada mod d difere de $\frac{\xi}{d}$ menos do que 1.*

Prova: De cada conjunto de d números consecutivos n exatamente um deve ser contado; até ξ existem $[\frac{\xi}{d}]$ conjuntos completos de resíduos e se $\frac{\xi}{d}$ não for inteiro, geralmente (mas não sempre), um conjunto parcial. O número desejado é pois $[\frac{\xi}{d}]$ ou $[\frac{\xi}{d}] + 1$; o último caso não ocorre se $\frac{\xi}{d}$ for inteiro; assim o número é sempre $> \frac{\xi}{d} - 1$ e $< \frac{\xi}{d} + 1$.

Teorema 119. *Seja $P(\xi)$ o número de primos $p \leq \xi$ para os quais $p+2$ é primo. Então, para $\xi \geq 3$ temos*

$$P(\xi) < \alpha_{17}\frac{\xi}{\log^2 \xi}(\log\log \xi)^2.$$

Observação: Um olhar rápido na prova que se segue do Teorema 120 mostra que para qualquer $\delta < 1$ positivo (arbitrariamente pequeno) a desigualdade

(49) $$P(\xi) < \alpha_{18}\frac{\xi}{\log^{1+\delta} \xi}$$

(que é mais fraca se ξ for grande) seria suficiente. Por outro lado, a prova de

$$P(\xi) < \alpha_{18}\frac{\xi}{\log \xi}$$

($\delta = 0$ em (49)) não adiantaria, porque a convergência da série de Brun não poderia seguir disto uma vez que a mesma desigualdade vale para $\pi(\xi)$, pelo Teorema 112, e contudo $\sum_p \frac{1}{p}$ diverge.

Prova: Seja $\xi > 5$ e seja η escolhido arbitrariamente no intervalo $5 \leq \eta < \xi$. Adiante escolherei η como uma função particular de ξ; a prova ficará mais clara, contudo, se isto não for feito imediatamente.

O número de números positivos $n \leq \xi$ satisfazendo uma propriedade particular é no máximo η mais o número de n no intervalo $\eta < n \leq \xi$ satisfazendo esta propriedade (já que contei todos os números $1, 2, \ldots, [\eta]$ e logo não perdi nenhum). Segue que para nosso $P(\xi)$ a relação

(50) $$P(\xi) \leq \eta + Q(\xi)$$

vale, onde $Q(\xi)$ é o número de n no intervalo $\eta < n \leq \xi$ para os quais n e $n+2$ são primos.

Seja p_h o h-ésimo primo e seja $\pi(\eta) = r$; então $p_2, p_3, \ldots, p_r$ são os primos ímpares $\leq \eta$, e temos $r(\xi) \geq 3$, já que $\eta \geq 5$. (Escrevo $r(\xi)$ sem maiores explicações, já que penso em η como função de ξ.) Faço $A(\xi)$ representar o número de números n para os quais

$$0 < n \leq \xi, \quad n \not\equiv 0, \text{ e } n \not\equiv -2 \pmod{p_h} \quad \text{para} \quad h = 2, \ldots, r$$

vale. Obviamente temos

(51) $$Q(\xi) \le A(\xi);$$

pois cada n contado em $Q(\xi)$ é $> \eta$, e logo $> p_h$, para $h = 2, \ldots, r$, de modo que nem o primo n nem o primo $n+2$ é divisível por p_h.

De (50) e (51) segue

(52) $$P(\xi) \le \eta + A(\xi).$$

Seja $\Omega(d)$ o número de fatores primos distintos de $d > 0$. Para cada número ímpar e livre de quadrados $d > 0$ denoto por $B(d,\xi)$ o número de números positivos $n \le \xi$ tais que cada $p|d$ (se existir algum) satisfaz uma das condições

(53) $$n \equiv 0, \text{ e } \equiv -2 \pmod{p}.$$

(Assim em particular temos

$$B(1,\xi) = [\xi],$$

já que nenhum n no intervalo $0 < n \le \xi$ é excluído.) Pelo Teorema 118 temos que

(54) $$\left|B(d,\xi) - 2^{\Omega(d)}\frac{\xi}{d}\right| < 2^{\Omega(d)};$$

pois n percorre o intervalo $0 < n \le \xi$ e, pelo Teorema 70, pertence a $2^{\Omega(d)}$ classes residuais mod d (a saber, duas classes residuais módulo cada um dos $\Omega(d)$ fatores primos de $d = \prod_{p|d} p$; $p=2$ não ocorre, já que d é ímpar, de modo que (53) representa de fato duas classes residuais distintas).

Para a necessária determinação da cota superior de $A(\xi)$, primeiro mostro como não pode ser feita; depois disso, contudo, tomando um caminho algo diferente, finalmente realizaremos nosso objetivo. Enquanto isso, este beco sem saída será instrutivo para o leitor que queira não somente aprender o que é já conhecido como também explorar caminhos próprios.

Usando a abreviação

$$p_2 \ldots p_r = k,$$

primeiro provo a identidade

(55) $$A(\xi) = \sum_{d|k} \mu(d) B(d,\xi) = B(1,\xi) - B(p_2,\xi) - \cdots - B(p_r,\xi)$$
$$+ B(p_2 p_3, \xi) + \cdots + (-1)^{r-1} B(p_2 \ldots p_r, \xi);$$

então mostro que ela não é suficiente, e depois eu a substituo por uma desigualdade mais útil.

Prova-se (55) como se segue: todo n no intervalo $0 < n \leq \xi$ que é contado em $A(\xi)$ é também contado em $B(1,\xi)$ à direita, mas não em nenhum $B(d,\xi)$ com $d > 1$, já que para nenhum p_h ($h = 2, \ldots r$) temos $n \equiv 0$ ou $\equiv -2 \pmod{p_h}$. Qualquer n no intervalo $0 < n \leq \xi$ que não é contado em $A(\xi)$ é $n \equiv 0$ ou $\equiv -2$ para b primos distintos p_h ($h = 2, \ldots r$), onde $1 \leq b \leq r - 1$; digamos, para $p_{h_1}, \ldots, p_{h_b}$ ($2 \leq h_1 < h_2 < \cdots < h_v \leq r$). Este n é então contado no lado direito de (55) em todos os termos $B(d,\xi)$ para os quais $d | p_{h_1} \ldots p_{h_b}$; ao todo, então

$$\sum_{d | p_{h_1} \ldots p_{h_b}} \mu(d) = 0$$

vezes, pelo Teorema 35.

Assim (55) está provado; mas isto não nos leva ao nosso objetivo. Podemos, é claro, concluir de (55) e (54) que

(56) $$A(\xi) < \sum_{d|k} \mu(d) 2^{\Omega(d)} \frac{\xi}{d} + \sum_{d|k} 2^{\Omega(d)} = \xi \prod_{2 < p \leq \eta} (1 - \frac{2}{p}) + \sum_{h=0}^{r-1} 2^h \binom{r-1}{h}$$

(uma vez que para cada h para o qual $0 \leq h \leq r - 1$ existem exatamente $\binom{r-1}{h}$ divisores de $k = p_2 \ldots p_r$ para os quais $\Omega(d) = h$). Contudo, por causa de

$$\sum_{h=0}^{r-1} 2^h \binom{r-1}{h} \geq 2^{r-1},$$

não obtemos sequer uma estimativa como

$$A(\xi) < \alpha_{19} \frac{\xi}{\log \xi}$$

para o lado direito de (56), não importa qual seja nossa escolha de $\eta(\xi)$ (e mesmo uma tal estimativa seria inútil; ver a observação acima). Pois o valor de η deve ser grande o suficiente para que

O Teorema de Brun sobre Pares de Primos   121

(57) $$\prod_{2<p\leq p_r}(1-\frac{2}{p})=\prod_{2<p\leq \eta}(1-\frac{2}{p})<\alpha_{19}\frac{\xi}{\log \xi}$$

seja válida e ao mesmo tempo ser pequeno o suficiente para que

$$2^r < 2\alpha_{19}\frac{\xi}{\log \xi} < \alpha_{20}\xi$$

valha. Isto nunca pode acontecer, no entanto, pela seguinte razão. Pelo Teorema 113 teríamos

(58) $$p_r < \alpha_{10} r \log r < \alpha_{21} r^2 < \alpha_{21}(\frac{\log(\alpha_{20}\xi)}{\log 2})^2 < \alpha_{22}\log^2 \xi;$$

por (57) teríamos (sit venia verbo e; exceto por esta única exceção, minhas letras minúsculas em itálico representam inteiros)

$$\frac{1}{\log \xi} > \alpha_{23}\prod_{2<p\leq p_r}(1-\frac{2}{p})=\alpha_{24}\prod_{5\leq p\leq p_r}(1-\frac{2}{p})=\alpha_{24}e^{\sum_{5\leq p\leq p_r}\log(1-\frac{2}{p})}$$

$$> \alpha_{24}e^{-4\sum_{5\leq p\leq p_r}\frac{1}{p}}=\alpha_{25}e^{-4\sum_{2<p_r}\frac{1}{p}},$$

$$\sum_{2<p\leq p_r}\frac{1}{p}>\frac{1}{4}\log(\alpha_{25}\log \xi)>\alpha_{26}\log\log \xi,$$

e logo, por (46) e (58),

$$\alpha_{26}\log\log \xi < \alpha_{13}\log\log p_r < \alpha_{13}\log\log(\alpha_{22}\log^2 \xi) < \alpha_{13}\log\log\log \xi + \alpha_{27};$$

para $\xi > \alpha_{28}$ teríamos portanto

$$\log\log \xi < \alpha_{29}\log\log\log \xi,$$

que é certamente falso para ξ grande o suficiente.
E agora vamos deixar este beco sem saída!
A idéia essencial de Brun é substituir a equação (55) pela desigualdade

(59) $$A(\xi) \leq \sum_{\substack{d|k \\ \Omega(d)<m}}\mu(d)B(d,\xi),$$

para m um inteiro ímpar positivo arbitrário (que será depois tomado como função de ξ). Mostra-se (59) como se segue: todo n no intervalo $0 < n \leq \xi$ que é contado em $A(\xi)$ é contado à direita exatamente uma vez (a saber, para $d = 1$), como observado acima; todo n no intervalo $0 < n \leq \xi$ que não é contado em $A(\xi)$ é contado à direita exatamente nos termos $B(d, \xi)$ (onde $d|k$) para os quais (na nossa notação antiga) $d|p_{h_1} \ldots p_{h_b}$ e para os quais, além disso, $\Omega(d) < m$. A contagem completa à direita para estes n é, então, pelo Teorema 116,

$$\sum_{d|p_{h_1}\cdots p_{h_b},\ \Omega(d)<m} \mu(d) = \sum_{l=0}^{m-1} (-1)^l \binom{b}{l} \geq 0.$$

Assim (59) está provado.

Agora segue, além disso, que, por causa de (59) e (54),

(60) $$A(\xi) < \xi \sum_{d|k,\ \Omega(d)<m} \frac{\mu(d) 2^{\Omega(d)}}{d} + \sum_{h=0}^{m-1} 2^h \binom{r-1}{h}.$$

Nesta fórmula por um lado temos

$$\sum_{h=0}^{m-1} 2^h \binom{r-1}{h} \leq 2^m \sum_{h=0}^{m-1} \binom{r-1}{h} = 2^m \sum_{h=0}^{m-1} \frac{(r-1)\cdots(r-h)}{h!}$$

(61) $$\leq 2^m \sum_{h=0}^{m-1} r^h = 2^m \frac{r^m-1}{r-1} < 2^m r^m \leq (2\eta)^m$$

(já que $r - 1 \geq 2$ e $r = \pi(\eta) \leq \eta$), e por outro lado, temos

$$\sum_{d|k,\ \Omega(d)<m} \frac{\mu(d) 2^{\Omega(d)}}{d} = \sum_{d|k} \frac{\mu(d) 2^{\Omega(d)}}{d} - \sum_{n=m}^{r-1} \sum_{d|k,\ \Omega(d)=n} \frac{\mu(d) 2^{\Omega(d)}}{d}$$

(para $m \geq r$ o último somatório é vazio e vale 0), e

$$= \prod_{2<p\leq p_r} \left(1 - \frac{2}{p}\right) - \sum_{n=m}^{r-1} (-1)^n 2^n \sum_{d|k,\ \Omega(d)=n} \frac{1}{d} =$$

(62) $$= \prod_{2<p\leq\eta}(1-\frac{2}{p}) - \sum_{n=m}^{r-1}(-1)^n 2^n S_n,$$

onde S_n é a n-ésima função simétrica elementar em $\frac{1}{p_2},\ldots,1p_r$.
Pelo Teorema 117 e (46) temos (uma vez que $e^n = \sum_{h=0}^{\infty}\frac{n^h}{h!} > \frac{n^n}{n!}$)

$$S_n \leq \frac{S_1^n}{n!} < \frac{(eS_1)^n}{n^n} < \left(\frac{3\alpha_{13}\log\log\eta}{n}\right)^n,$$

$$\left|\sum_{n=m}^{r-1}(-1)^n 2^n S_n\right| \leq \sum_{n=m}^{r-1}\left(\frac{6\alpha_{13}\log\log\eta}{m}\right)^n \leq \sum_{n=m}^{r-1}\left(\frac{\alpha_{30}\log\log\eta}{m}\right)^n,$$

onde, para uso posterior, tomarei $\alpha_{30} > 2$. Consequentemente, se

$$m > 2\alpha_{30}\log\log\eta$$

então

(63) $$\left|\sum_{n=m}^{r-1}(-1)^n 2^n S_n\right| < \sum_{n=m}^{\infty}\frac{1}{2^n} = \frac{2}{2^m}.$$

De (62), (47) e (63) segue que

(64) $$\left|\sum_{\substack{d|k \\ \Omega(d)<m}}\frac{\mu(d)2^{\Omega(d)}}{d}\right| < \frac{\alpha_{14}}{\log^2\eta} + \frac{2}{2^m},$$

e de (52), (60), (64) e (61) segue que

(65) $$P(\xi) < \eta + \frac{\alpha_{14}\xi}{\log^2\eta} + \frac{2\xi}{2^m} + (2\eta)^m.$$

Nestas fórmulas fazemos $\eta(\xi)$ e $m(\xi)$ sujeitos às condições

(66) $$5 \leq \eta < \xi, \quad m > 2\alpha_{30}\log\log\eta, \quad m \text{ ímpar.}$$

Para $\xi > \alpha_{31}$ estas condições são satisfeitas desde que eu escolha

$$\eta = \xi^{\frac{1}{3\alpha_{30}\log\log\xi}}, \quad m = 2[\alpha_{30}\log\log\xi] - 1.$$

Isto não é trivial só para a condição $m > 2\alpha_{30} \log\log \eta$, mas esta condição é consequência do fato que, para $\xi > \alpha_{32}$, temos

$$2\alpha_{30} \log\log \eta = 2\alpha_{30} \log \frac{\log \xi}{3\alpha_{30} \log\log \xi} < 2\alpha_{30} \log\log \xi - 3 < m.$$

Para esta escolha de η e m obtenho, usando (65),

$$P(\xi) < \alpha_{33}(\eta + \frac{\xi}{\log^2 \eta} + \frac{\xi}{2^{2\alpha_{30} \log\log \xi}} + (2\eta)^{2\alpha_{30} \log\log \xi})$$

para $\xi > \alpha_{31}$. Cada um dos quatro termos entre parênteses é

$$< \alpha_{34} \frac{\xi}{\log^2 \xi} (\log\log \xi)^2;$$

pois temos

$$\eta < \alpha_{35} \xi^{\frac{1}{2}},$$

$$\frac{\xi}{\log^2 \eta} = \frac{\xi}{\log^2 \xi} (3\alpha_{30} \log\log \xi)^2 \quad \text{(este é o pior termo)},$$

$$\frac{\xi}{2^{2\alpha_{30} \log\log \xi}} = \frac{\xi}{\log^{2\alpha_{30} \log 2} \xi} < \frac{\xi}{\log^2 \xi} \quad \text{(porque } \alpha_{30} > 2, \quad 2\log 2 > 1\text{)},$$

$$(2\eta)^{2\alpha_{30} \log\log \xi} =$$

$$= e^{2\alpha_{30} \log\log \xi (\frac{\log \xi}{3\alpha_{30} \log\log \xi} + \log 2)} < e^{\frac{2}{3}\log \xi + \alpha_{36} \log\log \xi} < \alpha_{37} e^{\frac{3}{4} \log \xi}$$

$$\alpha_{37} \xi^{\frac{3}{4}}.$$

Logo, para $\xi > \alpha_{31}$, temos

$$P(\xi) < \alpha_{38} \frac{\xi}{\log^2 \xi} (\log\log \xi)^2;$$

assim, para $\xi \geq 3$, temos

$$P(\xi) < \alpha_{17} \frac{\xi}{\log^2 \xi} (\log\log \xi)^2.$$

O Teorema de Brun sobre Pares de Primos

Teorema 120. *Se existirem infinitos primos p para os quais $p+2$ é primo então a série*

$$\sum_p \frac{1}{p},$$

tomada sobre estes p, converge.

Observação: Isto concorda, é claro, com o enunciado no início do capítulo, embora apenas o primeiro primo de cada par esteja presente no somatório; porque temos

$$\frac{2}{p} > \frac{1}{p} + \frac{1}{p+2} > \frac{1}{p}.$$

Prova: Usarei o Teorema 119 apenas na forma mais fraca

$$P(n) < \alpha_{39} \frac{n}{\log^3 2n} \quad \text{para } n \geq 3.$$

Daí segue que se p'_r for o r-ésimo primo para o qual $p'_r + 2$ é também primo (se existirem infinitos primos assim, afinal) então para $r \geq 1$ temos

$$r = P(r') < \alpha_{39} \frac{p'_r}{\log^{\frac{3}{2}} p'_r} < \alpha_{39} \frac{p'_r}{\log^{\frac{3}{2}}(r+1)},$$

$$\frac{1}{p'_r} < \frac{\alpha_{39}}{r \log^{\frac{3}{2}}(r+1)};$$

e da convergência de

$$\sum_{r=1}^{\infty} \frac{1}{r \log^{\frac{3}{2}}(r+1)}$$

segue que

$$\sum_{r=1}^{\infty} \frac{1}{p'_r}$$

converge.

Capítulo 10

O Teorema de Dirichlet sobre Primos numa Progressão Aritmética

1. Outros Teoremas sobre Congruências

Definição 21. *Seja $m > 0$ e $(a, m) = 1$. Dizemos que a "pertence ao expoente f mod m" se a^f é a primeira entre as potências $a^1, a^2, \ldots$ de a com expoentes positivos para a qual*

$$a^f \equiv 1 \pmod{m}.$$

(f existe, já que pelo Teorema de Fermat temos $a^{\varphi(m)} \equiv 1$.)

Teorema 121. *Se a pertence ao expoente f então, se $b_1 \geq 0$ e $b_2 \geq 0$, temos*

$$a^{b_1} \equiv a^{b_2} \pmod{m}$$

se e só se.

$$b_1 \equiv b_2 \pmod{f}.$$

(Aqui a^0 denota 1 mesmo para $a = 0$, que só ocorre no caso trivial $m = 1$.)
Em particular, portanto: 1) $a^0, a^1, \ldots, a^{f-1}$ são incongruentes (mod m).

2) Se $b \geq 0$ então

$$a^b \equiv 1 \pmod{m}$$

se e só se.

$$f|b.$$

3) Pelo Teorema de Fermat segue que temos sempre

$$f|\varphi(m).$$

Prova: Sem perda de generalidade, sejam $b_2 \geq b_1 \geq 0$.
1) De
$$a^{b_2} \equiv a^{b_1} \pmod{m}$$
segue que
$$a^{b_2-b_1} \equiv 1 \pmod{m}.$$
A divisão de $b_2 - b_1$ por f resulta em
$$b_2 - b_1 = qf + r, \quad q \geq 0, \quad 0 \leq r < f.$$
Temos então
$$1 \equiv a^{b_2-b_1} \equiv a^{qf+r} \equiv (a^f)^q a^r \equiv a^r \pmod{m},$$
de modo que, pela definição de f, temos
$$r = 0,$$
$$f|b_2 - b_1.$$

2) De
$$b_2 - b_1 = qf$$
segue que (já que $q \geq 0$)
$$a^{b_2} \equiv a^{b_1+qf} \equiv a^{b_1}(a^f)^q \equiv a^{b_1} \pmod{m}.$$

Teorema 122. *Seja q um primo, seja $l > 0$ e seja $q^l | p - 1$. Então existe um número a que pertence a $q^l \pmod{p}$.*

Prova: Pelo Teorema 72 a congruência

$$x^{\frac{p-1}{q}} \equiv 1 \pmod{p}$$

tem no máximo $\frac{p-1}{q} \leq \frac{p-1}{2} \leq p-2$ soluções (uma vez que $p \geq 3$). Logo existe ao menos um número c para o qual $1 \leq c \leq p-1$ tal que

$$c^{\frac{p-1}{q}} \not\equiv 1 \pmod{p}.$$

Se fizermos

$$a = c^{\frac{p-1}{q^l}},$$

então temos

$$a^{q^l} \equiv c^{p-1} \equiv 1 \pmod{p}.$$

Seja a pertencente a f. Então $f|q^l$ pelo Teorema 121. Se não acontecesse que $f = q^l$ seguiria que $f|q^{l-1}$, de forma que

$$a^{q^{l-1}} \equiv c^{\frac{p-1}{q}} \equiv 1 \pmod{p}.$$

Teorema 123. *Existe um número g que pertence a $p-1 \pmod{p}$.*

Prova: 1) Se $p = 2$ então $g = 1$ satisfaz a condição do teorema.
2) Se $p > 2$ seja a decomposição canônica de $p-1$

$$p - 1 = \prod_{n=1}^{r} p_n^{l_n}.$$

Se $r = 1$ então o Teorema 122 nos dá o resultado. Se $r > 1$ então pelo Teorema 122 podemos escolher um número a_n pertencente a $p_n^{l_n}$ para cada $n = 1, \ldots, r$. Colocando então

$$g = \prod_{n=1}^{r} a_n,$$

então g pertence a f. Pelo Teorema 121 temos $f|p-1$. Se não acontecesse que $f = p - 1$ então, sem perda de generalidade, teríamos $f|\frac{p-1}{p_1}$, de modo que (como $p_n^{l_n}|p-1p_1$ para $n = 2, \ldots, r$)

$$1 \equiv g^{\frac{p-1}{p_1}} \equiv a_1^{\frac{p-1}{p_1}} \prod_{n=2}^{r} a_n^{\frac{p-1}{p_1}} \equiv a_1^{\frac{p-1}{p_1}},$$

e consequentemente, pelo Teorema 121,

$$p_1^{l_1} \Big| \frac{p-1}{p_1},$$

o que não é o caso.

Definição 22. *Qualquer g pertencente a $p-1$ (mod p) é dito uma raiz primitiva módulo p.*

As potências de uma raiz primitiva (com expoente ≥ 0) representam em consequência todas as classes residuais reduzidas.

Teorema 124. *Se $p > 2$ e $l > 0$ então existe um número g pertencente a $\varphi(p^l)$ (mod p^l).*

Pelo Teorema 121 segue portanto que para $p \nmid a$

$$a \equiv g^b \pmod{p^l}, \quad b \geq 0$$

é sempre solúvel para b e, de fato, é satisfeita por todos os números $b \geq 0$ numa classe residual particular mod $\varphi(p^l)$.

Prova: Para $l = 1$ isto está provado pelo Teorema 123. Seja, portanto, $l > 1$. Seja g uma raiz primitiva mod p. Posso certamente pensar que g tenha sido escolhida de forma a

(67) $$g^{p-1} \not\equiv 1 \pmod{p^2}.$$

Pois sempre que g for uma raiz primitiva mod p também o é $g + p$, e se

$$g^{p-1} \equiv 1 \pmod{p^2},$$

então

$$(g+p)^{p-1} \equiv g^{p-1} + (p-1)g^{p-2}p \equiv 1 + (p-1)g^{p-2}p \pmod{p^2},$$

de modo que certamente

$$(g+p)^{p-1} \not\equiv 1 \pmod{p^2}.$$

O Teorema de Dirichlet sobre Primos numa Progressão Aritmética   131

Provarei agora que o g determinado por (67) (que é, incidentalmente, uma raiz primitiva mod p) satisfaz a condição do teorema.

Para isso provo primeiro, por indução matemática, que para todos $l > 1$ temos

(68) $$g^{p^{l-2}(p-1)} = 1 + h_l p^{l-1}, \quad p \nmid h_l.$$

Para $l = 2$ isto está assegurado pelo Teorema de Fermat, junto com (67). Se (68) vale para l então vale para $l+1$ por causa de

$$g^{p^{l-1}(p-1)} = (1 + h_l p^{l-1})^p = 1 + h_l p^l + h_l^2 p \frac{p-1}{2} p^{2(l-1)} + n p^{3(l-1)}.$$

Nesta fórmula tanto o terceiro quanto o quarto termos à direita são divisíveis por p^{l+1}, uma vez que $2l-1 \geq l+1$ e $3l-3 \geq l+1$, respectivamente. O lado direito é então $= 1 + h_{l+1} p^l$, onde $p \nmid h_{l+1}$.

Seja g pertencente a f (mod p^l). Pelo Teorema 121 temos $f | p^{l-1}(p-1)$; como g pertence a $p-1$ módulo p segue que $p-1 | f$ pelo Teorema 121, de modo que $f = p^m(p-1)$, $0 \leq m \leq l-1$. Se não fosse verdade (como enunciado) que $f = p^{l-1}(p-1)$ então teríamos $f | p^{l-2}(p-1)$, de modo que

$$g^{p^{l-2}(p-1)} \equiv 1 \pmod{p^l},$$

contrariamente a (68).

Teorema 125. *Se $l > 2$ então 5 pertence a 2^{l-2} (mod 2^l).*

(O leitor pode considerar um exercício mostrar que não existe número pertencente a $\varphi(2^l) = 2^{l-1}$. Os Teoremas 125 e 126 compensam este fato.)

Prova: Primeiro provo por indução que para $l > 2$

(69) $$5^{2^{l-2}} = 1 + h_l 2^{l-1}, \quad 2 \nmid h_l.$$

Para $l = 3$ isto é verdade ($5^1 = 1 + 1.4$). Da veracidade de (69) para um $l \geq 3$ segue (69) para $l+1$ por causa de

(70) $$5^{2^{l-2}} = (1 + h_l 2^{l-1})^2 = 1 + h_l 2^l + h_l^2 2^{2l-2} = 1 + h_{l+1} 2^l, \quad 2 \nmid h_{l+1}.$$

De (69) e (70) segue que

$$5^{2^{l-3}} \not\equiv 1 \pmod{2^l}, \quad 5^{2^{l-2}} \not\equiv 1 \pmod{2^l}.$$

Seja 5 pertencente a f; então temos $f \not| 2^{l-3}$ e $f | 2^{l-2}$, de modo que $f = 2^{l-2}$.

Teorema 126. *Para $l > 2$ todo número ímpar a satisfaz a relação*

$$a \equiv (-1)^{\frac{a-1}{2}} 5^b \pmod{2^l}, \quad b \geq 0$$

para precisamente os números $b \geq 0$ pertencente a uma classe residual mod 2^{l-2}.

Prova: 1) Seja $a \equiv 1 \pmod{4}$. Para $0 \leq b < 2^{l-2}$, 5^b representa exatamente 2^{l-2} números incongruentes mod 2^l pelo Teorema 125. Todos estes são $\equiv 1 \pmod{4}$; contudo, qualquer conjunto reduzido de resíduos mod 2^l contem exatamente 2^{l-2} números que são $\equiv 1 \pmod{4}$; segue assim que

$$a \equiv 5^b \pmod{2^l}, \quad b \geq 0$$

é solúvel para b (princípio da casa de pombo, ou dos escaninhos!). Como, se $b \geq 0$, 5^b é periódico com período 2^{l-2} mod 2^l, segue que os enunciados do nosso teorema estão provados.

2) Seja $a \equiv 3 \pmod{4}$. Aplicamos então 1) ao número $-a$.

2. Caracteres

i irá agora representar o número complexo familiar, mas todas as outras letras minúsculas exceto *e* ainda representarão, como antes, inteiros.
Seja $k > 0$ fixo. Façamos $\varphi(k) = h$.

Definição 23. *Uma função aritmética $\chi(a)$ é dita um caráter mod k desde que*
I) $\chi(a) = 0$ *se* $(a, k) = 1$,
II) $\chi(1) \neq 0$.
III) $\chi(a_1 a_2) = \chi(a_1)\chi(a_2)$ *para* $(a_1, k) = 1$ *e* $(a_2, k) = 1$ (e portanto, por I), sempre),
IV) $\chi(a_1) = \chi(a_2)$ *para* $a_1 \equiv a_2 \pmod{k}$ *e* $(a_1, k) = 1$ (e portanto, por I), sempre que $a_1 \equiv a_2 \pmod{k}$).

Exemplos: 1) $k = 4$, $\chi(a) = 0, 1, 0$ e -1 para $a \equiv 0, 1, 2$ e $3 \pmod 4$, respectivamente.
2) (Para o leitor que tenha lido o final da primeira parte, capítulo 6.) Do Teorema 99, 1) até 4), segue que o símbolo de Kronecker $(\frac{\pm k}{a})$ é um caráter mod k; aqui devemos ter $\pm k \equiv 0$ ou $1 \pmod 4$, e $\pm k$ não deve ser um quadrado.

Teorema 127. *Para qualquer caráter temos*

$$\chi(1) = 1.$$

Prova: Por III) temos

$$\chi(1) = \chi(1.1) = \chi(1)\chi(1),$$

de modo que por II) temos

$$\chi(1) = 1.$$

Teorema 128. *Se $(a, k) = 1$ então $(\chi(a))^h = 1$; assim $\chi(a)$ é uma raiz h-ésima da unidade de $|\chi(a)| = 1$.*

Prova: Do Teorema de Fermat segue que

$$a^h \equiv 1 \pmod{k};$$

por causa de III), IV) e o Teorema 127 temos portanto

$$(\chi(a))^h = \chi(a^h) = \chi(1) = 1.$$

Teorema 129. *Para qualquer k existe um número finito de caracteres e, além disso, existe ao menos um.*

(Evidentemente digo que duas funções aritméticas são distintas se não coincidirem para todos a.)

Prova: 1) Para qualquer a no intervalo $1 \leq a \leq k$ segue de I) e do Teorema 128 que $\chi(a)$ deve ser escolhido entre uma coleção finita de possíveis valores (0 ou uma raiz h-ésima da unidade); de IV) segue ainda que o valor de $\chi(a)$ para $1 \leq a \leq k$ determina seu valor para qualquer a. Assim não pode existir um número infinito de caracteres mod k.

2) A função

$$\chi(a) = \begin{cases} 0 & \text{para } (a,k) > 1, \\ 1 & \text{para } (a,k) = 1 \end{cases}$$

é claramente um caráter, já que as condições de I) a IV) são satisfeitas.

Definição 24. *O caráter definido na parte 2) da prova acima é dito o caráter principal, denotado por $\chi_0(a)$.*

Teorema 130. *Se $\chi(a)$ for um caráter então também o é seu complexo conjugado $\overline{\chi}(a)$.*

(Se $\chi(a)$ for um caráter real em qualquer valor, então evidentemente ele coincide com $\overline{\chi}(a)$.)

Prova: As condições de I) a IV) são obviamente satisfeitas.

Teorema 131. *Se a percorre um conjunto completo de resíduos positivos mod k, então*

$$\sum_a \chi(a) = \begin{cases} h & \text{para } \chi_0(a), \\ 0 & \text{caso contrário.} \end{cases}$$

Prova: De IV) segue que o valor desta soma é, de qualquer maneira, independente da escolha do conjunto de resíduos.

1) Para o caráter $\chi = \chi_0$ a soma tem h termos $= 1$ e $k - h$ termos $= 0$.
2) Caso contrário, escolhemos (como é possível) um número $b > 0$ para o qual

$$(b, k) = 1, \qquad \chi(b) \neq 1.$$

Como, pelo Teorema 62, ba percorre um conjunto completo de resíduos mod k quando a o faz, segue que

$$\xi = \sum_a \chi(a) = \sum \chi(ba) = \sum_a \chi(b)\chi(a) = \chi(b) \sum_a \chi(a) = \chi(b)\xi,$$

$$(\chi(b) - 1)\xi = 0,$$

$$\xi = 0.$$

Teorema 132. Se $\chi_1(a)$ e $\chi_2(a)$ são caracteres então $\chi_1(a)\chi_2(a)$ também o é.

Em particular: se $\chi(a)$ for um caráter então $\chi^2(a)$ também o é.

Prova: As condições de I) a IV) são obviamente satisfeitas.

Teorema 133. Se $\chi_1(a)$ for um caráter então quando $\chi(a)$ percorre os c caracteres $\chi(a)\chi_1(a)$ também o faz.

Prova: Se

$$\chi_2(a)\chi_1(a) = \chi_3(a)\chi_1(a),$$

então segue que para $(a, k) = 1$, como $\chi_1(a) \neq 0$,

$$\chi_2(a) = \chi_3(a),$$

e por I) isto é também satisfeito para $(a, k) > 1$. As c funções $\chi(a)\chi_1(a)$ são portanto c caracteres distintos e consequentemente (princípio da casa de pombo, ou dos escaninhos!) eles são os c caracteres.

Teorema 134. Se $d > 0$, $(d, k) = 1$ e $d \not\equiv 1$ (mod k), então existe um caráter para o qual $\chi(d) \neq 1$.

Prova: Como $\chi(a) = 0$ deve sempre valer se $(a, k) > 1$, segue que precisamos definir o caráter $\chi(a)$ convenientemente e verificar II), III) e IV) apenas para $(a, k) > 1$.

Como $d \not\equiv 1$ (mod k) segue que existe ou um número $p^l | k$, onde $p > 2$ e $l > 0$, para o qual

$$d \not\equiv 1 \pmod{p^l}$$

ou então um número $2^l | k$, onde $l > 0$, para o qual

$$d \not\equiv 1 \pmod{2^l}.$$

1) Seja $d \not\equiv 1$ (mod p^l), $p > 2$, $l > 0$ e $p^l | k$; portanto $p \nmid d$, já que $(d, k) = 1$. Seja g com a propriedade do Teorema 124. Para $(a, k) = 1$ temos $p \nmid a$, e logo

$$a \equiv g^b \pmod{p^l}, \quad b \geq 0.$$

Faço

$$\rho = e^{\frac{2\pi i}{\varphi(p^l)}}, \quad \chi(a) = \rho^b.$$

Então $\chi(a)$ é completamente determinado por a (uma vez fixado o número g), já que ρ^b tem período $\varphi(p^l)$ e b é unicamente determinado mod $\varphi(p^l)$.

$\chi(a)$ é um caráter. Pois
II) $\chi(1) = \rho^0 = 1$;
III) para $(a_1, k) = 1$, $(a_2, k) = 1$, $a_1 \equiv g^{b_1}$, $a_2 \equiv g^{b_2}$ (mod p^l) temos

$$a_1 a_2 \equiv g^{b_1 + b_2} \pmod{p^l},$$

$$\chi(a_1 a_2) = \rho^{b_1 + b_2} = \rho^{b_1} \rho^{b_2} = \chi(a_1) \chi(a_2);$$

IV) é óbvio; pois $a_1 \equiv a_2$ (mod k) implica $a_1 \equiv a_2$ (mod p^l).
Finalmente, segue de $d \not\equiv 1$ (mod p^l) e $p \nmid d$ que

$$d \equiv g^r \pmod{p^l}, \quad \varphi(p^l) \nmid r,$$

$$\chi(d) = \rho^r \neq 1.$$

2) Seja $d \not\equiv 1 \pmod{2^l}$, $l > 0$ e $2^l | k$, e portanto $l > 1$ (já que k é par, de modo $d \equiv 1 \pmod 2$).

21) Seja $d \equiv 1 \pmod 4$, de modo que $l > 2$. Para $(a, k) = 1$ temos pelo Teorema 126, como $(a, 2) = 1$, que

$$a \equiv (-1)^{\frac{a-1}{2}} 5^b \pmod{2^l}, \qquad b \geq 0.$$

Faço

$$\rho = e^{\frac{2\pi i}{2^{l-2}}}, \quad \chi(a) = \rho^b.$$

Então $\chi(a)$ é bem definido, já que ρ^b tem período 2^{l-2} e b é determinado mod 2^{l-2}.

$\chi(a)$ é um caráter. Pois

II) $\chi(1) = \rho^0 = 1$;

III) para $(a_1, k) = 1$, $(a_2, k) = 1$, $a_1 \equiv (-1)^{\frac{a_1-1}{2}} 5^{b_1}$, $a_2 \equiv (-1)^{\frac{a_2-1}{2}} 5^{b_2}$ (mod 2^l) temos, por (30),

$$a_1 a_2 \equiv (-1)^{\frac{a_1-1}{2} + \frac{a_2-1}{2}} 5^{b_1+b_2} \equiv (-1)^{\frac{a_1 a_2 - 1}{2}} 5^{b_1+b_2} \pmod{2^l},$$

$$\chi(a_1 a_2) = \rho^{b_1+b_2} = \rho^{b_1} \rho^{b_2} = \chi(a_1)\chi(a_2);$$

IV) é óbvio; pois $a_1 \equiv a_2 \pmod k$ implica $a_1 \equiv a_2 \pmod{2^l}$.

Finalmente, segue de $d \not\equiv 1 \pmod{2^l}$ e $d \equiv 1 \pmod 4$ que

$$d \equiv 5^r \pmod{2^l}, \qquad 2^{l-2} \nmid r,$$

$$\chi(d) = \rho^r \neq 1.$$

22) Seja $d \equiv -1 \pmod 4$. Então para $(a, k) = 1$ (onde, portanto, a é ímpar), faço

$$\chi(a) = (-1)^{\frac{a-1}{2}}.$$

$\chi(a)$ é um caráter. Pois

II) $\chi(1) = 1$;

III) para $(a_1, k) = 1$, $(a_2, k) = 1$, temos

$$\chi(a_1 a_2) = (-1)^{\frac{a_1 a_2 - 1}{2}} = (-1)^{\frac{a_1-1}{2}} (-1)^{\frac{a_2-1}{2}} = \chi(a_1)\chi(a_2);$$

IV) é óbvio, já que $4 | k$.

Finalmente, temos
$$\chi(d) = -1 \neq 1.$$

Teorema 135. *Para $a > 0$ fixo*
$$\sum_\chi \chi(a) = \begin{cases} c & \text{para } a \equiv 1 \ (\text{mod } k), \\ 0 & \text{para } a \not\equiv 1 \ (\text{mod } k). \end{cases}$$
onde a soma é tomada sobre todos os c caracteres.

Prova: 1) Para $a \equiv 1 \ (\text{mod } k)$ a soma (como segue do Teorema 127) tem c termos cada um dos quais $= 1$.
2) Para $(a,k) > 1$ todos os termos se anulam.
3) Para $(a,k) = 1$ e $a \not\equiv 1$ podemos escolher um caráter χ_1 para o qual $\chi_1(a) \neq 1$, pelo Teorema 134. Pelo Teorema 133 temos

$$\eta = \sum_\chi \chi(a) = \sum_\chi \chi(a)\chi_1(a) = \chi_1(a) \sum_\chi \chi(a) = \chi_1(a)\eta,$$

$$(\chi_1(a) - 1)\eta = 0,$$

$$\eta = 0.$$

Teorema 136. $c = h$.

(Isto é, existem exatamente $\varphi(k)$ caracteres mod k.)

Prova: Se a percorre um conjunto completo de resíduos positivos mod k, e χ percorre todos os caracteres então, pelos Teoremas 135 e 131, temos

$$\sum_{a,\chi} \chi(a) = \begin{cases} \sum_a \sum_\chi \chi(a) = c + 0 + \cdots + 0 = c, \\ \sum_\chi \sum_a \chi(a) = h + 0 + \cdots + 0 = h. \end{cases}$$

Teorema 137. *Seja $(l,k) = 1$, $l > 0$, e $a > 0$. Então*
$$\sum_\chi \frac{1}{\chi(l)} \chi(a) = \begin{cases} h & \text{para } a \equiv l \ (\text{mod } k), \\ 0 & \text{para } a \not\equiv l \ (\text{mod } k). \end{cases}$$

Observação: No lado esquerdo podemos escrever $line\chi(l)$ no lugar de $\frac{1}{\chi(l)}$.

Prova: Escolhemos $j > 0$ de tal forma que
$$jl \equiv 1 \pmod{k}.$$
Como
$$\chi(j)\chi(l) = \chi(jl) = 1,$$
segue que
$$\sum_\chi \frac{1}{\chi(l)}\chi(a) = \sum_\chi \chi(j)\chi(a) = \sum_\chi \chi(ja),$$
de modo que, pelos Teoremas 135 e 136,
$$\sum_\chi \frac{1}{\chi(l)}\chi(a) = \begin{cases} h & \text{para } ja \equiv 1 \text{ isto é, } a \equiv l \pmod{k}, \\ 0 & \text{caso contrário.} \end{cases}$$

Definição 25. $\chi(a)$ é dito um caráter do primeiro tipo se for o caráter principal; do segundo tipo se for real mas não o caráter principal (de modo que seu valor é sempre $0, 1$ ou -1, e -1 sempre ocorre); e do terceiro tipo se não for sempre real.

Exemplos: 1) O caráter dado como o primeiro exemplo depois da definição 23 é um caráter do segundo tipo.
2) Para $k = 5$, $\chi(a) = 0, 1, i, -i, -1$ para $a \equiv 0, 1, 2, 3, 4 \pmod{5}$ é um caráter do terceiro tipo.
3) Pelo Teorema 99, 1) a 5), o símbolo de Kronecker $\left(\frac{\pm k}{a}\right)$ é um caráter do segundo tipo mod k. O fato que não é o caráter principal, que segue de 5), é a coisa mais importante para as próximas aplicações na quarta parte.

3. L-Séries

De agora em diante a letra s não necessariamente representará um número inteiro.

Teorema 138. Para cada um dos h caracteres mod k a série

(71) $$\sum_{a=1}^{\infty} \frac{\chi(a)}{a^s} = L(s,\chi)$$

é absolutamente convergente para $s > 1$.

(O problema facilmente respondido sobre se estas h funções de s são, além disso, distintas é pouco importante; como um exercício o leitor poderá pensar sobre isto.)

Prova: Pela Definição 23 I) e pelo Teorema 128 temos

$$|\chi(a)| \leq 1,$$

$$\left|\frac{\chi(a)}{a^s}\right| \leq \frac{1}{a^s},$$

a partir do que o teorema segue por causa da convergência de $\sum_{a=1}^{\infty} \frac{1}{a^s}$.

Teorema 139. Se χ não for o caráter principal então temos

$$\left|\sum_{a=u}^{v} \chi(a)\right| \leq \frac{h}{2}$$

para $v \geq u \geq 1$.

Prova: Pelo Teorema 131 $\sum \chi(a)$ se anula sobre um conjunto completo de resíduos positivos. Logo podemos assumir que o número de termos de nossa soma, a saber, $v-u+1$, é $\leq k-1$. Num conjunto completo de resíduos exatamente h valores de $|\chi(a)|$ são 1, e o resto $= 0$. Se, no nosso conjunto "parcial" de resíduos, ocorrem no máximo $\frac{h}{2}$ termos para os quais $|\chi(a)| = 1$ então

$$\left|\sum_{a=u}^{v} \chi(a)\right| \leq \sum_{a=u}^{v} |\chi(a)| \leq \frac{h}{2};$$

O Teorema de Dirichlet sobre Primos numa Progressão Aritmética

se ocorrerem mais do que $\frac{h}{2}$ termos assim, então

$$|\sum_{a=u}^{v}\chi(a)| = |\sum_{a=u}^{u+k-1}\chi(a) - \sum_{a=v+1}^{u+k-1}\chi(a)| =$$

$$|\sum_{a=v+1}^{u+k-1}\chi(a)| \leq \sum_{a=v+1}^{u+k-1}|\chi(a)| < \frac{h}{2}.$$

Teorema 140. *Seja $v \geq u$, seja γ_a um número complexo arbitrário para todo $u \leq a \leq v$, e seja*

$$\sum_{a=u}^{w}\gamma_a = R(w) \qquad \text{para} \qquad u \leq w \leq v,$$

$$\max_{u \leq w \leq v}|R(w)| = \nu,$$

$$\epsilon_u \geq \epsilon_{u+1} \geq \cdots \geq \epsilon_v \geq 0.$$

Então temos

$$\sum_{a=u}^{v}|\epsilon_a\gamma_a| \leq \epsilon_u\nu.$$

Prova: Faça $R(u-1)$ denotar 0. Temos então

$$\sum_{a=u}^{v}\epsilon_a\gamma_a = \sum_{a=u}^{v}\epsilon_a(R(a) - R(a-1)) = \sum_{a=u}^{v-1}R(a)(\epsilon_a - \epsilon_{a+1}) + R(v)\epsilon_v,$$

$$\sum_{a=u}^{v}|\epsilon_a\gamma_a| \leq \nu(\sum_{a=u}^{v-1}(\epsilon_a - \epsilon_{a+1}) + \epsilon_v) = \nu\epsilon_u.$$

Teorema 141. *Se χ não for o caráter principal então a série (71) converge uniformemente para $s \geq 1$.*

Prova: Para $v \geq u \geq 1$ segue do Teorema 139 e do Teorema 140 (com $\epsilon_a = \frac{1}{a^s}$) que

(72) $$|\sum_{a=u}^{v}\frac{\chi(a)}{a^s}| \le \frac{h}{2}\frac{1}{u^s} \le \frac{h}{2u},$$

de modo que, dado $\delta > 0$,

$$|\sum_{a=u}^{v}\frac{\chi(a)}{a^s}| < \delta \quad \text{para} \quad v \ge u \ge u_0(\delta),$$

onde u_0 não depende de s.

Teorema 142. *1) A série*

(73) $$\sum_{a=1}^{\infty}\frac{\chi(a)\log a}{a^s}$$

converge absolutamente para $s > 1$ e converge uniformemente para $s > 1 + \epsilon$ para um ϵ fixo arbitrário.
2) Se $s > 1$ então

$$L'(s,\chi) = -\sum_{a=1}^{\infty}\frac{\chi(a)\log a}{a^s}.$$

Prova: 1) Para $s > 1 + \epsilon$ temos

$$|\frac{\chi(a)\log a}{a^s}| \le \frac{\log a}{a^{1+\epsilon}},$$

e

$$\sum_{a=1}^{\infty}\frac{\log a}{a^{1+\epsilon}}$$

converge.
2) Segue de (71) e 1).

Teorema 143. *Se χ não for o caráter principal então a série (73) converge uniformemente para $s \ge 1$, e para estes valores de s sua soma é $< h$ em valor absoluto.*

Prova: 1) Seja $s \ge 1$. Como

$$\frac{d}{d\xi}\frac{\log \xi}{\xi^s} = \frac{1 - s\log \xi}{\xi^{s+1}},$$

segue que $\frac{\log \xi}{\xi^s}$ é uma função decrescente para $\xi > \epsilon^{\frac{1}{s}}$ e, como $3 > e \geq e^{\frac{1}{s}}$, para $\xi \geq 3$; logo pelos Teoremas 139 e 140 temos, para $v \geq u \geq 3$,

(74) $$|\sum_{a=u}^{v} \frac{\chi(a)\log a}{a^s}| \leq \frac{h}{2}\frac{\log u}{u^s} \leq \frac{h}{2}\frac{\log u}{u},$$

e a convergência uniforme segue.

2) Para $s \geq 1$ segue de (74), fazendo $u = 3$ e $v \to \infty$, que

$$|\sum_{a=1}^{\infty} \frac{\chi(a)\log a}{a^s}| \leq \frac{\log 2}{2} + \frac{h}{2}\frac{\log 3}{3} < \frac{1}{2} + \frac{h}{2} \leq h.$$

Teorema 144. *A série*

$$\sum_{a=1}^{\infty} \frac{\chi(a)\mu(a)}{a^s}$$

converge absolutamente para $s > 1$.

Prova:

$$|\frac{\chi(a)\mu(a)}{a^s}| \leq \frac{1}{a^s}.$$

Teorema 145. *Para $s > 1$ temos*

$$L(s,\chi) \sum_{a=1}^{\infty} \frac{\chi(a)\mu(a)}{a^s} = 1$$

de modo que

$$L(s,\chi) \neq 0.$$

Prova: Da convergência absoluta de ambas as séries do lado esquerdo da fórmula a seguir, junto com o Teorema 35, temos

$$\sum_{b=1}^{\infty}\frac{\chi(b)}{b^s}\sum_{a=1}^{\infty}\frac{\chi(a)\mu(a)}{a^s}=\sum_{l=1}^{\infty}\sum_{ba=l}\frac{\chi(b)\chi(a)\mu(a)}{b^s a^s}=$$

$$\sum_{l=1}^{\infty}\frac{\chi(l)}{l^s}\sum_{a|l}\mu(a)=1.$$

Teorema 146. *Para $s > 1$ temos*

$$\prod_p (1-\frac{\chi(p)}{p^s}) = \frac{1}{L(s,\chi)}.$$

(O produto é indexado pelos valores crescentes de p.)

Prova: Para $\xi > 1$ temos

$$\prod_{p\leq\xi}(1-\frac{\chi(p)}{p^s}) = (\sum')_{a=1}^{\infty}\frac{\chi(a)\mu(a)}{a^s},$$

onde a percorre os números naturais que não são divisíveis por nenhum $p > \xi$. Entre estes ocorrem todos os números $a \leq \xi$. Logo temos

$$\prod_{p\leq\xi}(1-\frac{\chi(p)}{p^s}) = \sum_{1\leq a\leq\xi}\frac{\chi(a)\mu(a)}{a^s} + (\sum')_{a>\xi}\frac{\chi(a)\mu(a)}{a^s}.$$

Quando $\xi \to \infty$ a primeira soma à direita se aproxima de

$$\sum_{a=1}^{\infty}\frac{\chi(a)\mu(a)}{a^s} = \frac{1}{L(s,\chi)}$$

pelo Teorema 145; a segunda se aproxima de 0, já que é

$$\leq \sum_{a>xi}\frac{1}{a^s}$$

em valor absoluto.

Teorema 147. *Para $s > 1$ temos*

$$\sum_{a=1}^{\infty} \frac{\chi(a)\Lambda(a)}{a^s} = -\frac{L'(s,\chi)}{L(s,\chi)},$$

onde $\Lambda(a)$ é definido como em (5). A série à esquerda converge absolutamente.

Prova: 1) $|\chi(a)\Lambda(a)| \leq \log a$ implica a convergência absoluta da série à esquerda para $s > 1$.

2) Por (6) temos

$$\sum_{a|l} \Lambda(a) = \log l,$$

de modo que para $s > 1$ temos

$$L(s,\chi) \sum_{a=1}^{\infty} \frac{\chi(a)\Lambda(a)}{a^s} = \sum_{b=1}^{\infty} \frac{\chi(b)}{b^s} \sum_{a=1}^{\infty} \frac{\chi(a)\Lambda(a)}{a^s} = \sum_{l=1}^{\infty} \frac{\chi(l)}{l^s} \sum_{a|l} \Lambda(a) =$$

$$= \sum_{l=1}^{\infty} \frac{\chi(l)\log l}{l^s} = -L'(s,\chi)$$

pelo Teorema 142.

Teorema 148. Quando $s \to 1$ pela direita

$$-\frac{L'(s,\chi_0)}{L(s,\chi_0)} \to \infty.$$

Prova: Pelo Teorema 147 temos

$$-\frac{L'(s,\chi_0)}{L(s,\chi_0)} = \sum_{\substack{a=1 \\ (a,k)=1}}^{\infty} \frac{\Lambda(a)}{a^s} = \sum_{a=1}^{\infty} \frac{\Lambda(a)}{a^s} - \sum_{p|k} \log p \sum_{m=1}^{\infty} \frac{1}{p^{ms}} =$$

$$= \sum_{a=1}^{\infty} \frac{\Lambda(a)}{a^s} - \sum_{p|k} \frac{\log p}{p^s - 1}.$$

Quando $s \to 1$ o segundo termo se aproxima de um valor finito. Assim temos simplesmnete que mostrar que o primeiro termo se aproxima de infinito. Gostaria de dar duas provas.

1) Se o Teorema 147 for aplicado para $k = 1$ segue que o primeiro termo

$$= \frac{\sum_{a=1}^{\infty} \frac{\log a}{a^s}}{\sum_{a=1}^{\infty} \frac{1}{a^s}}.$$

Nesta fórmula o denominador se aproxima de infinito quando $s \to 1$, já que

$$\sum_{a=1}^{\infty} \frac{1}{a^s} > \int_1^{\infty} \frac{da}{a^s} = \frac{1}{s-1}.$$

Seja g um número dado > 1. Para $s > 1$ temos

$$\sum_{a=1}^{\infty} \frac{\log a}{a^s} \geq \sum_{a=g}^{\infty} \frac{\log a}{a^s} > \log g \sum_{a=g}^{\infty} \frac{1}{a^s} = \log g \left(\sum_{a=1}^{\infty} \frac{1}{a^s} - \sum_{a=1}^{g-1} \frac{1}{a^s} \right),$$

$$\frac{\sum_{a=1}^{\infty} \frac{\log a}{a^s}}{\sum_{a=1}^{\infty} \frac{1}{a^s}} > \log g \left(1 - \frac{\sum_{a=1}^{g-1} \frac{1}{a^s}}{\sum_{a=1}^{\infty} \frac{1}{a^s}} \right);$$

o lado direito é $> \frac{1}{2} \log g$ para $1 < s < 1 + \epsilon(g)$. Isto é suficiente.

2) Usamos o Teorema 114. Como $\sum_p \frac{1}{p}$ diverge, segue a fortiori que $\sum_p \frac{\log p}{p}$ diverge, e em consequência também $\sum_{a=1}^{\infty} \frac{\Lambda(a)}{a}$ diverge. Assim, para todo $\omega > 0$ existe um $b(\omega)$ correspondente para o qual

$$\sum_{a=1}^{b} \frac{\Lambda(a)}{a} > \omega.$$

Para $1 < s < 1 + \epsilon(\omega)$ temos portanto

$$\sum_{a=1}^{b} \frac{\Lambda(a)}{a^s} > \omega,$$

de modo que

$$\sum_{a=1}^{\infty} \frac{\Lambda(a)}{a^s} > \omega.$$

O Teorema de Dirichlet sobre Primos numa Progressão Aritmética 147

Teorema 149. *Para $0 < \eta < 1$ e $\nu \gtrless 0$ temos*

$$(1-\eta)^3 |1 - \eta e^{\nu i}|^4 |1 - \eta e^{2\nu i}|^2 < 1.$$

Prova: A média geométrica de três números positivos é no máximo igual à sua média aritmética; portanto, como

$$2\cos\nu + \cos 2\nu = 2\cos\nu + 2\cos^2\nu - 1 = -\frac{3}{2} + 2(\cos\nu + \frac{1}{2})^2 \geq -\frac{3}{2},$$

temos

$$|1 - \eta e^{\nu i}|^4 |1 - \eta e^{2\nu i}|^2 =$$
$$= (1 - 2\eta\cos\nu + \eta^2)(1 - 2\eta\cos\nu + \eta^2)(1 - 2\eta\cos 2\nu + \eta^2)$$
$$\leq (1 - \frac{2}{3}\eta(2\cos\nu + \cos 2\nu) + \eta^2)^3 \leq (1 + \eta + \eta^2)^3 < (\frac{1}{1-\eta})^3.$$

Teorema 150. *Para $s > 1$ temos*

$$(L(s,\chi_0))^3 |L(s,\chi)|^4 |L(s,\chi^2)|^2 \geq 1.$$

(Pelo Teorema 132, χ^2 é um caráter.)

Prova: No Teorema 149 faço

$$\chi(p) = e^{\nu i}, \qquad \frac{1}{p^s} = \eta$$

para $p \nmid k$. Isto implica

$$(1 - \frac{\chi_0(p)}{p^s})^3 |1 - \frac{\chi(p)}{p^s}|^4 |1 - \frac{\chi^2(p)}{p^s}|^2 \leq 1;$$

isto também vale se $p|k$ ($1 = 1$). A multiplicação em p, pelo Teorema 146, implica no teorema.

Teorema 151. *Para todo caráter do terceiro tipo temos*

$$L(1,\chi) \neq 0.$$

Prova: Como χ^2 não é o caráter principal (caso contrário χ seria real) segue de (72) (com $u = 1$ e $v \to \infty$) que

$$|L(s, \chi^2)| < h$$

para $s > 1$. Por outro lado, para $1 < s < 2$ temos

$$L(s, \chi_0) = \sum_{\substack{a=1 \\ (a,k)=1}}^{\infty} \frac{1}{a^s} \leq \sum_{a=1}^{\infty} \frac{1}{a^s} < 1 + \int_1^{\infty} \frac{da}{a^s} =$$

$$= 1 + \frac{1}{s-1} = \frac{s}{s-1} < \frac{2}{s-1}.$$

Logo, pelo Teorema 150, temos

$$|L(s, \chi)| \geq \frac{1}{(L(s, \chi_0))^{\frac{3}{4}}} \frac{1}{(L(s, \chi^2))^{\frac{1}{2}}} > \frac{(s-1)^{\frac{3}{4}}}{2^{\frac{3}{4}}} \frac{1}{\sqrt{h}} > \frac{(s-1)^{\frac{3}{4}}}{\frac{2}{\sqrt{h}}}.$$

Se tivéssemos

$$L(1, \chi) = 0$$

seguiria pelo Teorema 143 (como $L'(\xi, \chi)$ é contínua para $\xi \geq 1$ pelo Teorema 143) que, para $s > 1$,

$$|L(s, \chi)| = |L(s, \chi) - L(1, \chi)| = |\int_1^s L'(\xi, \chi) d\xi| < h(s-1).$$

Logo, para $1 < s < 2$ teríamos

$$(s-1)^{\frac{1}{4}} > \frac{1}{2h^{\frac{3}{2}}}.$$

Isto contudo é falso para $s = 1 + \frac{1}{h^{16}}$.

Teorema 152. Para todo caráter do segundo tipo temos

$$L(1, \chi) \neq 0.$$

Este é o mais profundo dos lemas necessários para a prova de dirichlet. Dirichlet o provou pelo método consideravelmente indireto de usar a teoria do número de classes de formas quadráticas. Incidentalmente,

$$L(1, \chi) \geq 0$$

O Teorema de Dirichlet sobre Primos numa Progressão Aritmética   149

é trivial, por causa do Teorema 146, já que $L(s,\chi) \geq 0$ para $s > 1$ e já que, pelo Teorema 141, a série é contínua para $s \geq 1$.

Prova: Consideremos a função aritmética
$$f(a) = \sum_{d|a} \chi(d).$$

Então para $l \geq 0$ temos

$$\begin{aligned} f(p^l) &= 1 + \chi(p) + \cdots + \chi(p^l) \\ &= \begin{cases} 1 + 0 + \cdots + 0 = 1 & \text{para } \chi(p) = 0, \\ 1 + 1 + \cdots + 1 \geq 1 & \text{para } \chi(p) = 1, \\ 1 - 1 + \cdots + (-1)^l = \begin{cases} 0 & \text{para } \chi(p) = -1, 2 \nmid l, \\ 1 & \text{para } \chi(p) = -1, 2 | l. \end{cases} \end{cases} \end{aligned}$$

Logo temos

(75) $$f(p^l) \geq \begin{cases} 0 & \text{sempre} \\ 1 & \text{se } 2|l. \end{cases}$$

Sejam $a_1 > 0$, $a_2 > 0$ e $(a_1, a_2) = 1$. Existe uma correspondência unívoca entre os números positivos $d|a_1 a_2$ e os produtos de números positivos $d_1 | a_1$ e números positivos $d_2 | a_2$. Temos portanto

(76) $$f(a_1 a_2) = \sum_{d | a_1 a_2} \chi(d) = \sum_{d_1 | a_1} \sum_{d_2 | a_2} \chi(d) =$$
$$\sum_{d_1 | a_1} \chi(d) \sum_{d_2 | a_2} \chi(d) = f(a_1) f(a_2).$$

De (75) e (76) segue que

(77) $$f(a) \geq \begin{cases} 0 & \text{sempre} \\ 1 & \text{se } a \text{ for quadrado perfeito.} \end{cases}$$

Façamos
$$m = (4h)^6$$
e
$$z = \sum_{n=1}^{m} 2(m-n) f(n) = \sum_{ab \leq m,\ a>0\ b>0} 2(m-ab) \chi(b)$$

para abreviar notação. Então por (77) temos

$$(78) \quad z \geq \sum_{b=1}^{\sqrt{m}} 2(m-b^2) \geq \sum_{b=1}^{\frac{1}{2}\sqrt{m}} 2(m-b^2) \geq \sum_{b=1}^{\frac{1}{2}\sqrt{m}} 2(m-\frac{m}{4}) = \frac{3}{4}m^{\frac{3}{2}} = \frac{3}{4}(4h)^9.$$

Por outro lado (e o leitor deve desenhar o triângulo curvilinear no plano ab limitado pelo ramo positivo da hipérbole $ab = m$ e as retas $a = 1$ e $b = 1$, e ainda a linha auxiliar $b = m^{\frac{3}{2}}$), segue de $ab \leq m$, $a > 0$, e $b > 0$ que ou $a \leq \sqrt[3]{m}$, $b > m^{\frac{3}{2}}$ ou $b \leq \sqrt[3]{m}$. Temos então

$$(79) \quad z = z_1 + z_2,$$

com

$$z_1 = \sum_{a=1}^{\sqrt[3]{m}} \sum_{m^{\frac{2}{3}} < b \leq \frac{m}{a}} 2(m-ab)\chi(b), \quad z_2 = \sum_{b=1}^{m^{\frac{2}{3}}} \sum_{0 < a \leq \frac{m}{b}} 2(m-ab)\chi(b).$$

Dos Teoremas 139 e 140 (com b no lugar de a, $\gamma_b = \chi(b)$, e $\epsilon_b = 2(m-ab)$ para $m^{\frac{2}{3}} < b \leq \frac{m}{a}$, $\nu \leq \frac{h}{2}$, $\epsilon_u < 2m$) segue que
(80)

$$z_1 \leq \sum_{a=1}^{\sqrt[3]{m}} |\sum_{m^{\frac{2}{3}} < b \leq \frac{m}{a}} 2(m-ab)\chi(b)| \leq \sum_{a=1}^{\sqrt[3]{m}} 2m\frac{h}{2} = m^{\frac{4}{3}}h.$$

Por outro lado,

$$z_2 = \sum_{b=1}^{m^{\frac{2}{3}}} \chi(b) \sum_{0 < a \leq \frac{m}{b}} 2(m-ab).$$

Nesta fórmula fazemos

$$\frac{m}{b} - [\frac{m}{b}] = \varsigma = \varsigma(m,b)$$

(0nde $0 \leq \varsigma < 1$) obtido

$$\sum_a (2m - 2ab) = 2m \sum_a 1 - b \sum_a 2a = 2m[\frac{m}{b}] - b[\frac{m}{b}]([\frac{m}{b}] + 1)$$

O Teorema de Dirichlet sobre Primos numa Progressão Aritmética 151

$$= 2m(\frac{m}{b} - \varsigma) - b((\frac{m}{b} - \varsigma)^2 + \frac{m}{b} - \varsigma)$$

$$= \frac{2m^2}{b} - 2m\varsigma - b(\frac{m^2}{b^2} - 2\varsigma\frac{m}{b} + \varsigma^2 + \frac{m}{b} - \varsigma) = \frac{m^2}{b} - m + b(\varsigma - \varsigma^2).$$

Logo (observando que $|\varsigma - \varsigma^2| \leq 1$) temos

$$z_2 = m^2 \sum_{b=1}^{m^{\frac{2}{3}}} \frac{\chi(b)}{b} - m \sum_{b=1}^{m^{\frac{2}{3}}} \chi(b) + \sum_{b=1}^{m^{\frac{2}{3}}} \chi(b)b(\varsigma - \varsigma^2)$$

$$\leq m^2(L(1,\chi) - \sum_{b=m^{\frac{2}{3}}+1}^{\infty} \frac{\chi(b)}{b}) + m\frac{h}{2} + m^{\frac{2}{3}} \sum_{b=1}^{m^{\frac{2}{3}}} 1,$$

de modo que por (72) (fazendo $u = m^{\frac{2}{3}} + 1$, $v \to \infty$) temos

$$z_1 < m^2 L(1,\chi) + m^2 \frac{h}{2} \frac{1}{m^{\frac{2}{3}}} + m^{\frac{4}{3}} \frac{h}{2} + m^{\frac{4}{3}} h = m^2 L(1,\chi) + m^{\frac{4}{3}} h(\frac{1}{2} + \frac{1}{2} + 1)$$

(81) $$= m^2 L(1,\chi) + 2m^{\frac{4}{3}} h.$$

De (78) até (81) segue que

$$\tfrac{3}{4}(4h)^9 \leq z < m^2 L(1,\chi) + 3m^{\frac{4}{3}} h \begin{aligned} &= m^2 L(1,\chi) + 3(4h)^8 h \\ &= m^2 L(1,\chi) + \tfrac{3}{4}(4h)^9, \end{aligned}$$

$$0 < m^2 L(1,\chi),$$

$$0 < L(1,\chi).$$

Teorema 153. Para todo caráter do segundo ou do terceiro tipo

$$\frac{L'(s,\chi)}{L(s,\chi)}$$

é limitado para $s > 1$.

(A cota pode, é claro, depender de k e de χ. Contudo, χ não precisa ser mencionado aqui, já que para cada k existem apenas $\varphi(k)$ possíveis valores para χ.)

Prova: Pelo Teorema 141 $L(s,\chi)$ é contínuo para $s \geq 1$; pelo Teorema 145 não é nunca 0 para $1 < s \leq 2$; e pelos Teoremas 151 e 152 não é nunca 0 para $s = 1$. Logo $\frac{1}{L(s,\chi)}$ é limitado para $1 \leq s \leq 2$; e para $s > 2$ o mesmo se passa, pelos Teoremas 144 e 145. Finalmente, pelo Teorema 143, $L'(s,\chi)$ é limitado para $s \geq 1$.

4. A Prova de Dirichlet

Teorema 154. Seja $(l,k) = 1$ e $l > 0$. Então para $s > 1$ temos

$$(82) \qquad -\frac{1}{h}\sum_{\chi}\frac{1}{\chi(l)}\frac{L'(s,\chi)}{L(s,\chi)} = \sum_{a \equiv l}\frac{\Lambda(a)}{a^s}.$$

(O termo à direita é somado sobre todos os números $a \equiv l \pmod{k}$ em ordem crescente — ou, é claro, em qualquer ordem arbitrária. O fato que nem todos os termos se anulam seguirá posteriormente do Teorema 155 e é, no momento, irrelevante.)

Prova: Pelos Teoremas 147 e 137 temos

$$-\sum_{\chi}\frac{1}{\chi(l)}\frac{L'(s,\chi)}{L(s,\chi)} = \sum_{\chi}\frac{1}{\chi(l)}\sum_{a=1}^{\infty}\frac{\chi(a)\Lambda(a)}{a^s} =$$

$$= \sum_{a=1}^{\infty}\frac{\chi(a)}{a^s}\sum_{\chi}\frac{1}{\chi(l)}\chi(a) = \sum_{a \equiv l}\frac{\Lambda(a)}{a^s}h.$$

Teorema 155. Seja $(l,k) = 1$. Então existem infinitos primos $p \equiv l \pmod{k}$.

Prova: Sem perda de generalidade, seja $l > 0$. Quando $s \to 1$ o lado direito de (82) (que é, por (82), eo ipso real) tende para ∞; porque o termo da soma que envolve χ_0 tende para $-\infty$, pelo Teorema 148, e os outros $h-1$ termos permanecem limitados pelo Teorema 153. Logo temos

$$\sum_{p \equiv l}\frac{\log p}{p^s} + \sum_{\substack{p,m \ m>1 \ p^m \equiv l}}\frac{\log p}{p^{ms}} = \sum_{a \equiv l}\frac{\Lambda(a)}{a^s} \to \infty.$$

A soma para $m > 1$ fica limitada, já que

$$\sum_{a=2}^{\infty}\frac{2\log a}{a^2} > \sum_{a=2}^{\infty}\frac{\log a}{a(a-1)} \geq \sum_{p}\frac{\log p}{p(p-1)} = \sum_{p,m\ m>1}\frac{\log p}{p^m} > \sum_{p,m\ m>1}\frac{\log p}{p^{ms}}$$

$$\geq \sum_{p,m\ m>1\ p^m\equiv l}\frac{\log p}{p^{ms}} \quad (s>1).$$

Logo temos

$$\sum_{p\equiv l}\frac{\log p}{p^s} \to \infty.$$

Segue que esta soma nem pode ser vazia nem conter só um número finito de termos.

Parte III

Decomposição em Dois, Três e Quatro Quadrados

Introdução

Estas investigações de fato pertencem à parte da Teoria de Números mais elementar. Só agora trato delas, porque em certo momento pretendo aplicar o Teorema de Dirichlet sobre Progressões Aritméticas. A parte três responderá as questões ($n > 0$):

1) Quando n pode ser escrito como soma de dois quadrados?
Resposta (Teorema 164): Se e só se n não tem fator primo $p \equiv 3$ (mod 4) ocorrendo com multiplicidade ímpar.

2) Quando for o caso, quantas soluções tem a equação diofantina
$$n = x^2 + y^2?$$
Resposta (Teorema 163): O número de soluções (e isto se passa mesmo no caso de não solubilidade) é quatro vezes a diferença entre o número de divisores positivos $d|n$ da forma $d \equiv 3$ (mod 4) e o número de divisores positivos $d|n$ da forma $d \equiv 1$ (mod 4).

3) Quando n pode ser escrito como soma de três quadrados?
Resposta (Teoremas 186 e 187): Se e só se n não for da forma $4^a(8b+7)$, onde $a \geq 0$ e $b \geq 0$.
(Não pergunto de quantas maneiras isto pode ser feito; este difícil problema, embora tendo solução, iria nos tirar muito do nosso caminho.)

4) Quando n pode ser escrito como soma de quatro quadrados?
Resposta (Teorema 169): Sempre.

5) Quantas soluções tem a equação diofantina
$$n = x_1^2 + x_2^2 + x_3^2 + x_4^2?$$

Resposta (Teorema 172): Se n for ímpar oito vezes a soma de divisores positivos de n; se n for par 24 vezes a soma de divisores positivos de n.

A questão que se põe imediatamente em conseqüência de 4), sobre se um número finito de parcelas (dependendo apenas de k) sempre basta para representar inteiros ≥ 0 em somas de terceiras, quartas, e outras k potências (a qualificação ≥ 0 é desnecessária se k for par), irá constituir um dos assuntos da sexta parte de Vorlesungen über Zahlentheorie e é uma das mais importantes que eu tenho a discutir com meus leitores; não apenas ela será respondida afirmativamente (pelo Teorema de Hilbert), como teremos muito mais matéria a comentar sobre o assunto (Teorema de Hardy-Littlewood).

Capítulo 11

Frações de Farey

Este assunto, que é velho de mais de um século[1], mostrou-se recentemente ser de extraordinária utilidade no desenvolvimento da aritmética. O leitor encontrará suas aplicações principais nas partes quinta e sexta de Vorlesungen über Zahlentheorie.

Definição 26. Para um número fixo $n > 0$, sejam todas as frações reduzidas com denominadores positivos $\leq n$, ou seja, todos os racionais

$$\frac{a}{b}, \quad (a,b) = 1, \quad 0 < b \leq n,$$

arranjadas em ordem crescente; a sequência assim obtida é dita a sequência de Farey pertencente a n.

Incidentalmente, existem exatamente $\sum_{b=1}^{n} \varphi(b)$ frações assim em cada intervalo $g \leq \xi < g + 1$ (pois para b fixo os valores de a que resultam de $g \leq \frac{a}{b} < g + 1$ constituem um conjunto de resíduos reduzido mod b no intervalo $gb \leq a < gb + b$); como a sequência de Farey é afinal transformada em si própria por translação por 1, nós a conhecemos completamente se restringirmos simplesmente ao intervalo $0 \leq \xi \leq 1$. Isto, contudo, não me importa no momento.

Exemplo: A seção da sequência de Farey pertencente a $n = 7$ que está no intervalo $0 \leq \xi \leq 1$ é

$$\frac{0}{1}, \frac{1}{7}, \frac{1}{6}, \frac{1}{5}, \frac{1}{4}, \frac{2}{7}, \frac{1}{3}, \frac{2}{5}, \frac{3}{7}, \frac{1}{2}, \frac{4}{7}, \frac{3}{5}, \frac{2}{3}, \frac{5}{7}, \frac{3}{4}, \frac{4}{5}, \frac{5}{6}, \frac{6}{7}, \frac{1}{1}.$$

---

[1]* Escrito em 1947.

Teorema 156. Sejam $\frac{a}{b}$ e $\frac{a'}{b'}$ dois termos sucessivos da sequência de Farey pertencente a n. Então em primeiro lugar temos

$$b + b' \geq n + 1,$$

e, além disso, temos

$$ba' - ab' = \pm 1 \qquad dependendo\ se\ \frac{a}{b} \gtrless \frac{a'}{b'}.$$

Prova: Por simetria podemos supor

$$\frac{a}{b} < \frac{a'}{b'}.$$

Pelo Teorema 68 podemos determinar números x e y correspondendo a a e a b para os quais

(83) $$bx - ay = 1, \qquad n - b < y \leq n;$$

pois temos $(b, -a) = 1$ e $b > 0$, de modo que existe um número y no conjunto completo de resíduos mod b indicado acima e então um x apropriado correspondente a y. Então temos

$$y > 0, \qquad (x, y) = 1, \qquad \frac{x}{y} = \frac{a}{b} + \frac{1}{by} > \frac{a}{b}.$$

Se puder mostrar que

$$\frac{x}{y} = \frac{a'}{b'}$$

então terei provado. Porque então

$$b'x = a'y, \qquad y|b', \qquad b'|y,$$

$$b' = y, \qquad a' = x,$$

e portanto, por (83),

$$ba' - ab' = 1, \qquad b + b' \geq n.$$

Suponha que

$$\frac{x}{y} \neq \frac{a'}{b'}.$$

Então, como $\frac{a'}{b'}$ é vizinho da direita de $\frac{a}{b}$ e como $\frac{x}{y}$ também pertence à sequência de Farey porque $(x,y) = 1$ e $0 < y \leq n$, seguiria que

$$\frac{x}{y} > \frac{a'}{b'},$$

de modo que na fórmula

$$\frac{x}{y} - \frac{a'}{b'} = \frac{xb' - ya'}{yb'}$$

o numerador à direita seria > 0 e logo ≥ 1. Teríamos com isso

$$\frac{x}{y} - \frac{a'}{b'} \geq \frac{1}{yb'}.$$

Da mesma forma (como $\frac{a'}{b'} > \frac{a}{b}$) teríamos

$$\frac{a'}{b'} - \frac{a}{b} = \frac{ba' - ab'}{bb'} \geq \frac{1}{bb'}.$$

Somando e usando (83) e o fato que $b' \leq n$ obteríamos

$$\frac{1}{by} = \frac{bx - ay}{by} = \frac{x}{y} - \frac{a}{b} \geq \frac{1}{yb'} + \frac{1}{bb'} = \frac{b+y}{ybb'} > \frac{n}{ybb'} \geq \frac{1}{by},$$

o que é uma contradição.

Definição 27. Se $\frac{a}{b}$ e $\frac{a'}{b'}$ forem dois termos sucessivos da sequência de Farey pertencente a n então $\frac{a+a'}{b+b'}$ é dito sua mediante.

Teorema 157. A mediante $\frac{a+a'}{b+b'}$ está entre $\frac{a}{b}$ e $\frac{a'}{b'}$ (e logo certamente não é um termo da sequência de Farey); sua distância de $\frac{a}{b}$ e $\frac{a'}{b'}$ é $\frac{1}{b(b+b')}$ e $\frac{1}{b'(b+b')}$, respectivamente.

Prova: Sem perda de generalidade, seja $ab < \frac{a'}{b'}$; então pelo Teorema 156 temos

$$\frac{a'}{b'} - \frac{a+a'}{b+b'} = \frac{ba' - ab'}{b'(b+b')} = \frac{1}{b'(b+b')} > 0,$$

$$\frac{a+a'}{b+b'} - \frac{a}{b} = \frac{ba' - ab'}{b(b+b')} = \frac{1}{b(b+b')} > 0.$$

Teorema 158. *Dado qualquer número $n > 0$ e qualquer real ξ existe uma fração $\frac{a}{b}$ para a qual*

$$(a,b) = 1, \qquad 0 < b, \leq n, \qquad |\xi - \frac{a}{b}| \leq \frac{1}{b(n+1)}.$$

Prova: Se considerarmos todas as frações de Farey pertencentes a n e as mediantes de cada par então ξ está certamente contido em pelo menos um intervalo entre uma fração de Farey $\frac{a}{b}$ (inclusive) e uma das duas mediantes $\frac{a+a'}{b+b'}$ (inclusive) que pertencem a ela. Assim, pelos Teoremas 156 e 157 temos

$$|\xi - \frac{a}{b}| \leq |\frac{a+a'}{b+b'} - \frac{a}{b}| = \frac{1}{b(b+b')} \leq \frac{1}{b(n+1)}.$$

Teorema 159. *Dado $\eta \geq 1$ e $\xi \gtrless 0$ existe uma fração $\frac{a}{b}$ para a qual*

$$(a,b) = 1, \qquad 0 < b, \leq \eta, \qquad |\xi - \frac{a}{b}| \leq \frac{1}{b\eta}.$$

Prova: Teorema 158 com $n = [\eta]$.

Capítulo 12

Decomposições em Dois Quadrados

As letras n, n_1, n_2, d, d_1 e d_2 neste capítulo sempre representarão números positivos.

Teorema 160. *Se*
$$n > 1, \qquad l^2 \equiv -1 \pmod{n},$$
então

(84) $\quad n = x^2 + y^2, \qquad x > 0, \qquad y > 0, \qquad (x,y) = 1, \qquad y \equiv lx \pmod{n}$

é sempre solúvel, e a solução é única.

Prova:(Solubilidade) Pelo Teorema 159 (com $\eta = \sqrt{n}$, $\xi = -\frac{l}{n}$), correspondendo ao n e l dados existem dois números a e b para os quais
$$(a,b) = 1, \qquad 0 < b, \leq \sqrt{n}, \qquad \left| -\frac{l}{n} - \frac{a}{b} \right| \leq \frac{1}{b\sqrt{n}}.$$

Se fizermos
$$lb + na = c,$$
então segue que
$$c \equiv lb \pmod{n}, \qquad |c| < \sqrt{n},$$
de modo que
$$0 < b^2 + c^2 < 2n.$$

Como

$$b^2 + c^2 \equiv b^2 + l^2b^2 \equiv (1+l^2)b^2 \equiv 0 \pmod{n},$$

segue que

$$b^2 + c^2 = n.$$

Além disso temos $(b,c) = 1$; *pois de*

$$n = b^2 + (lb + na)^2 = (1+l^2)b^2 + 2lnba + n^2a^2$$

segue que

$$1 = \frac{1+l^2}{n}b^2 + lba + lba + na^2 = ub + a(lb + na) = ub + ac.$$

$c \neq 0$; *pois caso contrário teríamos* $b^2 = n > 1$ *e* $(b,c) > 1$.
No caso $c > 0$ *a escolha*

$$x = b, \qquad y = c$$

resolve o problema.
No caso $c < 0$ *a escolha*

$$x = -c, \qquad y = b$$

faz isso. Pois,

$$n = (-c)^2 + b^2, \quad -c > 0, \quad b > 0, \quad (-c, b) = 1,$$
$$b \equiv -l^2b \equiv -lc \equiv l(-c) \pmod{n}.$$

2) *(Unicidade) Sejam* x_1, y_1 *e* x_2, y_2 *satisfazendo as condições em (84).*
Então temos

$$n^2 = (x_1^2 + y_1^2)(x_2^2 + y_2^2) = (x_1x_2 + y_1y_2)^2 + (x_1y_2 - y_1x_2)^2,$$

$$x_1x_2 + y_1y_2 \equiv x_1x_2 + lx_1lx_2 \equiv (1+l^2)x_1x_2 \equiv 0 \pmod{n},$$

de modo que, como $x_1x_2 + y_1y_2 > 0$, *temos*

$$x_1x_2 + y_1y_2 = n, \qquad x_1y_2 - y_1x_2 = 0,$$

$$x_1n = x_1(x_1x_2 + y_1y_2) - y_1(x_1y_2 - y_1x_2) = x_2(x_1^2 + y_1^2) = x_2n,$$

$$x_1 = x_2,$$

$$y_1 = y_2.$$

Teorema 161. *Seja $V(n)$ o número de soluções de*

(85) $$l^2 \equiv -1 \pmod{n}.$$

Então o número de soluções de

(86) $$n = x^2 + y^2, \qquad (x,y) = 1,$$

é $4V(n)$.

Observação: O valor de $V(n)$ foi determinado no Teorema 88 (o n daquele teorema é $= -1$ aqui e o m daquele teorema é n aqui):

$$V(n) = \begin{cases} 0 & \text{se } 4|n \text{ ou se um primo } p \equiv 3 \pmod 4 \text{ divide } n, \\ 2^s & \text{se } 4 \nmid n, \text{ nenhum primo } p \equiv 3 \pmod 4 \text{ divide } n, \\ & \text{e } s \text{ é o número de primos ímpares distintos } p|n. \end{cases}$$

Prova: 1) Para $n = 1$ o enunciado é trivial; temos

$$V(1) = 1,$$

e as quatro decomposições são

$$1 = (\pm 1)^2 + 0^2 = 0^2 + (\pm 1)^2.$$

2) Para $n > 1$ temos necessariamente $x \neq 0$ e $y \neq 0$ (uma vez que $(x,y) = 1$), e portanto o número de soluções de (86) deve ser quatro vezes o número de soluções com as condições suplementares $x > 0$ e $y > 0$. Segue do Teorema 160 que para cada l satisfazendo (85) existe uma solução de (86) para a qual

$$x > 0, \qquad y > 0, \qquad \text{e} \qquad y \equiv lx \pmod n.$$

Reciprocamente, cada solução de (86) para a qual $x > 0$ e $y > 0$ fornece exatamente um $l \pmod n$ satisfazendo (85) para o qual

(87) $$y \equiv lx \pmod n.$$

Pois como $(x,y) = 1$ temos $(x,n) = 1$, e portanto (87) é unicamente solúvel para $l \pmod n$, de modo que

$$0 \equiv n \equiv x^2 + y^2 \equiv x^2 + l^2 x^2 \equiv (1+l)^2 x^2 \pmod n,$$

$$0 \equiv 1 + l^2 \pmod{n}.$$

Teorema 162. *O número $U(n)$ de soluções de*

(88) $$n = x^2 + y^2$$

é dado pela fórmula

$$U(n) = 4 \sum_{d^2 | n} V(\frac{n}{d^2}).$$

(Ou seja, d percorre todos os números positivos cujos quadrados dividem n).

Prova: Se os pares x, y forem classificados de acordo com os valores de $(x, y) = d$, onde $d^2 | n$, então claramente nosso teorema segue do Teorema 161, uma vez que para $(x, y) = d$ (88) é equivalente à afirmação

$$\frac{n}{d^2} = x_1^2 + y_1^2, \qquad x_1 = \frac{x}{d}, \qquad y_1 = \frac{y}{d}, \qquad (x_1, y_1) = 1.$$

Teorema 163

(89) $$U(n) = 4 \sum_{d | n} \chi(d),$$

onde $\chi(d)$ é o caráter não principal mod 4 (ver Parte Dois, Capítulo 10, parágrafo 2), isto é,

$$\chi(d) = \begin{cases} 0 & \text{para } d \equiv 0 \pmod{2}, \\ 1 & \text{para } d \equiv 1 \pmod{4}, \\ -1 & \text{para } d \equiv 3 \pmod{4}, \end{cases}$$

Escrito de outra forma,

$$U(n) = 4 \sum_{u | n,\ u \text{ ímpa}} (-1)^{\frac{u-1}{2}}.$$

Observação: Assim este teorema justifica o enunciado da resposta à segunda das questões da introdução.

Prova: Se $(n_1, n_2) = 1$ então pelo Teorema 71 temos

$$V(n_1 n_2) = V(n_1)V(n_2),$$

de modo que pelo Teorema 162 temos

$$\frac{U(n_1 n_2)}{4} = \sum_{d^2 | n_1 n_2} V(\frac{n_1 n_2}{d^2}) =$$

$$= \sum_{d_1^2 | n_1 \, d_2^2 | n_2} V(\frac{n_1}{d_1^2} \frac{n_2}{d_2^2}) =$$

$$= \sum_{d_1^2 | n_1 \, d_2^2 | n_2} V(\frac{n_1}{d_1^2}) V(\frac{n_2}{d_2^2})$$

(já que os números d para os quais $d^2 | n_1 n_2$ estão em correspondência unívoca com os produtos $d_1 d_2$ para os quais $d_1^2 | n_1$ e $d_2^2 | n_2$)

(90) $\qquad = \sum_{d_1^2 | n_1} V(\frac{n_1}{d_1^2}) \sum_{d_2^2 | n_2} V(\frac{n_2}{d_2^2}) = \frac{U(n_1)}{4} \frac{U(n_2)}{4}.$

Fazendo

$$\sum_{d | n} \chi(d) = W(n),$$

então $W(n)$ tem também a propriedade que

$$W(n_1 n_2) = W(n_1)W(n_2), \qquad \text{para} \qquad (n_1, n_2) = 1;$$

pois

$$\sum_{d | n_1 n_2} \chi(d) = \sum_{d_1^2 | n_1 \, d_2^2 | n_2} \chi(d_1 d_2) = \sum_{d_1 | n_1} \chi(d_1) \sum_{d_2 | n_2} \chi(d_2).$$

Basta portanto, já que (89) é óbvio para $n = 1$ ($4 = 4.1$), provar (89) para $n = p^l$, $l > 0$, quando então o enunciado fica

$$\frac{U(p^l)}{4} = \chi(p^l) + \cdots + \chi(p) + 1.$$

De fato temos que $V(1) = 1$, e pelo Teorema 87 (o valor de n lá sendo -1 aqui), ou então pela observação do Teorema 161, temos também

$$V(p^m) = \begin{cases} 1 & \text{para } p=2,\ m=1, \\ 0 & \text{para } p=2,\ m>1, \\ 0 & \text{para } p \equiv 3 \pmod{4},\ m>0, \\ 2 & \text{para } p \equiv 1 \pmod{4},\ m>0. \end{cases}$$

Segue do Teorema 162 que, para l par

(91)
$$\frac{U(p^l)}{4} = V(p^l) + V(p^{l-2}) + \cdots + V(p^2) + 1 =$$
$$\begin{cases} 1 & \text{para } p=2, \\ \frac{l}{2}2 + 1 = l+1 & \text{para } p \equiv 1 \pmod{4}, \\ 1 & \text{para } p \equiv 3 \pmod{4}, \end{cases}$$

e que, para l ímpar

(92)
$$\frac{U(p^l)}{4} = V(p^l) + V(p^{l-2}) + \cdots + V(p^2) + 1 =$$
$$= \begin{cases} 1 & \text{para } p=2, \\ 2\frac{l+1}{2}2 + 1 = l+1 & \text{para } p \equiv 1 \pmod{4}, \\ 0 & \text{para } p \equiv 3 \pmod{4}; \end{cases}$$

por outro lado, segue da definição que

$$\chi(p^l) + \cdots + \chi(p) + 1 =$$
$$= \begin{cases} 0 + \cdots + 0 + 1 = 1 & \text{para } p=2, \\ 1 + \cdots + 1 + 1 = l+1 & \text{para } p \equiv 1 \pmod{4}, \\ 1 - 1 + \cdots + 1 = 1 & \text{para } p \equiv 3 \pmod{4}, 2\text{---}l, \\ 1 + 1 - \cdots + 1 = 0 & \text{para } p \equiv 3 \pmod{4}, 2 \nmid l. \end{cases}$$

(Estou plenamente consciente de ter repetido vários cálculos que ocorreram no começo da prova do Teorema 152.)

Teorema 164

$$\frac{U(n)}{4} = \begin{cases} 0 & \text{se existir um primo } p \equiv 3 \pmod{4} \text{ que divide } n \text{ com multiplicidade ímpar (precisamente),} \\ T(m) & \text{caso contrário, onde } m \text{ é o produto das potências de primos } p|n \text{ da forma } p \equiv 1 \pmod{4} \text{ ocorrendo na decomposição canônica de } n. \end{cases}$$

Prova: Para $n=1$ a afirmação é óbvia ($1=1$). Para $(n_1, n_2) = 1$ a equação

$$F(n_1 n_2) = F(n_1) F(n_2)$$

vale para $\frac{U(n)}{4}$ (por (90)) como também (obviamente) para o lado direito da afirmação a ser provada. É portanto suficiente provar a afirmação para $n = p^l$, $l > 0$. Neste caso segue de (91) e (92) que de fato temos

$$\frac{U(n)}{4} = \begin{cases} 1 = T(1) & \text{para } p = 2, \\ l+1 = T(p^l) & \text{para } p \equiv 1 \ (mod \ 4), \\ 1 = T(1) & \text{para } p \equiv 3 \ (mod \ 4), \ 2|l, \\ 0 = 0 & \text{para } p \equiv 3 \ (mod \ 4), \ 2 \nmid l. \end{cases}$$

Teorema 165 *Todo primo $p \equiv 1$ (mod 4) pode ser escrito como uma soma de dois quadrados e, além disso, isso pode ser escrito de oito maneiras.*

Prova: Do Teorema 163 ou do Teorema 164 $U(p) = 4.2 = 8$. (Mesmo o Teorema 161 basta, já que $V(p) = 2$ e na equação $p = x^2 + y^2$ certamente temos $(x,y) = 1$.)

$p \equiv 1$ (mod 4) pode ser escrito "essencialmente" de uma única maneira como uma soma de dois quadrados, pois as oito representações podem ser obtidas de qualquer uma delas trocando os sinais de x e de y e trocando as parcelas. Enunciado precisamente,

$$p = x^2 + y^2, \quad x > 0, \quad y > 0, \quad 2|x$$

tem exatamente uma solução para $p \equiv 1$ (mod 4).

Capítulo 13

Decomposição em Quatro Quadrados

Introdução

Considero a equação diofantina
$$n = x_1^2 + x_2^2 + x_3^2 + x_4^2$$
antes da equação
$$n = x_1^2 + x_2^2 + x_3^2$$
porque a prova da solubilidade da primeira equação, bem como a determinação do número de suas raízes, é mais fácil de se resolver do que o problema da solubilidade da segunda equação, que é apresentado no capítulo 14.

1. O Teorema de Lagrange

A prova a seguir poderia ter sido algo abreviada se fizéssemos uso dos teoremas já apresentados sobre resíduos quadráticos e sobre decomposição em dois quadrados. Contudo, a apresentação de uma prova direta, tão breve quanto possível, parece-me ser de interesse.

Teorema 166 (Identidade de Euler)

(93) $\begin{aligned}&(x_1^2 + x_2^2 + x_3^2 + x_4^2)(y_1^2 + y_2^2 + y_3^2 + y_4^2) = \\ &(x_1y_1 + x_2y_2 + x_3y_3 + x_4y_4)^2 + (x_1y_2 - x_2y_1 + x_3y_4 - x_4y_3)^2 + \\ &(x_1y_3 - x_3y_1 + x_4y_2 - x_2y_4)^2 + (x_1y_4 - x_4y_1 + x_2y_3 - x_3y_2)^2.\end{aligned}$

(Só usaremos (93) no caso em que $x_1, \ldots, y_4$ forem inteiros; mas a identidade vale para números complexos arbitrários.) Prova: Vamos conferir as contas. À esquerda, depois de efetuada a multiplicação, temos dezesseis expressões da forma $x_a^2 y_b^2$ ($a = 1, \ldots, 4; b = 1, \ldots, 4$). Estes termos também aparecem à direita, entre outros termos, pois entre os quatro parênteses à direita cada x_a é combinado com cada y_b com um coeficiente ± 1. Os outros vinte e quatro termos à direita, que são todos da forma $\pm 2x_a y_b x_c y_d$, $a < b$, $c < d$, se cancelam mutuamente; pois à direita o coeficiente de

$$2x_1 x_2 \quad \text{é} \quad y_1 y_2 - y_1 y_2 - y_3 y_4 + y_3 y_4 = 0,$$

$$2x_1 x_3 \quad \text{é} \quad y_1 y_3 + y_2 y_4 - y_1 y_3 - y_2 y_4 = 0,$$

$$2x_1 x_4 \quad \text{é} \quad y_1 y_4 - y_2 y_3 + y_2 y_3 - y_1 y_4 = 0,$$

$$2x_2 x_3 \quad \text{é} \quad y_2 y_3 - y_1 y_4 + y_1 y_4 - y_2 y_3 = 0,$$

$$2x_2 x_4 \quad \text{é} \quad y_2 y_4 + y_1 y_3 - y_2 y_4 - y_1 y_3 = 0,$$

$$2x_3 x_4 \quad \text{é} \quad y_3 y_4 - y_3 y_4 - y_1 y_2 + y_1 y_2 = 0.$$

Teorema 167. *Para todo $p > 2$ existe um m para o qual*

$$1 \leq m < p$$

e

$$mp = x_1^2 + x_2^2 + x_3^2 + x_4^2$$

é solúvel.

Observação: Sem a condição $m < p$ isto seria trivial

$$pp = p^2 + 0^2 + 0^2 + 0^2;$$

mas seria também inútil.

Prova: Os $\frac{p+1}{2}$ números x^2, $0 \leq x \leq \frac{p-1}{2}$, são mutuamente incongruentes (mod p) (pois de $x_1^2 \equiv x_2^2$ seguiria que

$$p | (x_1 - x_2)(x_1 + x_2) \quad \text{e} \quad x_1 \equiv \pm x_2 \pmod{p});$$

Decomposição em Quatro Quadrados

o mesmo se passa com os $\frac{p+1}{2}$ números $-1-y^2$, $0 \leq y \leq \frac{p-1}{2}$. Portanto, como estes totalizam $p+1$ números, e como existem apenas p classes residuais mod p, segue (princípio da casa de pombo, ou dos escaninhos!) que existe um par x,y para o qual

$$x^2 \equiv -1 - y^2 \pmod{p}, \qquad |x| < \frac{p}{2}, \qquad |y| < \frac{p}{2}.$$

Temos então

$$x^2 + y^2 + 1^2 + 0^2 = mp, \qquad 0 < mp < \frac{p^2}{4} + \frac{p^2}{4} + 1 = \frac{p^2}{2} + 1 < p^2.$$

(A redução no tamanho da prova mencionada acima — que é bem modesta — seria como se segue: para $p \equiv 1 \pmod 4$ já sabemos, pelo Teorema 165, que

$$1.p = x_1^2 + x_2^2 + 0^2 + 0^2.$$

Para $p \equiv 3 \pmod 4$ segue do Teorema 79 que no intervalo $1 \leq a \leq p-1$ existe tanto um resíduo quadrático quanto um não resíduo quadrático mod p. Como 1 é um resíduo quadrático deve existir algum a para o qual

$$\left(\frac{a}{p}\right) = 1, \qquad \left(\frac{a+1}{p}\right) = -1.$$

Temos então $\left(\frac{-a-1}{p}\right) = 1$ pelo Teorema 83, de modo que $a \equiv x^2$ e $-a-1 \equiv y^2 \pmod p$ para x e y apropriados com $|x| < \frac{p}{2}$ e $|y| < \frac{p}{2}$. Segue que

$$x^2 + y^2 + 1 \equiv 0 \pmod{p}, \qquad |x| < \frac{p}{2}, \qquad |y| < \frac{p}{2}.$$

O leitor pode objetar que a prova foi reduzida de um fator negativo; ele estará correto; mas no que me toca, ela serve para enfatizar que o Teorema 168 a seguir já foi provado neste livro no caso $p \equiv 1 \pmod 4$.)

Teorema 168. *Para todo primo p*

$$p = x_1^2 + x_2^2 + x_3^2 + x_4^2$$

é solúvel.

Prova: Para $p = 2$ isto é óbvio ($2 = 1^2 + 1^2 + 0^2 + 0^2$); portanto, seja $p > 2$.

Seja $m = m(p)$ o menor número positivo para o qual

(94) $$mp = x_1^2 + x_2^2 + x_3^2 + x_4^2$$

é solúvel. Pelo Teorema 167, $m < p$. Afirmamos que

$$m = 1.$$

De qualquer maneira, m é ímpar; caso contrário seguiria de (94) que

$$x_1 + x_2 + x_3 + x_4 \equiv 0 \pmod{2},$$

de modo que, sem perda de genealidade,

$$x_1 + x_2 \equiv 0, \qquad x_3 + x_4 \equiv 0 \pmod{2}$$

(isto é, se os x_k fossem todos ímpares ou todos pares, isto seria certamente verdade; se dois fossem pares e dois ímpares, será verdade depois de uma renumeração apropriada), e portanto

$$\frac{m}{2}p = \left(\frac{x_1 + x_2}{2}\right)^2 + \left(\frac{x_1 - x_2}{2}\right)^2 + \left(\frac{x_3 + x_4}{2}\right)^2 + \left(\frac{x_3 - x_4}{2}\right)^2,$$

onde os quatro termos entre parênteses à direita serão inteiros, em contradição com a minimalidade de m.

O Teorema 168 será agora provado indiretamente. Suponhamos que m seja > 1, e logo ímpar e ≥ 3.

Sejam y_k escolhidos, para $k = 1, 2, 3$ e 4 de tal maneira que

$$y_k \equiv x_k \pmod{m}, \qquad |y_k| < \frac{m}{2}.$$

(Isto pode ser feito, já que $-\frac{m-1}{2} \leq y \leq \frac{m-1}{2}$ é um conjunto completo de resíduos.) Então temos

$$\sum_k y_k^2 \equiv \sum_k x_k^2 \equiv mp \equiv 0 \pmod{m},$$

(95) $$\sum_k y_k^2 = mn.$$

Nesta fórmula devemos ter $n > 0$; caso contrário teríamos

$$y_k = 0, \quad m|x_k \quad \text{para cada } k, \quad m^2|\sum_k x_k^2, \quad m^2|mp, \quad m|p,$$

em contradição com $1 < m < p$. Além disso temos $n < m$, pois por (95)

$$mn < 4\frac{m^2}{4} = m^2.$$

De (94) e (95) segue, por (93), que

(96) $\qquad\qquad m^2 np = $ o lado direito de (93).

Cada termo entre parênteses à direita de (93) é $\equiv 0 \pmod{m}$. Pois o primeiro é

$$\sum_k x_k y_k \equiv \sum_k x_k^2 \equiv 0 \pmod{m},$$

e para os outros três termos simplesmente observamos, duas vezes para cada termo, que

$$x_k y_l - x_l y_k \equiv x_k x_l - x_l x_k \equiv 0 \pmod{m}.$$

De (96) segue portanto que

$$np = z_1^2 + z_2^2 + z_3^2 + z_4^2,$$

o que, como $0 < n < m$, contradiz a minimalidade de m.

Teorema 169. *(O Teorema de Lagrange)* A equação diofantina

(97) $\qquad\qquad n = x_1^2 + x_2^2 + x_3^2 + x_4^2$

é solúvel para todo $n \geq 0$.

Prova: Para $n = 0$ e $n = 1$ isto é óbvio; portanto seja $n > 1$. Pelo Teorema 166 segue que o enunciado é verdadeiro para $n_1 n_2$ sempre que o for para n_1 e n_2; pois se $x_1, \ldots, y_4$ são inteiros então cada um dos termos entre parênteses à direita de (93) é inteiro. Como $n = p_1 p_2 \ldots p_v$ tudo segue do Teorema 168.

2. Determinação do Número de Soluções

Como o número de soluções de (97) é obviamente 1 para $n = 0$, podemos assumir $n > 0$. Seja $Q(n)$ o o número de soluções de (97). O fato de sabermos já que $Q(n)$ é > 0, pelo primeiro parágrafo, é irrelevante; não faremos uso do primeiro parágrafo, mas de fato usaremos o capítulo 12 (sobre o número de decomposições em dois quadrados).

Na presente secção os símbolos $u, u_1, u_2, u_3, u_4, l, m, a, \alpha, b, \beta, a_1, \alpha_1, b_1$ e β_1 denotarão números ímpares positivos.

Teorema 170. Seja $A(u)$ o número de soluções de

$$(98) \qquad 4u = u_1^2 + u_2^2 + u_3^2 + u_4^2,$$

e (como no capítulo 4 da primeira parte) seja $S(u) = \sum_{d|u} d$. Temos então

$$A(u) = S(u).$$

Exemplo: Para $p > 2$ o teorema afirma que

$$4p = u_1^2 + u_2^2 + u_3^2 + u_4^2$$

tem exatamente $p+1$ soluções. Por exemplo, para $p = 3$ as quatro soluções são

$$12 = 3^2 + 1^2 + 1^2 + 1^2 = 1^2 + 3^2 + 1^2 + 1^2 = 1^2 + 1^2 + 3^2 + 1^2 = 1^2 + 1^2 + 1^2 + 3^2.$$

Prova: Obtemos todas as soluções de (98) ao decompor $4u$ em $2l + 2m$ de todas as maneiras possíveis, e então resolver

$$2l = u_1^2 + u_2^2, \qquad 2m = u_3^2 + u_4^2.$$

(Pois $u_1^2 + u_2^2 \equiv u_3^2 + u_4^2 \equiv 2 \pmod{4}$.)

Se v for ímpar então na equação $2v = x^2 + y^2$ x e y devem eo ipso ser ímpares, de modo que o número de soluções desta equação é igual a quatro vezes o número de soluções nas quais x e y são ímpares e positivos; segue portanto do Teorema 163 que

$$A(u) = \sum_{l+m=2u} \frac{U(2l)}{4} \frac{U(2m)}{4} = \sum_{l+m=2u} \sum_{a|2l} \chi(a) \sum_{b|2m} \chi(b) =$$

Decomposição em Quatro Quadrados

$$= \sum_{l+m=2u} \sum_{a|l} \chi(a) \sum_{b|m} \chi(b) = \sum_{l+m=2u} \sum_{a|l\ b|m} \chi(ab) = \sum_{a\alpha+b\beta=2u} \chi(ab).$$

Ou seja, o último termo é somado sobre todas as quádruplas (de ímpares positivos) a, α, b, β para os quais $a\alpha + b\beta = 2u$.

Primeiro contamos a contribuição das quádruplas nas quais $a = b$. Neste caso $a|u$; a equação

$$2\frac{u}{a} = \alpha + \beta$$

claramente tem $\frac{u}{a}$ soluções ($a = 1, 3, \ldots, 2ua - 1$ e o β determinado a partir daí); como $\chi(a\alpha) = 1$ a contribuição de cada um é então

$$\sum_{a|u} \frac{u}{a} = \sum_{d|u} d = S(u).$$

Falta mostrar que

$$\sum_{a\alpha+b\beta=2u\ a\gtrless b} \chi(ab) = 0.$$

Por simetria basta mostrar que

$$\sum_{a\alpha+b\beta=2u\ a>b} \chi(ab) = 0.$$

E para isto basta considerar as soluções de

$$a\alpha + b\beta = 2u \qquad a > b$$

uma a uma de tal forma que para cada par $a, b, \alpha, \beta; a_1, b_1, \alpha_1, \beta_1$ temos

(99) $$\chi(ab) + \chi(a_1 b_1) = 0.$$

Para conseguir isto basta que eu especifique uma regra tal que

1) para cada quádrupla a, b, α, β uma quádrupla $a_1, b_1, \alpha_1, \beta_1$ lhe é associada de tal forma que

$$a_1\alpha_1 + b_1\beta_1 = 2u \qquad a_1 > b_1;$$

2) a esta última quádrupla a regra associa a quádrupla original a, b, α, β.
3) a equação

(99) $$\chi(ab) + \chi(a_1 b_1) = 0$$

é satisfeita.
As duas quádruplas serão eo ipso distintas por (99).
A regra é a seguinte: abreviando

$$n = \left[\frac{b}{a-b}\right] (\geq 0),$$

seja

$$a_1 = (n+2)\alpha + (n+1)\beta, \quad \alpha_1 = -na + (n+1)b, \quad b_1 = (n+1)\alpha + n\beta,$$

$$\beta_1 = (n+1)a - (n+2)b.$$

Temos, de fato, que
11) cada um destes números é ímpar, já que

$$a_1 \equiv n+2+n+1 \equiv 1, \quad \alpha_1 \equiv -n+n+1 \equiv 1, \quad b_1 \equiv n+1+n \equiv 1,$$

$$\beta_1 \equiv n+1-n-2 \equiv 1, \pmod 2;$$

12) cada um destes números é > 0: a_1 e b_1, obviamente; α_1 porque $\frac{b}{a-b} \geq n$; e β_1 porque $n+1 > \frac{b}{a-b}$;
13)

$$a_1\alpha_1 + b_1\beta_1 = -n(n+2)a\alpha - n(n+1)a\beta + (n+1)(n+2)b\alpha + (n+1)^2 b\beta$$

$$+ (n+1)^2 a\alpha + n(n+1)a\beta - (n+1)(n+2)b\alpha - n(n+2)b\beta$$

$$= ((n+1)^2 - n(n+2))(a\alpha + b\beta) = a\alpha + b\beta = 2u;$$

14) $a_1 > b_1$ (óbvio).
2) $\left[\frac{b_1}{a_1-b_1}\right] = \left[\frac{n(\alpha+\beta)+\alpha}{\alpha+\beta}\right] = n$.

$$(n+2)\alpha_1 + (n+1)\beta_1 = a(-n(n+2) + (n+1)^2) = a,$$

$$-na_1 + (n+1)b_1 = a(-n(n+2) + (n+1)^2) = a,$$

$$(n+1)\alpha_1 + n\beta_1 = b((n+1)^2 - n(n+2)) = b,$$

$$(n+1)a_1 - (n+2)b_1 = \beta((n+1)^2 - n(n+2)) = \beta.$$

(A quarta verificação poderia ter sido omitida, já que $a_1\alpha_1 + b_1\beta_1 = a\alpha + b\beta$.)
3) Para v e w ímpares temos

$$(v-1)(w-1) \equiv 0 \pmod 4,$$

$$vw \equiv v+w-1 \pmod 4.$$

Assim temos

$$2 \equiv 2u \equiv a\alpha + b\beta \equiv (a + \alpha - 1) + (b + \beta - 1) \pmod{4},$$

$$a + b + \alpha + \beta \equiv 0 \pmod{4},$$

$$ab + a_1 b_1 \equiv (a+b-1) + (a_1 + b_1 - 1) \equiv a + b + a_1 + b_1 + 2$$
$$\equiv a + b + (2n+3)\alpha + (2n+1)\beta + 2$$
$$\equiv 2n(\alpha + \beta) + a + b + \alpha + \beta + 2\alpha + 2 \equiv 0 \pmod{4},$$

$$\chi(ab) = -\chi(a_1 b_1).$$

Teorema 171. $Q(2u) = 3Q(u)$.

Prova: Na equação

(100) $$2u = x_1^2 + x_2^2 + x_3^2 + x_4^2$$

dois dos x_k devem ser pares e dois ímpares, já que todo quadrado perfeito é $\equiv 0$ ou $1 \bmod 4$. O número de soluções nas quais x_1 e x_2 são pares e x_3 e x_4 são ímpares é portanto $\frac{1}{6}Q(2u)$.

Segue então de (100), colocando

(101)
$$y_1 = \frac{x_1 + x_2}{2}, \qquad y_2 = \frac{x_1 - x_2}{2}, \qquad y_3 = \frac{x_3 + x_4}{2}, \qquad y_4 = x_3 - x_4 2,$$

que y_1, y_2, y_3 e y_4 são inteiros, e que

(102) $$u = y_1^2 + y_2^2 + y_3^2 + y_4^2, \qquad y_1 + y_2 \equiv 0, \qquad y_3 + y_4 \equiv 1 \pmod{2},$$

Reciprocamente, segue de (102), se $x_1, \ldots, x_4$ é determinado por (101), isto é, fazendo

(103) $x_1 = y_1 + y_2, \qquad x_2 = y_1 - y_2, \qquad x_3 = y_3 + y_4, \qquad x_4 = y_3 - y_4,$

que (100) é satisfeito, e que x_1 e x_2 são pares e x_3 e x_4 são ímpares.

$\frac{1}{6}Q(2u)$ é portanto o número de soluções de (102).

$Q(u)$ é o número de soluções de

(104) $$u = y_1^2 + y_2^2 + y_3^2 + y_4^2.$$

Então temos, como se afirma, que

$$\frac{1}{6}Q(2u) = \frac{1}{2}Q(u).$$

Pois em (104) precisamente um y_k é ímpar se $u \equiv 1$ (mod 4); e este pode ser só y_3 ou y_4 em (102); se $u \equiv 3$ (mod 4) exatamente y_k é par; e este, também, pode ser só y_3 e y_4 em (102); assim (102) tem a metade do número de soluções do que (104).

Teorema 172.
$$Q(u) = 8S(u),$$
$$Q(2^l u) = 24S(u) \quad \text{para} \quad l > 0.$$

Observação: Isto determina $Q(n)$ para $n > 0$; especificamente, para n ímpar $Q(n)$ deve ser 8 vezes a soma, e para n par $Q(n)$ deve ser 8 vezes a soma dos divisores ímpares de n.

Prova: Para $n > 0$ temos

(105) $$Q(2n) = Q(4n).$$

Pois

(106) $$4n = x_1^2 + x_2^2 + x_3^2 + x_4^2.$$

implica
$$x_1 \equiv x_2 \equiv x_3 \equiv x_4 \equiv \text{(mod 2)},$$
de modo que

(107) $$2n = y_1^2 + y_2^2 + y_3^2 + y_4^2,$$

onde os y_k são determinados como inteiros por (101); reciprocamente, (106) segue, por causa de (107), quando os x_k são determinados por (103).

Além disso, temos

(108) $$Q(4u) = 16S(u) + Q(u).$$

Pois na equação
$$4u = x_1^2 + x_2^2 + x_3^2 + x_4^2$$
ou todos os x_k são pares — isto, $Q(u)$ vezes, já que a equação é então equivalente a
$$u = z_1^2 + z_2^2 + z_3^2 + z_4^2, \qquad z_k = \frac{x_k}{2},$$
ou todos os x_k são í,pares — isto (por causa dos sinais) $16A(u) = 16S(u)$ vezes, pelo Teorema 170.

Do Teorema 171, (105), e (108), segue que

$$3Q(u) = Q(2u) = Q(4u) = 16S(u) + Q(u),$$

(109) $$Q(u) = 8S(u),$$

e de (109) e do Teorema 171 que

(110) $$Q(2u) = 24S(u).$$

Pois $l > 0$, finalmente, segue que (105) e (110) que

$$Q(2^l u) = Q(2u) = 24S(u).$$

Capítulo 14

Decomposições em Três Quadrados

1. Equivalência de Formas Quadráticas

Neste capítulo assumirei que o leitor conheça algo da teoria de determinantes e suas aplicações. Esta parte da teoria das chamadas formas quadráticas que vou usar envolve apenas duas ou três variáveis; é mais simples, no entanto, trabalhar de uma vez só, para r variáveis, em vez de para duas ou três variáveis. em consequência, seja r um número arbitrário ≥ 2.

Definição 28. Se $x_1, \ldots, x_r$ são variáveis inteiras, e se os números a_{kl}, para $1 \leq k \leq l \leq r$, são coeficientes inteiros, então

$$F = F(x_1, \ldots, x_r) = a_{11}x_1^2 + 2a_{12}x_1x_2 + \cdots + 2a_{1r}x_1x_r + a_{22}x_2^2$$

$$+ 2a_{23}x_2x_3 + \cdots + a_{rr}x_r^2$$

é dita uma forma quadrática —, ou, simplesmente, uma forma.

É conveniente tomar

$$a_{kl} = a_{lk} \quad \text{para} \quad 1 \leq l < k \leq r,$$

de forma que $1 \leq k \leq r$ e $1 \leq l \leq r$, sempre temos

(111) $$a_{kl} = a_{lk};$$

podemos então simplesmente escrever

$$F = \sum_{k,l} a_{kl} x_k x_l;$$

logo mais, nesta seção, tomaremos especificamente $r = 2$ e $r = 3$, e até lá os índices de somatórios variam de 1 até r.

Definição 29. *O determinante $|a_{kl}|$ é denominado o discriminante da forma F.*

Definição 30. *Se*

$$F(x_1, \ldots, x_r) = \sum_{k,l} a_{kl} x_k x_l, \qquad G(x_1, \ldots, x_r) = \sum_{k,l} b_{kl} x_k x_l$$

forem formas, então dizemos que F é equivalente a G, escrito

$$F \sim G,$$

se existirem r^2 inteiros c_{kl} com determinante

(112) $$|c_{kl}| = \left| \begin{pmatrix} c_{11} & \cdots & c_{1r} \\ & \cdots & \\ c_{r1} & \cdots & c_{rr} \end{pmatrix} \right| = 1$$

para os quais as r equações

(113) $$x_k = \sum_l c_{kl} y_l$$

formalmente transformam $F(x_1, \ldots, x_r)$ em $G(y_1, \ldots, y_r)$.

Ou seja, devemos ter identicamente

$$\sum_{m,n} b_{mn} y_m y_n = \sum_{k,l} a_{kl} \sum_m c_{km} y_m \sum_n c_{ln} y_n = \sum_{m,n} y_m y_n \sum_{k,l} c_{km} a_{kl} c_{ln};$$

já que, por (111), $y_m y_n$ e $y_n y_m$ à direita tem os mesmos coeficientes (pois

$$\sum_{k,l} c_{km} a_{kl} c_{ln} = \sum_{k,l} c_{km} a_{lk} c_{ln} = \sum_{l,k} c_{lm} a_{kl} c_{kn} = \sum_{k,l} c_{kn} a_{kl} c_{lm}),$$

isto é equivalente à s condições

$$b_{mn} = \sum_{k,l} c_{km} a_{kl} c_{ln},$$

ou seja,

(114) $$b_{kl} = \sum_{m,n} c_{mk} a_{mn} c_{nl}.$$

Abreviamos: F vai em G pela transformação (c_{kl}).

Os três teoremas a seguir são análogos aos teoremas 45-47 sobre congruência; eles justificam a introdução do conceito de equivalência

Teorema 173. (Reflexividade): $F \sim F$.

Prova: A chamada transformação identidade (de determinante 1)

$$e_{kl} = \begin{cases} 1 & \text{para } k = l, \\ 0 & \text{para } k \gtrless l, \end{cases}$$

ou seja, as equações

$$x_k = y_k$$

levam F em F.

Teorema 174. (Simetria): Se $F \sim G$ então $G \sim F$.

Prova: Por (112), as equações em (113) podem ser resolvidas para as variáveis y_k, com as soluções tendo coeficientes inteiros:

$$y_k = \sum_l d_{kl} x_l;$$

e temos

$$|d_{kl}| = 1$$

já que

$$y_k = \sum_m d_{km} x_m = \sum_m d_{km} \sum_l c_{ml} y_l = \sum_l y_l \sum_m d_{km} c_{ml},$$

$$\sum_m d_{km} c_{ml} = e_{kl},$$

$$1 = |e_{kl}| = |\sum_m d_{km} c_{ml}| = |d_{kl}||c_{kl}| = |d_{kl}|$$

(o teorema da multiplicação de determinantes).

Teorema 175. *(Transitividade): Se $F \sim G$ e $G \sim H$ então $F \sim H$.*

Prova: Suponha que F vai em G por (c_{kl}) e G em H por (j_{kl}), de modo que
$$|c_{kl}| = |j_{kl}| = 1.$$
De
$$x_k = \sum_l c_{kl} y_l, \qquad y_k = \sum_l j_{kl} z_l$$
segue que
$$x_k = \sum_l c_{kl} \sum_m j_{km} z_m = \sum_m z_m \sum_l c_{kl} j_{lm}.$$
Isto representa uma transformação inteira de F em H; ela tem determinante
$$|\sum_l c_{kl} j_{lm}| = |c_{kl}||j_{kl}| = 1.1 = 1.$$

Os Teoremas de 173 até 175 mostram que a totalidade das formas se dividem em classes de formas equivalentes.

Além disso temos:

Teorema 176. *Se $F \sim G$ então F e G tem o mesmo discriminante.*

Prova: Por *(114)* temos
$$|b_{kl}| = |c_{kl}||a_{kl}||c_{kl}| = 1.|a_{kl}|.1 = |a_{kl}|.$$

Teorema 177. *Se $F \sim G$ então F e G representam os mesmos números.*

Prova: De $G(y_1, \ldots, y_r) = c$ segue que $F(x_1, \ldots, x_r) = c$ para os x_k eo ipso inteiros dados por *(113)*.

Definição 31. F é dito positivo definida — ou, abreviando, definida — se $F > 0$ para todos os valores inteiros $x_1, \ldots, x_r$ que não se anulem simultaneamente.

Se $F \sim G$ então claramente segue que se F é definida então G também o é.

Considero agora, mais detalhadamente, tanto formas binárias $(r = 2)$ quanto formas ternárias $(r = 3)$. Seus discriminantes $|a_{kl}|$ sempre serão

Decomposições em Três Quadrados

denotados por d. Para maior comodidade, escrevo as formas binárias como $ax^2 + 2bxy + cy^2$, de modo que

$$d = \left| \begin{pmatrix} a & b \\ b & c \end{pmatrix} \right| = ac - b^2.$$

Tal forma é abreviada por $\{a, b, c\}$.

Teorema 178. $F = \{a, b, c\}$ é definida se e só se $a > 0$ e $d > 0$.

Prova: *1)* Se $a \leq 0$ então

$$F(1, 0) = a \leq 0,$$

de forma que F não é definida.

2) Se $a > 0$ e $d \leq 0$ então

$$F(-b, a) = ab^2 - 2b^2 a + ca^2 = -b^2 a + ca^2 = a(ac - b^2) = ad \leq 0,$$

de forma que F não é definida.

3) Se $a > 0$ e $d > 0$ então de

$$aF = a^2 x^2 + 2baxy + acy^2 = (ax + by)^2 + (ac - b^2)y^2 = (ax + by)^2 + dy^2,$$

segue que $F \leq 0$ só se $x = y = 0$. De fato, segue de $F \leq 0$ que

$$ax + by = 0 \quad \text{e} \quad y = 0,$$

de forma que $x = 0$ também. F é portanto definida.

Teorema 179. *Cada classe de formas binárias definidas contem pelo menos uma forma para a qual*

$$2|b| \leq a \leq c.$$

Prova: Fixemos uma forma $\{a_0, b_0, c_0\}$ pertencente a esta classe. Seja a o menor número positivo representável por ela (e logo por qualquer forma na mesma classe). Então para r e t apropriados temos

(115) $$a = a_0 r^2 + 2b_0 rt + c_0 t^2.$$

Aqui temos $(r, t) = 1$, pois caso contrário, se $(r, t) = v$, como $v^2 | a$, seguiria então que

$$\frac{a}{v^2} = a_0 \left(\frac{r}{v}\right)^2 + 2b_0 \frac{r}{v} \frac{t}{v} + c_0 \left(\frac{t}{v}\right)^2$$

é representável pela forma.

Portanto, pelo Teorema 66, podemos escolher s e u de modo que

$$\left|\begin{pmatrix} r & s \\ t & u \end{pmatrix}\right| = ru - st = 1;$$

pelo Teorema 68, o par mais geral assim, s e u, é da forma

$$s = s_0 + hr, \quad u = u_0 + ht,$$

para h arbitrário.

Por (115) a transformação $\begin{pmatrix} r & s \\ t & u \end{pmatrix}$ leva $\{a_0, b_0, c_0\}$ em $\{a, b, c\}$, onde o primeiro coeficiente é na verdade nosso a (por (114), ou por cálculo direto, ou ainda, mais elegantemente: $G(1,0) = F(r.1 + s.0, t.1 + u.0) = F(r,t)$, onde G é forma nova e f a velha); além disso, (por (114) ou por cálculo direto), temos

$$b = s(a_0 r + b_0 t) + u(b_0 r + c_0 t)$$
$$= s_0(a_0 r + b_0 t) + u_0(b_0 r + c_0 t) + h(r(a_0 r + b_0 t) + t(b_0 r + c_0 t));$$

em consequência, como h tem coeficiente $a_0 r^2 + 2b_0 rt + c_0 t^2 = a$, b toma todos os valores numa certa classe residual mod a; h pode portanto ser escolhido de forma a que

$$|b| \leq \frac{a}{2}.$$

Como c pode também ser representado pela forma $\{a, b, c\}$ (com $x = 0$ e $y = 1$), temos

$$a \leq c,$$

completando a prova.

Teorema 180. *Em cada classe de formas binárias definidas existe pelo menos uma forma para a qual*

$$2|b| \leq a \leq \frac{2}{\sqrt{3}}\sqrt{d}.$$

Prova: *Das desigualdades do Teorema 179 segue que*

$$a^2 \leq ac = b^2 + d \leq \frac{a^2}{4} + d,$$

Decomposições em Três Quadrados

$$\frac{3}{4}a^2 \le d,$$

$$2|b| \le a \le \frac{2}{\sqrt{3}}\sqrt{d}.$$

Teorema 181. *Cada forma binária definida de discriminante 1 é equivalente à forma $x_1^2 + x_2^2$.*

Prova: Pelo Teorema 180, cada forma assim é equivalente a uma forma para a qual
$$2|b| \le a \le \frac{2}{\sqrt{3}},$$
isto é,
$$a = 1, \qquad b = 0, \qquad , c = 1.$$

Agora tratamos de formas ternárias.

Teorema 182. $F = \sum_{k,l=1}^{3} a_{kl} x_k x_l$ *é definida se e só se*

$$a_{11} > 0, \qquad b = \left| \begin{pmatrix} a_{11} & a_{12} \\ a_{21} & a_{22} \end{pmatrix} \right| > 0, \qquad d > 0.$$

Se F for definida então temos, além disso, que

(116) $$a_{11}F = (a_{11}x_1 + a_{12}x_2 + a_{13}x_3)^2 + K(x_2, x_3),$$

onde $K(x_2, x_3)$ é a forma binária definifa

$$\{a_{11}a_{22} - a_{12}^2, a_{11}a_{23} - a_{12}a_{13}, a_{11}a_{33} - a_{13}^2\}$$

com discriminante $a_{11}d$.

Prova: (bem deselegante, para simplificar para o leitor): De qualquer modo (116) funciona, pois

$$K(x_2, x_3) = (a_{11}a_{22} - a_{12}^2)x_2^2 + 2(a_{11}a_{23} - a_{12}a_{13})x_2 x_3 + (a_{11}a_{33} - a_{13}^2)x_3^2.$$

Pois

(116)
$$\begin{aligned}a_{11}F &= a_{11}^1 x_1^2 + 2a_{11}a_{12}x_1x_2 + 2a_{11}a_{13}x_1x_3+ \\ &\quad +a_{11}a_{22}x_2^2 + 2a_{11}a_{23}x_2x_3 + a_{11}a_{33}x_3^2 = \\ &= (a_{11}x_1 + a_{12}x_2 + a_{13}x_3)^2 + (a_{11}a_{22} - a_{12}^2)x_2^2+ \\ &\quad +2(a_{11}a_{23} - a_{12}a_{13})x_2x_3 + (a_{11}a_{33} - a_{13}^2)x_3^2 = \\ &= (a_{11}x_1 + a_{12}x_2 + a_{13}x_3)^2 + K(x_2,x_3).\end{aligned}$$

$K(x_2,x_3)$ tem discriminante

$$c = (a_{11}a_{22} - a_{12}^2)(a_{11}a_{33} - a_{13}^2) - (a_{11}a_{23} - a_{12}a_{13})^2$$
$$= a_{11}(a_{11}a_{22}a_{33} - a_{11}a_{33}^2 + 2a_{12}a_{13}a_{23} - a_{12}^2 a_{33} - a_{13}^2 a_{22}) = a_{11}d.$$

1) Se $a_{11} \leq 0$ então $F(1,0,0) = a_{11} \leq 0$, de modo que F não é definida.

2) Se $a_{11} < 0$ então claramente $F(x_1,x_2,x_3)$ é definida se e só se $K(x_2,x_3)$ é definida. Pois se K não é definida então $K(x_2,x_3) \leq 0$ para x_2 e x_3 apropriados não ambos nulos; e então também com a condição adicional de x_2 e x_3 divisíveis por a_{11} (um fator de proporcionalidade); então x_1 pode ser determinado como um inteiro por

$$a_{11}x_1 + a_{12}x_2 + a_{13}x_3 = 0,$$

e para a tripla resultante x_1, x_2, x_3 temos

$$a_{11}F(x_1,x_2,x_3) = 0^2 + K(x_2,x_3) \leq 0,$$

$$F \leq 0.$$

Por outro lado, se K for definida então por $F \leq 0$ segue, sucessivamente, que

$$K(x_2,x_3) \leq a_{11}F(x_1,x_2,x_3) \leq 0, \quad x_2 = x_3 = 0, \quad a_{11}x_1^2 \leq 0, \quad x_1 = 0.$$

Pelo Teorema 178 aplicado a $K(x_2,x_3)$ segue que no caso em que $a_{11} > 0$, F é definida se e só se valem

$$b = a_{11}a_{22} - a_{12}^2 > 0, \quad c = a_{11}d > 0,$$

isto é, se e só se valem ambos

$$b > 0 \quad \text{e} \quad d > 0.$$

Decomposições em Três Quadrados

Teorema 183. *Se* $(c_{11}, c_{21}, c_{31}) = 1$ *então os seis outros números* c_{kl} *que faltam podem ser escolhidos de forma a que*

$$|c_{kl}| = 1.$$

Prova: Façamos $(c_{11}, c_{21}) = g$, de modo que $(g, c_{31}) = 1$. Escolhemos então c_{12} e c_{22} pelo Teorema 66, de tal maneira que

$$c_{11}c_{22} - c_{12}c_{21} = g;$$

além disso, escolhemos u e v pelo Teorema 66, de tal maneira que

$$gu - c_{31}v = 1.$$

Então temos

$$\left| \begin{pmatrix} c_{11} & c_{12} & \frac{c_{11}v}{g} \\ c_{21} & c_{22} & \frac{c_{21}v}{g} \\ c_{31} & 0 & u \end{pmatrix} \right| = c_{21}\frac{c_{12}c_{21} - c_{11}c_{22}}{g} + (c_{11}c_{22} - c_{12}c_{21})u = -c_{31}v + gu = 1.$$

Teorema 184. *Cada classe de formas ternárias definidas contem pelo menos uma forma para a qual*

$$a_{11} \leq \frac{4}{3}\sqrt[3]{d}, \qquad 2|a_{12}| \leq a_{11}, \qquad 2|a_{13}| \leq a_{11}.$$

Prova: Fixemos uma forma F pertencente a esta classe. Seja a_{11} o menor número positivo representável por F, e logo por qualquer forma na mesma classe. Então para c_{11}, c_{21}, c_{31} apropriados temos

$$a_{11} = F(c_{11}, c_{21}, c_{31}).$$

Aqui temos
$$(c_{11}, c_{21}, c_{31}) = 1,$$
caso contrário $\frac{a_{11}}{(c_{11},c_{21},c_{31})^2}$ seria representável.

Seja $G = \sum_{kl} b_{kl}x_k x_l$ a forma em que F vai pela transformação (c_{kl}) de determinante 1, construída conforme o Teorema 183; então temos

$$b_{11} = G(1, 0, 0) = F(c_{11}, c_{21}, c_{31}) = a_{11}.$$

A G aplicamos a transformação

$$(d_{kl}) = \begin{pmatrix} 1 & r & s \\ 0 & t & u \\ 0 & v & w \end{pmatrix},$$

onde $tw - uv = 1$; então, para r e s arbitrários, temos

$$|d_{kl}| = 1.$$

Agora cuidaremos de t, u, v e w, e seja H tal que G vai em H por (d_{kl}). Então em H o coeficiente de y_1^2 é igual a $G(d_{11}, d_{21}, d_{31}) = G(1, 0, 0) = a_{11}$; façamos $H = \sum_{k,l} a_{kl} y_k y_l$; então por (114) temos

(117) $$a_{12} = \sum_{m,n} d_{m1} b_{mn} d_{n2} = \sum_n b_{1n} d_{n2} = r a_{11} + t b_{12} + v b_{13},$$

(118) $$a_{13} = \sum_{m,n} d_{m1} b_{mn} d_{n3} = \sum_n b_{1n} d_{n3} = s a_{11} + u b_{12} + w b_{13};$$

a transformação

(119) $$x_k = \sum_l d_{kl} y_l$$

implica portanto

$$b_{11}x_1 + b_{12}x_2 + b_{13}x_3 = \sum_k b_{1k} x_k = \sum_k b_{1k} \sum_l d_{kl} y_l = \sum_l y_l \sum_k b_{1k} d_{kl}$$

(120) $$= a_{11} y_1 + a_{12} y_2 + a_{13} y_3.$$

Pelo Teorema 182 temos

$$a_{11} G(x_1, x_2, x_3) = (b_{11}x_1 + b_{12}x_2 + b_{13}x_3)^2 + K(x_2, x_3),$$

$$a_{11} H(y_1, y_2, y_3) = (a_{11} y_1 + a_{12} y_2 + a_{13} y_3)^2 + L(x_2, x_3),$$

onde K e L são definidas em suas variáveis respectivas. Uma vez que (119) leva a forma $G(x_1, x_2, x_3)$ em $H(y_1, y_2, y_3)$, e como também vale (120), segue que $K(x_2, x_3)$ é levado em $L(x_2, x_3)$ pela transformação $\begin{pmatrix} t & u \\ v & w \end{pmatrix}$. Pelo Teorema 182 L tem discriminante $a_{11}d$, e seu primeiro coeficiente é $a_{11}a_{22} - a_{12}^2$. Portanto, pelo Teorema 180, podemos tratar de $\begin{pmatrix} t & u \\ v & w \end{pmatrix}$ arrumando de forma a que

$$tw - uv = 1, \qquad a_{11}a_{22} - a_{12}^2 \le \frac{2}{\sqrt{3}}\sqrt{a_{11}d}.$$

Então, por (117) e (118), r e s podem ser escolhidos de tal modo que

$$|a_{12}| \le \frac{a_{11}}{2}, \qquad |a_{13}| \le \frac{a_{11}}{2}.$$

Portanto obtemos, já que $a_{22} = H(0,1,0)$ é representável por H, e logo $\ge a_{11}$, que

$$a_{11}^2 \le a_{11}a_{22} = (a_{11}a_{22} - a_{12}^2) + a_{12}^2 \le \frac{2}{\sqrt{3}}\sqrt{a_{11}d} + \frac{a_{11}^2}{4},$$

$$a_{11}^2 \le \frac{8}{3\sqrt{3}}\sqrt{a_{11}d},$$

$$a_{11}^{\frac{3}{2}} \le \frac{8}{3\sqrt{3}}\sqrt{d},$$

$$a_{11} \le \frac{4}{3}\sqrt[3]{d},$$

completando a prova.

Teorema 185. *Cada forma ternária definida de discriminante 1 é equivalente à forma $x_1^2 + x_2^2 + x_3^2$.*

Consequentemente, todo números representável por uma tal forma pode ser escrito como soma de três quadrados.

Prova: Pelo Teorema 184, cada forma assim é equivalente a uma forma para a qual
$$a_{11} \le \frac{4}{3}, \qquad 2|a_{12}| \le a_{11}, \qquad 2|a_{13}| \le a_{11};$$
segue daí que
$$a_{11} = 1, \qquad a_{12} = 0, \qquad a_{13} = 0.$$

A classe contem assim uma forma

$$G = x_1^2 + a_{22}x_2^2 + 2a_{23}x_2x_3 + a_{33}x_3^2,$$

onde $K(x_2, x_3) = a_{22}x_2^2 + 2a_{23}x_2x_3 + a_{33}x_3^2$ é definida e tem discriminante 1. Pelo Teorema 181, $K(x_2, x_3)$ vai em $x_1^2 + x_2^2$ por uma transformação adequada $\begin{pmatrix} t & u \\ v & w \end{pmatrix}$ de determinante 1; em consequência $\begin{pmatrix} 1 & 0 & 0 \\ 0 & t & u \\ 0 & v & w \end{pmatrix}$ leva G em $x_1^2 + x_2^2 + x_3^2$.

2. Uma Condição Necessária para a Decomposição em Três Quadrados

Teorema 186. Se $n = x_1^2 + x_2^2 + x_3^2$, $n > 0$, então n não é da forma $4^a(8b+7)$, $a \geq 0$, $b \geq 0$.

Prova: 1) $n = 8b + 7$ não pode ser escrito como uma soma de três quadrados, uma vez que cada quadrado perfeito é $\equiv 0$, 1 ou $4 \mod 8$.
2) Se a não decomponibilidade de $4^a(8b+7)$ for provada para algum $a \geq 0$, então ela segue para $a + 1$. Pois de

$$4^{a+1}(8b+7) = x_1^2 + x_2^2 + x_3^2$$

seguiria, por causa de

$$x_1^2 + x_2^2 + x_3^2 \equiv 0 \pmod 4,$$

que x_1, x_2 e x_3 devem ser pares. Consequentemente teríamos

$$4^a(8b+7) = (\frac{x_1}{2})^2 + (\frac{x_2}{2})^2 + (\frac{x_3}{2})^2.$$

3. A Condição Necessária é Suficiente

Teorema 187. Se n não for da forma $4^a(8b+7)$, $a \geq 0$, $b \geq 0$, então n não pode ser escrito como soma de três quadrados.

Prova: Sem perda de generalidade podemos assumir n ímpar (mas $\not\equiv 7 \pmod 8$) ou então que seja o dobro de um número ímpar. Pois da decomponibilidade de n seguiria a de $4n$, porque dividindo por 4 quantas vezes pudermos do dado número n obteríamos uma destas formas indicadas.

Decomposições em Três Quadrados

Consequentemente seja

$$n \equiv 1, 2, 3, 5 \text{ ou } 6 \pmod{8}.$$

Pelo Teorema 185 basta dar, para n, uma forma ternária de discriminante 1 que representa n. Pelo Teorema 182 temos então que especificar nove números $a_{11}, a_{12}, a_{13}, a_{22}, a_{23}, a_{33}, x_1, x_2, x_3$ satisfazendo as quatro condições

$$\begin{cases} n = a_{11}x_1^2 + 2a_{12}x_1x_2 + 2a_{13}x_1x_3 + a_{22}x_2^2 + 2a_{23}x_2x_3 + a_{33}x_3^2, \\ a_{11} > 0, \\ a_{11}a_{22} - a_{12}^2 > 0, \\ \left| \begin{pmatrix} a_{11} & a_{12} & a_{13} \\ a_{12} & a_{22} & a_{23} \\ a_{13} & a_{23} & a_{33} \end{pmatrix} \right| = 1. \end{cases}$$

Funcionaria mesmo fazer

$$a_{13} = 1, \quad a_{23} = n, \quad a_{33} = n, \quad x_1 = 1, \quad x_2 = 0, \quad x_3 = 1.$$

As três outras variáveis então devem satisfazer as três condições (a primeira das condições acima já estando satisfeita):

$$\begin{cases} a_{11} > 0, \\ b = a_{11}a_{22} - a_{12}^2 > 0, \\ a_{22} = bn - 1. \end{cases}$$

(De fato temos

$$\left| \begin{pmatrix} a_{11} & a_{12} & 1 \\ a_{12} & a_{22} & 0 \\ 1 & 0 & n \end{pmatrix} \right| = (a_{11}a_{22} - a_{12}^2)n - a_{22} = bn - a_{22}.)$$

Aqui, tomando $n > 1$ (como posso fazer, já que $n = 1$ é trivial), $a_{11} > 0$ é uma consequência das outras duas condições; pois segue delas que

$$a_{22} > b - 1 \geq 0,$$

$$a_{11}a_{22} = a_{12}^2 + b > 0.$$

Temos portanto

$$\begin{cases} b = a_{11}a_{22} - a_{12}^2 > 0, \\ a_{22} = bn - 1. \end{cases}$$

Ou, mais simplesmente (eliminando os três símbolos a_{11}, a_{22}, a_{12}): devemos ter $b > 0$ e $-b$ um resíduo quadrático mod $bn - 1$.

1) Seja
$$n \equiv 2 \text{ ou } 6 \pmod{8}.$$
Então mostro até que existe um primo

(121) $$p = bn - 1$$

para o qual
$$\left(\frac{-b}{p}\right) = 1.$$

Temos $(4n, n-1) = 1$. Pelo Teorema de Dirichlet sobre Progressões Aritméticas existe um primo

$$p = 4nv + n - 1 = (4v+1)n - 1.$$

Fazendo $4v + 1 = b$ temos então $b > 0$, *(121)* é satisfeito e, como $p \equiv 1 \pmod 4$, segue dos Teoremas 95 e 92 que

$$\left(\frac{-b}{p}\right) = \left(\frac{p}{b}\right) = \left(\frac{bn-1}{b}\right) = \left(\frac{-1}{b}\right) = 1.$$

2) Seja
$$n \equiv 1, 3 \text{ ou } 5 \pmod 8.$$

Farei $c = 1$ se $n \equiv 3 \pmod 8$ e $c = 3$ se $n \equiv 1$ ou $5 \pmod 8$. Então, de qualquer modo, $\frac{cn-1}{2}$ é ímpar, de forma que $(4n, \frac{cn-1}{2}) = 1$. Pelo Teorema de Dirichlet segue que existe um primo

$$p = 4nv + \frac{cn-1}{2} = \frac{1}{2}((8v+c)n - 1).$$

Fazendo
$$8v + c = b,$$
temos então
$$b > 0, \qquad 2p = bn - 1.$$

Temos

$b \equiv 3 \pmod 8$	e	$p \equiv 1 \pmod 4$	para	$n \equiv 1 \pmod 8$,
$b \equiv 1 \pmod 8$	e	$p \equiv 1 \pmod 4$	para	$n \equiv 3 \pmod 8$,
$b \equiv 3 \pmod 8$	e	$p \equiv 3 \pmod 4$	para	$n \equiv 5 \pmod 8$.

Decomposições em Três Quadrados

De qualquer modo, portanto,

$$\left(\frac{-2}{b}\right) = 1,$$

e consequentemente, pelo Teorema 95,

$$\left(\frac{-b}{p}\right) = (-1)^{\frac{-b-1}{2}\frac{p-1}{2}}\left(\frac{p}{b}\right) = \left(\frac{p}{b}\right) = \left(\frac{p}{b}\right)\left(\frac{-2}{b}\right) = \left(\frac{-2p}{b}\right) = \left(\frac{1-bn}{b}\right)$$

$$= \left(\frac{1}{b}\right) = 1,$$

de modo que $-b$ é resíduo quadrático mod p. Como $-b \equiv 1^2 \pmod{2}$, segue que $-b$ é resíduo quadrático mod $2p$, isto é, mod $bn - 1$.

Do Teorema 187 obtemos uma prova adicional do Teorema de Lagrange, Teorema 169. Pelo Teorema 187 qualquer número positivo $n \equiv 1$ ou 2 (mod 4) pode ser escrito como uma soma de três quadrados; e consequentemente qualquer número positivo $n \equiv 3$ (mod 4) pode ser escrito como uma soma de quatro quadrados, em virtude de $n = (n-1) + 1^2$. Todo número positivo $n \equiv 0$ (mod 4) é, contudo, da forma $4^a(4b+r)$, $r = 1,2,3$ e portanto, como $4^a = (2^a)^2$ pode ser escrito como uma soma de quatro quadrados.

Parte IV

O Número de Classes de Formas Quadráticas Binárias

Introdução

Nesta parte vou analisar as formas binárias do tipo $ax^2 + bxy + cy^2$. (Antes, pela analogia com o caso de r, e não duas variáveis, foi mais conveniente tomar o coeficiente intermediário par.) Aqui o número $d = b^2 - 4ac$ é o que será chamado o discriminante. (Isto é hábito com formas binárias; não devemos nos enganar pelo fato que, para b par, o número $ac - \frac{b^2}{4} = -\frac{d}{4}$ foi chamado de discriminante anteriormente.) Embora nossos estudos sobre a equivalência podem ser trazidos para o presente contexto, devo contudo começar a partir do zero e desenvolver detalhadamente tudo para que a quarta parte possa ser lida independente da terceira.

No capítulo 15 iniciarei com considerações triviais, que mostrarão que apenas o caso em que d não é quadrado perfeito é de algum interesse; no outro caso, a forma se fatora no produto de duas formas lineares. Além disso, temos claramente $d \equiv b^2 - 4ac \equiv 0$ ou $1 \pmod 4$. De agora em diante tomarei d sempre como um não quadrado $\equiv 0$ ou $1 \pmod 4$; então haverá certamente uma forma associada, a saber, $x^2 - \frac{d}{4}y^2$ se d for par e $x^2 + xy - \frac{d-1}{4}y^2$ se d for ímpar.

Nos capítulos 16 e 17 se mostrará que o número de classes nas quais se dividem as formas de discriminante d é finito; a determinação deste número imediatamente reduzirá o problema de determinar o número das chamadas classes primitivas, isto é, classes contendo uma forma para a qual $(a, b, c) = 1$ (ou, equivalentemente, nas quais todas as formas tem esta propriedade); para $d < 0$, o único caso necessário será aquele no qual $a > 0$ (para alguma, e logo para qualquer forma na classe).

A determinação do número $h(d)$ destas classes primitivas é o trabalho desta quarta parte. Aqui devemos colocar algumas palavras sobre o sentido — ou antes, a falta de sentido — desta investigação. Logo que a finitude do número de classes estiver estabelecido, teremos recursos a nossa disposição para calcular $h(d)$ para todo d — para $d < 0$ vou calcular de fato este valor, mas para $d > 0$ não o faço, sendo muito trabalhoso e, além disso, desnecessário para o que eu desejo fazer; assim vou indicar, usando um bom número de chaves e símbolos como $T(a)$, como expressá-lo por meios de uma fórmula. Se só soubéssemos isto, o problema de determinar o número de classes pareceria então já estar resolvido. Mas sabemos ainda mais (infelizmente, ou felizmente, dependendo do ponto de vista; eu, pessoalmente, sinto-me satisfeito com esta situação, pois a teoria desta quarta parte, que devemos a Gauss e a Dedekind, é uma das mais belas em toda a matemática); a saber, poderemos achar expressões simples para $h(d)$. Isto só acontecerá muito mais tarde.

Aqui gostaria de dizer, só em antecipação do que está por vir, como o número de classes é mais facilmente visto ser finito, como, no caso $d < 0$, este número de classes é "determinado", e como a fórmula final para ele fica no caso $d = -p$, onde $p > 3$.

A prova de finitude é obtida isolando um certo número finito de formas — que chamamos, pelo momento, de reduzidas — e mostrando que cada classe contem pelo menos uma destas formas (e então, o princípio da casa do pombo — ou dos escaninhos!). Uma forma (primitiva ou imprimitiva) é dita reduzida se

$$|b| \leq |a| \leq |c|.$$

É facilmente visto que para qualquer d existe só um número finito destas formas. Consequentemente o número de classes, e em particular nosso $h(d)$, é finito.

Em particular, mostrarei que no caso $d < 0$ toda classe de formas com $a > 0$ contem uma e só uma forma para a qual

(122) $\qquad -a < b \leq a < a \qquad$ ou $\qquad 0 \leq b \leq a = c.$

Isto "determina" o número de classes, e em particular determina $h(d)$, se destas formas só considerarmos as primitivas.

Por outro lado, contudo, nosso trabalho principal levará ao resultado final seguinte para $h(d)$, no caso especial em que $d = -p < -3$:

(123) $\qquad h = \begin{cases} \sum_{r=1}^{\frac{p-1}{2}} \left(\frac{r}{p}\right) & \text{para } p \equiv 7 \pmod{8}, \\ \frac{1}{3} \sum_{r=1}^{\frac{p-1}{2}} \left(\frac{r}{p}\right) & \text{para } p \equiv 3 \pmod{8}; \end{cases}$

assim h é a diferença a mais do número de resíduos quadráticos mod p entre 0 e $\frac{p}{2}$ e o número de não-resíduos quadráticos neste intervalo, ou então um terço desta diferença.

Apresento agora ao leitor dois problemas da teoria de números muito elementar que não consigo resolver diretamente, embora as considerações analíticas poderosas da quarta parte implicitamente levarão a uma solução.

Primeiro: De (123) segue, como $h > 0$, que para todo primo $p \equiv 3$ (mod 4) existem mais resíduos quadráticos mod p entre 0 e $\frac{p}{2}$ do que entre $\frac{p}{2}$ e p; pois existem de fato tanto não-resíduos entre 0 e $\frac{p}{2}$ do que resíduos entre $\frac{p}{2}$ e p, já que $\left(\frac{p-r}{p}\right) = -\left(\frac{r}{p}\right)$ para $p \nmid r$. (Para $p \equiv 1$ (mod 4), por outro lado, existe o mesmo número de resíduos quadráticos nas duas metades do intervalo $0 < r < p$, já que $(p - rp) = -\left(\frac{r}{p}\right)$ para $p|r$.

Mas ninguém conseguiu provar, usando métodos elementares, o fato que, com o auxílio do Teorema 79, pode ser expresso como:

Para $p \equiv 3$ (mod 4) entre os números $1^2, 2^2, \ldots, \left(\frac{p-1}{2}\right)^2$ mais deles tem restos mod p menores do que $\frac{p}{2}$ do que tem restos mod p maiores do que $\frac{p}{2}$.

Segundo: Para $p \equiv 3$ (mod 4) e $p > 3$, segue do que foi dito (já que claramente existem apenas formas primitivas aqui) que o lado direito de (123) é o número de soluções de $b^2 - 4ac = -p$ satisfazendo a condição adicional (122).

Mas ninguém conseguiu provar este fato usando métodos elementares; e contudo é um enunciado que nada tem a ver seja com números de classes seja com formas quadráticas.

Naturalmente a segunda afirmação contem a primeira.

Nos capítulos 18 e 19 nosso longo caminho reduzirá a seguir a determinação do número $h(d)$ ao problema de achar a soma da séries

$$\sum_{n=1}^{\infty} \left(\frac{d}{n}\right)\frac{1}{n};$$

aqui é que os teoremas da primeira parte, capítulo 6, sobre o símbolo de Kronecker e da primeira parte, capítulo 7, sobre a equação de Pell, serão aplicados.

Nossas maiores dificuldades (envolvendo uma questão aparentemente trivial de sinal) aí começarão, e nossa ferramenta mais importante para superar estas dificuldades será a chamada teoria das somas Gaussianas, que será introduzida no capítulo 20.

Os capítulos 21 até 23 então rapidamente nos levarão ao nosso objetivo.

Capítulo 15

Formas Fatoráveis e não Fatoráveis

Definição 32. Se a, b e c forem constantes então
$$F = F(x,y) = ax^2 + bxy + cy^2$$
é dito uma forma quadrática, ou, abreviando, uma forma. Ela é escrita $\{a, b, c\}$. O discriminante da forma é o número $d = b^2 - 4ac$. Sempre temos

$$d \equiv 0 \text{ ou } 1 \pmod{4},$$

e existe uma forma para cada d assim, e mesmo uma com $a > 0$, a saber, $\{1, 0, -d4\}$ e $\{1, 1, -d-14\}$, respectivamente.

Sempre temos
$$4aF = 4a^2x^2 + 4abxy + 4acy^2 = (2ax+by)^2 + (4ac-b^2)y^2$$

(124)
$$= (2ax+by)^2 - dy^2.$$

Teorema 188. Se existir uma fatoração

(125)
$$F = (\rho x + \sigma y)(\tau x + \nu y)$$

onde ρ, σ, τ e ν são racionais então existe uma fatoração

(126)
$$F = (rx+sy)(tx+uy)$$

(onde r, s, t e u são inteiros).

(Esta afirmação parece inofensiva; em seu fundo, porém, está um teorema profundo de Gauss, que aparece na parte nove de meu Vorlesungen über Zahlentheorie.)

Prova: Segue de (125) uma equação

(127) $$mF = (rx + sy)(tx + uy)$$

na qual $m > 0$. Consequentemente existe uma equação do tipo (127) na qual $m > 0$ e $(m, r, s) = 1$, já que caso contrário simplesmente substituiríamos m, r, s pelos números $\frac{m}{(m,r,s)}$, $\frac{r}{(m,r,s)}$ e $\frac{s}{(m,r,s)}$. Pelo mesmo motivo podemos também supor que $(m, t, u) = 1$.

De (127), com $m > 0$, $(m, r, s) = 1$ e $(m, t, u) = 1$, contudo, segue que $m = 1$, ou seja (126). Pois caso contrário haveria um primo $p|m$. De

$$ma = rt, \qquad mb = ru + st, \qquad mc = su$$

seguiria então que

$$p|rt, \qquad p|ru + st, \qquad p|su;$$

de $p|rt$ seguiria que $p|r$ ou $p|t$; sem perda de generalidade (simetria!) seja $p|r$; então teríamos $p|st$; de $(m, r, s) = 1$ seguiria que $p \nmid s$, de forma que $p|t$; de $(m, t, u) = 1$ seguiria que $p \nmid u$. Mas $p \nmid s$, $p \nmid u$, e $p|su$ geram uma contradição.

Teorema 189. *Existe uma fatoração da forma (126) se e só se d for quadrado perfeito.*

Prova: 1) De (126) segue que

$$a = rt, \qquad b = ru + st, \qquad c = su,$$

$$d = b^2 - 4ac = (ru + st)^2 - 4rstu = (ru - st)^2.$$

2) Seja $d = k^2$. Então segue de (124) que

$$4aF = (2ax + by)^2 - k^2 y^2 = (2ax + (b + k)y)(2ax + (b - k)y).$$

21) Se $a \neq 0$ então segue daí que existe uma fatoração da forma (125), e logo, pelo Teorema 188, uma da forma (126).

22) Se $a = 0$ então temos imediatamente

$$F = y(bx + cy).$$

Capítulo 16

Classes de Formas

A partir de agora, e até o final do livro, seja

$$d \quad \text{um não quadrado,} \quad e \equiv 0 \text{ ou } 1 \pmod 4.$$

Consequentemente, para toda forma F de discriminante d certamente temos $a \neq 0$ e $c \neq 0$.

Teorema 190. Se $d > 0$ então para x e y apropriados, F representa números tanto negativos como positivos; se $d < 0$ e $a > 0$ então F nunca representa números negativos, e representa 0 apenas para $x = y = 0$; se $d < 0$ e $a < 0$ então F nunca representa números positivos, e representa 0 apenas para $x = y = 0$.

E logo formas para as quais $d > 0$ são chamadas indefinidas; e formas para as quais $d < 0$ são chamadas definidas ou — mais precisamente — positivo definidas e negativo definidas, dependendo do caso.

Geometricamente: se $d > 0$ e $k \gtrless 0$ então $F = k$ é uma hipérbole (se x e y forem tomados como coordenadas reais (não necessariamente inteiras)); se $d > 0$ então $F = 0$ é um par de retas, a saber o par de assíntotas das hipérboles $F = k$ para $k \gtrless 0$; se $d > 0$ e então $F = k$ é uma elipse quando $ka > 0$ e um chamado par de retas imaginárias quando $k = 0$, e uma chamada elipse imaginária quando $ka < 0$.

Prova: 1) Seja $d > 0$. Então temos

$$F(1,0) = a, \qquad F(b, -2a) = ab^2 - b.2ba + c4a^2 = a(4av - b^2) = -da;$$

destes dois números, certamente um é > 0 e o outro é < 0.

2) Seja $d < 0$; de (124) segue que, exceto quando $x = y = 0$, sempre temos
$$aF > 0,$$
ou seja, F tem sempre o mesmo sinal que a; de fato segue de $aF \leq 0$ que
$$2ax + by = 0, \qquad y = 0,$$
e, finalmente,
$$x = 0.$$

Como formas negativas definidas, quando multiplicadas por -1, são transformadas em formas positivas definidas de mesmo discriminante, e vice versa, consideraremos apenas formas positivas definidas no caso $d < 0$.

Definição 33. $F = \{a, b, c\}$ é dita equivalente a $G = \{a_1, b_1, c_1\}$, escrito
$$F \sim G,$$
se existirem quatro inteiros r, s, t e u para os quais $ru - st = 1$ tais que as equações

(128) $\qquad x = rX + sY, \qquad y = tX + uY$

formalmente transformam $F(x, y)$ em $G(X, Y)$. Dizemos ainda: F é levado em G pela transformação $\begin{pmatrix} r & s \\ t & u \end{pmatrix}$

Teorema 191. Se F tiver discriminante d então G também tem discriminante d; além disso, se $d < 0$ e $a > 0$ então também temos $a_1 > 0$.

Ou seja, se F for uma das quatro formas possíveis, G também o é.

Prova:
$$a(rX + sY)^2 + b(rX + sY)(tX + uY) + c(tX + uY)^2$$
$$= a_1 X^2 + b_1 XY + c_1 Y^2,$$

(129) $\qquad a_1 = ar^2 + brt + ct^2,$

(130) $\qquad b_1 = 2ars + b(ru + st) + 2ctu (= 2ars + b(1 + 2st) + 2ctu),$

Classes de Formas

(131) $$c_1 = as^2 + bsu + cu^2,$$

$$b_1^2 - 4a_1c_1 = (2ars + b(ru+st) + 2ctu)^2 - 4(ar^2 + brt + ct^2)(as^2 + bsu + cu^2)$$
$$= a^2(4r^2s^2 - 4r^2s^2) + b^2(r^2u^2 + 2rstu + s^2t^2 - 4rstu) + c^2(4t^2u^2 - 4t^2u^2)$$
$$+ 4ab(r^2su + rs^2t - r^2su - rs^2t) + 4ac(2rstu - r^2u^2 - s^2t^2)$$
$$+ 4bc(rtu^2 + st^2u - rtu^2 - st^2u) = (b^2 - 4ac)(ru - st)^2 = b^2 - 4ac = d.$$

(Provando o enunciado correspondente no Teorema 176, eu raciocinei de uma forma algo mais elegante.)

Além disso, no caso $d < 0$ e $a > 0$, podemos fazer F representar a_1 escolhendo $x = r$ e $y = t$; consequentemente $a_1 > 0$, já que $r = t = 0$ não é possível por causa da relação $ru - st = 1$.

Teoremas 192-194. Reflexividade, simetria e transitividade da equivalência.

Prova: 192) $F \sim F$; pois F vai em F por $\begin{pmatrix} 1 & 0 \\ 0 & 1 \end{pmatrix}$, e temos $\left| \begin{pmatrix} 1 & 0 \\ 0 & 1 \end{pmatrix} \right| = 1$.

193) De $F \sim G$ segue $G \sim F$; pois a solução de (128) para X, Y resulta em (como $ru - st = 1$)

$$X = ux - sy, \qquad Y = -tx + ry$$

e temos

$$\left| \begin{pmatrix} u & -s \\ -t & r \end{pmatrix} \right| = ru - st = 1.$$

194) De $F \sim G$ e $G \sim H$ segue $F \sim H$. Pois de (128) $ru - st = 1$, e

$$X = r_1x' + s_1y', \qquad Y = t_1x' + u_1y', \qquad r_1u_1 - s_1t_1 = 1,$$

segue que

$$x = r(r_1x' + s_1y') + s(t_1x' + u_1y') = (rr_1 + st_1)x' + (rs_1 + su_1)y',$$
$$y = t(r_1x' + s_1y') + u(t_1x' + u_1y') = (tr_1 + ut_1)x' + (ts_1 + uu_1)y',$$

e temos

$$\left| \begin{pmatrix} rr_1 + st_1 & rs_1 + su_1 \\ tr_1 + ut_1 & ts_1 + uu_1 \end{pmatrix} \right| = \left| \begin{pmatrix} r & s \\ t & u \end{pmatrix} \right| \cdot \left| \begin{pmatrix} r_1 & s_1 \\ t_1 & u_1 \end{pmatrix} \right| = 1.1 = 1.$$

A totalidade de formas de discriminante d (onde, para $d < 0$, consideramos apenas formas positivas definidas) portanto se divide em classes de formas equivalentes.

Teorema 195. *Formas equivalentes representam os mesmos números.*

Prova: De *(128)* segue de $k = G(X, Y)$ que

$$k = F(rX + sY, tX + uY).$$

Capítulo 17

A Finitude do Número de Classes

Embora a finitude do número de classes virá a ser novamente consequência do que faremos depois, eu gostaria mesmo assim de prová-la antes e o mais rápido possível; em particular, para o caso $d < 0$ estabelecemos um resultado mais profundo mencionado na Introdução (a possibilidade de determinar o número de classes por uma simples inspeção).

Teorema 196. *Toda classe contem uma forma para a qual*

(132) $$|b| \leq |a| \leq |c|.$$

Prova: Seja $\{a_0, b_0, c_0\}$ uma forma pertencente á classe dada. Seja a o número não nulo com menor valor absoluto representável pela forma $\{a_0, b_0, c_0\}$, ou então um dos dois tais números com o menor valor absoluto > 0. Então temos
$$a = a_0 r^2 + b_0 rt + c_0 t^2$$
para r e t apropriados. Certamente temos $(r,t) = 1$, pois caso contrário teríamos $\frac{a}{(r,t)^2}$ representável e de valor absoluto menor do que a. Podemos portanto achar números s e u tais que
$$ru - st = 1.$$
Por (129), $\begin{pmatrix} r & s \\ t & u \end{pmatrix}$ leva $\{a_0, b_0, c_0\}$ em $\{a, b', c'\}$. A transformação $\begin{pmatrix} 1 & h \\ 0 & 1 \end{pmatrix}$ de determinante 1 (na qual h é, pelo momento, arbitrário) leva $\{a, b', c'\}$ em

$\{a, b, c\}$ por (129) e (130), onde

$$b = 2ah + b'.$$

Para h apropriado segue disto que

$$|b| \leq |a|.$$

Como $c \neq 0$ e como pode ser representado por $\{a, b, c\}$ (colocando $x = 0$ e $y = 1$), segue do Teorema 195, por causa da minimalidade de $|a|$, que

$$|a| \leq |c|.$$

Teorema 197. *O número de classes é finito.*

Prova: 1) Para $d > 0$ segue de (132) que

$$|ac| \geq b^2 = d + 4ac > 4ac.$$

Logo temos

$$ac < 0,$$
$$4a^2 \leq 4|ac| = -4ac = d - b^2 \leq d,$$
$$|a| \leq \frac{\sqrt{d}}{2},$$
$$|b| \leq |a| \leq \frac{\sqrt{d}}{2}.$$

a e b tem só um número finito de possíveis valores, e logo o mesmo se passa com c.

2) Para $d < 0$ segue de (132), já que $a > 0$ e $c > 0$, que

$$|b| \leq a \leq c,$$
$$4a^2 \leq 4ac = -d + b^2 \leq |d| + a^2,$$
$$|b| \leq a \leq \sqrt{\frac{|d|}{3}},$$

de modo que c, também, tem apenas um número finito de possíveis valores.

Teorema 198. *Para $d < 0$ o número de classes (positivo definidas) é igual ao número de soluções de*

A Finitude do Número de Classes

(133) $\qquad b^2 - 4ac = d, \qquad \begin{cases} -a < b \leq a < c \\ \text{ou } 0 \leq b \leq a = c. \end{cases}$

Prova: Só temos que mostrar que cada classe contem precisamente uma tal forma.

1) Pelo Teorema 196, cada classe contem pelo menos uma forma para a qual
$$-a \leq b \leq a \leq c.$$
Para retirar as outras formas, aquelas para as quais $b = -a$ e $a < c$ ou $-a \leq b < 0$ e $a = c$, basta mostrar que
$$\{a, -a, c\} \sim \{a, a, c\}$$
e
$$\{a, -b, a\} \sim \{a, b, a\}.$$

A primeira afirmação segue do fato que $\begin{pmatrix} 1 & 1 \\ 0 & 1 \end{pmatrix}$ leva $\{a, -a, c\}$ na forma $a(X+Y)^2 - a(X+Y)Y + cY^2 = aX^2 + aXY + cY^2$. (Além disso, poderíamos ter até escolhido o número b no intervalo $-|a| < b \leq |a|$ na prova do Teorema 196.)

A outra segue do fato que $\begin{pmatrix} 0 & 1 \\ -1 & 0 \end{pmatrix}$ de determinante 1 leva a forma $\{a, -b, a\}$ em

$$aY^2 + bYX + aX^2 = aX^2 + bXY + aY^2.$$

2) A prova do fato que cada classe contem no máximo uma forma do tipo (133) não é tão simples. Se $\{a, b, c\}$ e $\{a', b', c'\}$ forem duas formas assim temos que mostrar que $a = a'$, $b = b'$ e $c = c'$.

Sem perda de generalidade, seja $a' \leq a$. Suponha que a transformação $\begin{pmatrix} r & s \\ t & u \end{pmatrix}$ para a qual $ru - st = 1$ leva $\{a, b, c\}$ em $\{a', b', c'\}$. Então, por (129) e (130), temos

(134) $\qquad a' = ar^2 + brt + ct^2,$

(135) $\qquad b' = 2ars + b(ru + st) + 2ctu.$

Por (134) temos

(136) $$a' \geq ar^2 - a|rt| + at^2,$$

de modo que (como $r^2 + t^2 \geq 2|rt|$)

$$a \geq a' \geq a|rt|,$$

e portanto

(137) $$1 \geq |rt|.$$

Agora temos $a = a'$; pois caso contrário teríamos $rt = 0$ e seguiria (já que r e t não se anulam simultaneamente) que

$$a > a' = ar^2 + ct^2 \geq ar^2 + at^2 \geq a.$$

Agora seja $c > a$ ou $c' > a'$, e portanto (como $a = a'$), por simetria, $c > a$. Então temos $t = 0$; pois caso contrário (como $ct^2 > at^2$) o sinal $>$ valeria em (136), e logo também em (157); e teríamos $rt = 0$, $r = 0$ e

$$a = ct^2 \geq c.$$

No caso $c > a$ temos portanto $t = 0$ e $ru = 1$, de modo que, por (135),

$$b' \equiv b \pmod{2a};$$

como

$$-a < b \leq a$$

e

$$-a = -a' < b' \leq a' = a,$$

segue que

$$b = b',$$

e, finalmente, que

$$c = c'.$$

No caso $c = a$ e $c' = a'$, contudo, temos

$$c = c', \quad a = a',$$

$$b = \pm b',$$

A Finitude do Número de Classes

e, como
$$b \geq 0, \quad b' \geq 0,$$
temos portanto
$$b = b'.$$

Definição 34. $F = \{a, b, c\}$ é dita *primitiva* se $(a, b, c) = 1$; caso contrário é dita *imprimitiva*.

Teorema 199. *Se* $F \sim G$ *e* F *é primitiva então* G *também o é, e se* $F \sim G$ *e* F *é imprimitiva então* G *também o é.*

Prova: De (129), (130) e (131) segue que $(a, b, c) | (a_1, b_1, c_1)$; por simetria temos também $(a_1, b_1, c_1) | (a, b, c)$, de forma que $(a, b, c) = (a_1, b_1, c_1)$.

A totalidade de classes de formas se divide em classes de formas primitivas e classes de formas imprimitivas — para abreviar, classes primitivas e imprimitivas.

Teorema 200. *Se* F *é imprimitiva, de modo que* $(a, b, c) = g > 1$, *então* $g^2 | d$, *e* $\{\frac{a}{g}, \frac{b}{g}, \frac{c}{g}\}$ *é uma forma primitiva de discriminante* $\frac{d}{g^2}$. *E reciprocamente.* ($\frac{a}{g}$ *é necessariamente* > 0 *se* $a > 0$, *e reciprocamente.*)

Prova: $(\frac{b}{g})^2 - 4\frac{a}{g}\frac{c}{g} = \frac{b^2 - 4ac}{g}$.

Obtemos assim todas as classes de discriminante d a partir das classes primitivas tendo discriminantes da forma $\frac{d}{g^2}$, onde $g > 0$ e $g^2 | d$, multiplicando cada classe por g. Assim, se não tivéssemos provado a finitude do número de classes, ainda assim ela seguiria da finitude do número $h(d)$ de classes primitivas, que será provado novamente a seguir. O número de classes (primitivas e imprimitivas) para qualquer d é exatamente

$$\sum_{\substack{g^2 | d \\ g > 0}} h(\frac{d}{g^2}).$$

De qualquer forma basta, de agora em diante, considerarmos apenas formas primitivas.

Consequentemente, de agora em diante tomaremos

$$d \text{ não quadrado e } \equiv 0 \text{ ou } 1 \pmod{4},$$

$$b^2 - 4ac = d, \qquad (a,b,c) = 1,$$
se $d < 0$; além disso tomaremos $a > 0$.

Capítulo 18

Representações Primárias por Formas

Definição 35. *Seja $k \neq 0$. Então*
$$F(x,y) = k$$
é dita uma representação própria de k pela forma F se $(x,y) = 1$; uma representação imprópria se $(x,y) > 1$.

Teorema 201. *Seja $k > 0$ e seja $F(x,y) = k$ uma representação própria. Então r, s e l podem ser escolhidos de exatamente uma maneira de modo que*

(138) $$\left| \begin{pmatrix} x & r \\ y & s \end{pmatrix} \right| = 1,$$

(139) $$l^2 \equiv d \pmod{4k}, \quad 0 \leq l < 2k,$$

e assim F é levado em $\{k, l, m\}$ pela transformação $\begin{pmatrix} x & r \\ y & s \end{pmatrix}$, onde m é o número que, conforme (139), é determinado por
$$l^2 - 4km = d.$$

(Já sabemos, por causa de (129) e o Teorema 191, que o primeiro coeficiente da nova forma é independente da escolha de r e s satisfazendo (138), e que o segundo coeficiente, a saber l, satisfaz a congruência em (139). O teorema portanto é que para exatamente uma escolha de r e s satisfazendo (138) o segundo coeficiente pertencerá ao intervalo $0 \leq l < 2k$. O ponto está em que a cada representação própria de k está associado um número bem determinado l pertencendo ao intervalo $0 \leq l < 2k$.)

Prova: Pelo Teorema 68 todas as soluções de (138) são da forma

$$r = r_0 + hx, \qquad s = s_0 + hy,$$

onde r_0, s_0 são uma solução de h é arbitrário.

Seja $F = \{a, b, c\}$; se $\{k, l, m\}$ é a outra forma então segue de (130) que

$$l = 2axr + b(xs + yr) + 2cys$$

$$= 2axr_0 + b(xs_0 + yr_0) + 2cys_0 + h(2ax^2 + bxy + byx + 2cy^2) = l_0 + 2hk;$$

assim para exatamente um h temos $0 \leq l < 2k$; de $l^2 - 4km = d$ segue, finalmente, que

$$l^2 \equiv d \pmod{4k}.$$

Uma transformação pode levar F em F; $\begin{pmatrix} 1 & 0 \\ 0 & 1 \end{pmatrix}$ e $\begin{pmatrix} -1 & 0 \\ 0 & -1 \end{pmatrix}$, por exemplo, certamente fazem isto. A solução ao problema de achar todas as transformações assim é dada pelo

Teorema 202. Todas as transformações de $F = \{a, b, c\}$ em si mesma são dadas pela fórmula

(140) $$\begin{pmatrix} \frac{t-bu}{2} & -cu \\ au & \frac{t+bu}{2} \end{pmatrix}$$

onde t, u é uma solução arbitrária da Equação de Pell

(141) $$t^2 - du^2 = 4.$$

Observações: 1) $\frac{t+bu}{2}$ e $\frac{t-bu}{2}$ claramente são inteiros. Pois (como $b \equiv d \pmod{2}$) temos, por (141),

$$t \pm bu \equiv t + du \equiv t^2 - du^2 \equiv 4 \equiv 0 \pmod{2}.$$

2) O determinante da transformação (140) é claramente 1; pois por (141) temos

$$\frac{t-bu}{2}\frac{t+bu}{2} + acu^2 = \frac{t^2 - b^2u^2}{4} + acu^2 = \frac{t^2 - (b^2 - 4ac)u^2}{4} = \frac{t^2 - du^2}{4} = 1.$$

Representações Primárias por Formas

3) As soluções triviais $t = \pm 2$, $u = 0$ da equação (141) (sabemos que não existem outras para $d < -4$) resultam nas transformações mencionadas acima $\begin{pmatrix} 1 & 0 \\ 0 & 1 \end{pmatrix}$ e $\begin{pmatrix} -1 & 0 \\ 0 & -1 \end{pmatrix}$.

Prova: 1) Para provar que (140) leva F em si mesma basta mostrar que os dois primeiros coeficientes são mantidos inalterados. De fato, por (129) e (130), os dois primeiros coeficientes são

$$a_1 = a(\frac{t-bu}{2})^2 + b\frac{t-bu}{2}au + ca^2u^2$$

$$= a\frac{t^2}{4} - ab\frac{tu}{2} + ab^2\frac{u^2}{4} + ab\frac{tu}{2} - ab^2\frac{u^2}{2} + a^2cu^2 = \frac{a}{4}(t^2 - (b^2 - 4ac)u^2) = a,$$

$$b_1 = -2a\frac{t-bu}{2}cu + b(1 - 2acu^2) + 2cau\frac{t+bu}{2}$$

$$= -actu + abcu^2 + b - 2abcu^2 + actu + abcu^2 = b.$$

2) Para mostrar que toda transformação $\begin{pmatrix} r & s \\ m & n \end{pmatrix}$ (satisfazendo $rn - sm = 1$) que leva F em si mesma é da forma (140), começo observando que, por causa de (129) e (130),

(142) $$a = ar^2 + brm + cm^2,$$

$$b = 2ars + b(1 + 2sm) + 2cmn;$$

logo temos

(143) $$0 = ars + bsm + cmn.$$

De (142) e (143) eliminamos agora b e c, sucessivamente. Isto dá, por um lado,

(144) $$as = csm^2 - crmn = cm(sm - rn) = -cm,$$

e por outro

$$an = ar^2n + brmn - arsm - bsm^2 = ar + bm,$$

(145) $$a(n-r) = bm.$$

De (144) e (145) segue que

$$a|cm, \quad b|bm;$$

como $(a,b,c) = 1$ (agora — finalmente — usamos a hipótese da primitividade), segue que

$$a|m,$$
$$m = au.$$

Temos portanto, de (144) e (145), que

$$s = -cu, \quad n - r = bu.$$

Além disso, segue que

$$(n+r)^2 = (n-1)^2 + 4nr = b^2u^2 + 4(1+sm) = b^2u^2 + 4(1-acu^2) = du^2 + 4,$$

e portanto, fazendo

$$n + r = t,$$

que

(141) $$t^2 = du^2 = 4,$$

$$r = \frac{t - bu}{2}, \quad n = \frac{t + bu}{2}.$$

Definição 36. Uma representação de $k > 0$ por $F = \{a, b, c\}$, onde $a > 0$, é dita primária: se $d < 0$, de qualquer modo; se $d > 0$, desde que

(146) $$2ax + (b - \sqrt{d})y > 0, \quad 1 \le \frac{2ax + (b+\sqrt{d})y}{2ax + (b-\sqrt{d})y} < \epsilon^2,$$

onde ϵ é definido como no Teorema 111.

(A saber,

$$\epsilon = \frac{t_0 + u_0\sqrt{d}}{2},$$

onde t_0, u_0 é a menor solução positiva de (141); tivemos $\epsilon > 1$, e todas as soluções de (141) eram dadas por

$$\frac{t + u\sqrt{d}}{2} = \pm\epsilon^n.)$$

Representações Primárias por Formas 221

Para orientar o leitor: 1) Fazendo

$$2ax + (b + \sqrt{d})y = L, \quad 2ax + (b - \sqrt{d})y = \overline{L}$$

(a barra nada tem a ver com a notação usual de conjugação complexa), então (146) fica

(147) $$\overline{L} > 0, \quad 1 \leq \frac{L}{\overline{L}} < \epsilon^2;$$

portanto temos

$$L \geq \overline{L} > 0.$$

2) Se uma representação de k por $\{a, b, c\}$ é imprópria e primária, e se fizermos $(x, y) = g$, então $\frac{k}{g^2}$ tem uma representação própria e primária por $\{a, b, c\}$, usando $\frac{x}{g}, \frac{y}{g}$ no lugar de x, y, e reciprocamente. De fato, as desigualdades em (146) admitem um fator de proporcionalidade positivo em x e y. Segue que existem exatamente tantas representações primárias por F de qualquer $k > 0$ (supondo provada a finitude; ela reaparecerá do Teorema 203) quantas representações próprias e primárias por F de $\frac{k}{g^2}$, onde $g > 0$ e $g^2 | k$.

Teorema 203. Seja $k > 0$ propriamente representável por $F = \{a, b, c\}$, onde $a > 0$ (exijo isto mesmo se $d > 0$). Então para todo l tal que

(139) $$l^2 \equiv d \pmod{4k}, \quad 0 \leq l < 2k,$$

que corresponde, no sentido do Teorema 201, a pelo menos uma tal representação, existem exatamente duas tais representações se $d < -4$, exatamente quatro se $d = -4$, e exatamente seis se $d = -3$; se $d > 0$ então existe exatamente uma representação primária deste tipo.

Fazendo

$$w = \begin{cases} 1 & \text{para } d > 0, \\ 2 & \text{para } d < -4, \\ 4 & \text{para } d = -4, \\ 6 & \text{para } d - 3 \end{cases}$$

para o restante da quarta parte (sabemos da primeira parte, capítulo 7 que se $d < 0$ este w é o número de soluções da equação (141)), então podemos expressar isto uniformemente: Para cada um tal l existem exatamente w representações próprias e primárias de k.

Observação: Como existe apenas um número finito de l para começar, segue que de qualquer modo o número de representações primárias de k por F é finito.

Prova: Como $l^2 \equiv d \pmod{4k}$ segue que existe apenas um m para o qual

$$l^2 - 4km = d,$$

e vamos supor que $F = \{a, b, c\}$ vai em $G = \{k, l, m\}$ por pelo menos uma transformação $\begin{pmatrix} x_0 & r_0 \\ y_0 & s_0 \end{pmatrix}$. Queremos encontrar todas as transformações $\begin{pmatrix} x & r \\ y & s \end{pmatrix}$ e mostrar que a primiera coluna a, y desta matriz representa exatamente w pares de valores — sem condições, se $d < 0$, e desde que as condições adicionais (146) forem satisfeitas, se $d > 0$.

Seja $\begin{pmatrix} x_1 & r_1 \\ y_1 & s_1 \end{pmatrix}$ uma transformação que leva F em F. (Conhecemos todas estas transformações por causa do Teorema 202; mas este teorema só será aplicado mais tarde.) Primeiro mostro que a matriz mais geral $\begin{pmatrix} x & r \\ y & s \end{pmatrix}$ é dada por

$$\begin{pmatrix} x & r \\ y & s \end{pmatrix} = \begin{pmatrix} x_1 x_0 + r_1 y_0, & x_1 r_0 + r_1 s_0 \\ y_1 x_0 + s_1 y_0 & y_1 r_0 + s_1 s_0 \end{pmatrix}.$$

Para evitar cálculos com matrizes, tomarei cuidados com a escolha de notação.)

De fato: 1) O lado direito de (148) leva F em G; pois pelas fórmulas na prova do Teorema 194, resulta o mesmo se primeiro transformássemos F por $\begin{pmatrix} x_1 & r_1 \\ y_1 & s_1 \end{pmatrix}$ — isto fornece F — e então transformássemos o resultado (a saber, F) por $\begin{pmatrix} x_0 & r_0 \\ y_0 & s_0 \end{pmatrix}$ — isto dá G.

2) Seja $\begin{pmatrix} x & r \\ y & s \end{pmatrix}$ levando F em G. Pelas fórmulas na prova do Teorema 193, G vai em F por $\begin{pmatrix} s_0 & -r_0 \\ -y_0 & x_0 \end{pmatrix}$. Consequentemente a transformação

$$\begin{pmatrix} xs_0 - ry_0, & -xr_0 + rx_0 \\ ys_0 - sy_0 & -yr_0 + sx_0 \end{pmatrix}$$

leva F em F, através de G. Igualando a $\begin{pmatrix} x_1 & r_1 \\ y_1 & s_1 \end{pmatrix}$, ou seja, fazendo

Representações Primárias por Formas   223

$x_1 = xs_0 - ry_0,$ $r_1 = -xr_0 + rx_0,$ $y_1 = ys_0 - sy_0,$ $s_1 = -yr_0 + sx_0,$

então temos de fato

$x_1 x_0 + r_1 y_0 = x,$ $x_1 r_0 + r_1 s_0 = r,$ $y_1 x_0 + s_1 y_0 = y,$ $y_1 r_0 + s_1 y_0 = s.$

Levando em consideração a forma, que nos é dada pelo Teorema 202, de todas as matrizes $\begin{pmatrix} x_1 & r_1 \\ y_1 & s_1 \end{pmatrix}$, então vemos que nossos x e y gerais são dados pelas fórmulas

(149)
$$\begin{cases} x = \frac{t-bu}{2} x_0 - cuy_0, \\ y = aux_0 + \frac{t+bu}{2} y_0, \end{cases}$$

onde t, u é qualquer solução de (141). Pares distintos t, u correspondem a pares distintos x, y; porque o determinante dos coeficientes de t e u no lado direito de (149) é

$$\frac{1}{4} \left| \begin{pmatrix} x_0 & -(bx_0 + 2cy_0) \\ y_0 & 2ax_0 + by_0 \end{pmatrix} \right| = \frac{1}{4}(2ax_0^2 + bx_0 y_0 + bx_0 y_0 + 2cy_0^2) = \frac{k}{2} \neq 0.$$

Para $d < 0$ tudo foi levado em consideração.

Para $d > 0$ tenho que mostrar que para exatamente um par de valores admissíveis t, u, isto é, para exatamente um sinal e um n correspondente na fórmula

$$\frac{t + u\sqrt{d}}{2} = \pm \epsilon^n$$

valem as desigualdades

(147) $\overline{L} > 0,\quad 1 \leq \frac{L}{\overline{L}} < \epsilon^2;$

aqui x e y são definidos como em (149).

Por (149) temos

$$4ax + 2(b + \sqrt{d})y = 2a(t - bu)x_0 - 4acuy_0 + 2abux_0 + (t + bu)by_0$$
$$+ \sqrt{d}(2aux_0 + (t + bu)y_0)$$

$$= t(2ax_0 + by_0) + duy_0 + \sqrt{d}(2aux_0 + buy_0 + ty_0)$$
$$= (2ax_0 + (b + \sqrt{d})y_0)(t + \sqrt{d}),$$
$$2ax + (b + \sqrt{d})y = (2ax_0 + (b + \sqrt{d})y_0)\frac{t + u\sqrt{d}}{2},$$

de modo que fazendo

$$L_0 = 2ax_0 + (b + \sqrt{d})y_0,$$

temos

$$L = \pm L_0 \epsilon^n.$$

Do fato que $L > 0$ segue que o sinal à direita deve ser o de L_0. (L_0 não se anula; pois caso contrário teríamos $2ax_0 + by_0 = y_0 = 0$, e portanto $x_0 = y_0 = 0$.) Temos portanto que mostrar que na fórmula

$$L = |L_0|\epsilon^n,$$

existe exatamente uma escolha de n para a qual (147) valerá.

Observamos primeiro que, por (124),

$$4ak = (2ax + (b + \sqrt{d})y)(2ax + (b - \sqrt{d})y) = L\overline{L},$$

de modo que, como $L > 0$, eo ipso $\overline{L} = \frac{4ak}{L} > 0$. Por causa do fato que

$$\frac{L}{\overline{L}} = \frac{L^2}{4ak} = \frac{|L_0|^2 \epsilon^{2n}}{4ak},$$

segue que necessitamos precisamente

$$1 \leq \frac{|L_0|^2 \epsilon^{2n}}{4ak} < \epsilon^2;$$

isto coincide com

$$\frac{2\sqrt{ak}}{|L_0|} \leq \epsilon^n < \frac{2\sqrt{ak}}{|L_0|}\epsilon,$$

e esta última relação tem exatamente uma solução n, já que o intervalo percorre exatamente de um número ξ (inclusive) até $\xi\epsilon$ (exclusive), onde $\xi > 0$.

Representações Primárias por Formas

Definição 37. *Um sistema representativo de classes (primitivas) de formas (onde, se $d < 0$, tomamos $a > 0$) será um conjunto de representantes, um para cada classe, tendo $a > 0$.*

Tal representante, tendo $a > 0$, certamente existe no caso $d > 0$, pois cada forma representa um número positivo, e portanto representa algum número particular propriamente, e é portanto equivalente a uma forma tendo este número como primeiro coeficiente.

Teorema 204. *Seja $k > 0$ e seja $(k, d) = 1$. Então o número $\psi(k)$ de representações primárias de k por todas as formas pertencentes a um sistema representitivo é finito, com seu valor dado por*

$$\psi(k) = w \sum_{n|k} \left(\frac{d}{n}\right)$$

(O símbolo de Kronecker!).

Prova: Primeiro consideramos representações primárias próprias. Pela observação do Teorema 97 as condições

(139) $\qquad l^2 \equiv d \pmod{4k}, \qquad 0 \le l < 2k$

tem exatamente

$$\sum_{f|k} \left(\frac{d}{f}\right)$$

soluções, onde f percorre todos os divisores positivos livres de quadrados de k. (Aqui a condição $(k, d) = 1$ foi usada.) Para cada um tal l, a forma $\{k, l, m\}$, onde m é determinado por $l^2 - 4km = d$, é equivalente a exatamente uma forma do sistema representativo. Por meio desta forma obtemos pelo Teorema 203 exatamente w representações primárias próprias pertencentes a l. O número de representações primárias próprias de k por formas pertencentes ao sistema representativo é portanto

$$w \sum_{f|k} \left(\frac{d}{f}\right).$$

Pela segunda das observações que precedem o Teorema 203 segue que o número de representações primárias de k por formas pertencentes ao sistema representativo é

$$\psi(k) = w \sum_{\substack{g^2|k\ g>0}} \sum_{f|\frac{k}{g^2}} \left(\frac{d}{f}\right)$$

(como $(k,d) = 1$ temos de fato $(\frac{k}{g^2}, d) = 1$ para $g^2|k$). Segue do Teorema 96, já que $(g^2, d) = 1$, que

$$\psi(k) = w \sum_{g^2|k,\ g>0} \sum_{f|\frac{k}{g^2}} (\frac{d}{fg^2}) = w \sum_{n|k}(\frac{d}{n});$$

pois cada $n > 0$ pode ser unicamente escrito na forma fg^2, onde f é livre de quadrados e $g > 0$; e então $n|k$ implica $g^2|k$, $f|\frac{k}{g^2}$ e reciprocamente.

Teorema 205. Se para $\tau > 1$ fizermos

$$H(\tau) = \sum_{1 \leq k \leq \tau,\ (k,d)=1} \psi(k),$$

(o número de representações primárias, por formas pertencentes ao sistema representativo, de todos os números até τ que são relativamente primos com d) então

$$\lim_{\tau \to \infty} \frac{H(\tau)}{\tau}$$

existe e temos

$$\lim_{\tau \to \infty} \frac{H(\tau)}{\tau} = w \frac{\varphi(|d|)}{|d|} \sum_{n=1}^{\infty} (\frac{d}{n}) \frac{1}{n}.$$

Observação: Pelo Teorema 141 a série

$$\sum_{n=1}^{\infty} (\frac{d}{n}) \frac{1}{n}$$

certamente converge, já que $(\frac{d}{n})$ é um caráter do segundo tipo mod $|d|$, de acordo com a observação final da segunda parte, capítulo 10, parágrafo 2. De agora em diante sua soma será denotada por $K = K(d)$.

Duas provas: 1) Pelo Teorema 204 temos

$$\frac{H(\tau)}{w} = \sum_{1 \leq k \leq \tau,\ (k,d)=1} \sum_{n|k} (\frac{d}{n}) = \sum_{1 \leq k \leq \tau} \sum_{n|k} (\frac{d}{n})(\frac{d}{kn})^2;$$

isto segue do fato que, se $n|k$ e $n > 0$, temos

$$(\frac{d}{n})(\frac{d}{\frac{k}{n}})^2 = \begin{cases} (\frac{d}{n}) & \text{para } (k,d) = 1, \\ 0 & \text{para } (k,d) > 1, \end{cases}$$

Representações Primárias por Formas

pois no primeiro caso $(\frac{k}{n}, d) = 1$ e no segundo ou $(n, d) > 1$ ou $(\frac{k}{n}, d) > 1$.

Consequentemente, se for tacitamente entendido nas fórmulas a seguir que $n \geq 1$ e $m \geq 1$, temos

$$\frac{H(\tau)}{w} = \sum_{nm \leq \tau} (\frac{d}{n})(\frac{d}{m})^2,$$

de forma que (e o leitor aqui deve desenhar uma figura para isto análoga à figura desenhada para a prova do Teorema 152; aqui, no plano (n, m) deve ser desenhado o triângulo curvilíneo limitado pelo ramo positivo da hipérbole $nm = \tau$ e as retas $n = 1$ e $m = 1$, e além disso deve ser desenhada a reta $n = \sqrt{\tau}$. Aritmeticamente: se $nm \leq \tau$ então ou $n \leq \sqrt{\tau}$, de modo que temos $m \leq \frac{\tau}{n}$; ou então $n > \sqrt{\tau}$, de modo que temos $m \leq \sqrt{\tau}$, $\sqrt{\tau} < n \leq \frac{\tau}{m}$)

(150) $$\frac{H(\tau)}{w} = \sum_{n \leq \sqrt{\tau}} (\frac{d}{n}) \sum_{m \leq \frac{\tau}{n}} (\frac{d}{m})^2 + \sum_{m \leq \sqrt{\tau}} (\frac{d}{m})^2 \sum_{\sqrt{\tau} < n \leq \frac{\tau}{m}} (\frac{d}{n}).$$

Agora para $\xi > 0$

$$\sum_{m \leq \xi} (\frac{d}{m})^2$$

é o número de inteiros positivos até ξ que são relativamente primos com d, ou seja, o número de inteiros positivos $\leq \xi$ pertencente a uma certa coleção de $\varphi(|d|)$ classes residuais mod $|d|$. Consequentemente, pelo Teorema 118, temos

(151) $$|\sum_{m \leq \xi} (\frac{d}{m})^2 - \frac{\varphi(|d|)}{|d|} \xi | < \varphi(|d|) \leq |d|.$$

Segue ainda, pelo Teorema 139, para $1 \leq \xi < \eta$, que

(152) $$|\sum_{\xi < n \leq \eta} (\frac{d}{n})| \leq \frac{\varphi(|d|)}{2} < |d|.$$

De (150), (151) e (152) obtemos

$$|\frac{H(\tau)}{w} - \frac{\varphi(|d|)}{|d|} \tau \sum_{n \leq \sqrt{\tau}} (\frac{d}{n}) \frac{1}{n}|$$

$$= |\sum_{n \leq \sqrt{\tau}} (\frac{d}{n})(\sum_{m \leq \tau n} (\frac{d}{m})^2 - \frac{\varphi(|d|)}{|d|} \frac{\tau}{n}) + \sum_{m \leq \sqrt{\tau}} (\frac{d}{m})^2 \sum_{\sqrt{\tau} < n \leq \frac{\tau}{m}} (\frac{d}{n})|$$

$$\le \sum_{n\le\sqrt{\tau}} |d| + \sum_{m\le\sqrt{\tau}} |d| \le 2|d|\sqrt{\tau},$$

(153) $$\left|\frac{H(\tau)}{w} - w\frac{\varphi(|d|)}{|d|}\sum_{n\le\sqrt{\tau}}(\frac{d}{n})\frac{1}{n}\right| \le \frac{2|d|w}{\sqrt{\tau}},$$

a partir do que, por causa da convergência da série

$$\sum_{n=1}^{\infty}(\frac{d}{n})\frac{1}{n} = K(d),$$

nossa conclusão, a saber,

$$\lim_{\tau\to\infty}\frac{H(\tau)}{\tau} = w\frac{\varphi(|d|)}{|d|}K(d),$$

segue.

2) Várias idéias da primeira prova vão nos ser úteis para outros propósitos. Se nosso objetivo for meramente o Teorema 205, então podemos alcançá-lo mais facilmente, embora talvez mais artificialmente, da seguinte maneira.

Pelo Teorema 204, temos

(154) $$\frac{1}{w}\frac{H(\tau)}{\tau} = \frac{1}{\tau}\sum_{1\le k\le\tau}\sum_{(k,d)=1}\sum_{n|k}(\frac{d}{n}) = \sum_{n=1}^{\infty}(\frac{d}{n})\frac{A(\tau;d,n)}{\tau},$$

onde $A(\tau;d,n)$ representa o número de inteiros positivos até τn que são relativamente primos com d. É claro que

(155) $$\frac{A(\tau;d,n)}{\tau} \le \frac{1}{n}$$

e que, para n fixo,

(156) $$\lim_{\tau\to\infty}\frac{A(\tau;d,n)}{\tau} = \frac{\varphi(|d|)}{|d|}\frac{1}{n}.$$

Por (155), Teorema 139 e Teorema 140, segue que

$$\left|\sum_{n=u}^{v}(\frac{d}{n})\frac{A(\tau;d,n)}{\tau}\right| \le \frac{|d|}{u}$$

para $v \ge u \ge 1$, uma vez que $A(\tau;d,n)$ não aumenta para n crescente, e portanto a série à direita de (154) é uniformemente convergente para $\tau > 1$. Portanto, por (156), a conclusão segue.

Capítulo 19

Representações de $h(d)$ em Termos de $K(d)$

Gostaríamos agora de investigar

$$H(\tau, F) = \sum_{1 \leq k \leq \tau \ (k,d)=1} \psi(k, F) \qquad (\tau > 1),$$

onde $\psi(k, F)$ é o número de representações primárias de k por uma forma fixa F do sistema representativo; pergutamos se — em analogia com o Teorema 205 —

(157) $$\lim_{\tau \to \infty} \frac{H(\tau, F)}{\tau}$$

existe. Encontraremos que
 1) O limite existe.
 2) O limite é independente de F; e logo depende só de d.
 3) O limite é > 0.
 4) O limite pode ser explicitamente escrito.

Se, pelo momento, denotarmos este limite por $M(d)$, então o que se segue é consequência do que foi enunciado agora.

Se $F_1, F_2, \ldots, F_{h_0}$ forem representativos de um número finito de classes (estamos nos comportando como se não soubéssemos que o número de classes é finito) então claramente temos

$$\sum_{n=1}^{h_0} H(\tau, F_n) \leq H(\tau),$$

de modo que, pelo Teorema 205,

$$h_0 M(d) = \sum_{n=1}^{h_0} \lim_{\tau \to \infty} \frac{H(\tau, F_n)}{\tau} = \lim_{\tau \to \infty} \frac{\sum_{n=1}^{h_0} H(\tau, F_n)}{\tau} \leq \lim_{\tau \to \infty} \frac{H(\tau)}{\tau} =$$

$$= w \frac{\varphi(|d|)}{|d|} K(d).$$

Consequentemente, h_0 é limitado, de modo que o número de classes é finito. Denote-o por $h = h(d)$, Agora, se F_n percorre um sistema representativo completo, temos

$$\sum_{n=1}^{h} H(\tau, F_n) = H(\tau),$$

e portanto

(158) $$h(d)M(d) = w \frac{\varphi(|d|)}{|d|} K(d).$$

É este, precisamente, o objetivo deste capítulo. O número de classes será mais uma vez "determinado"; a demonstração anunciada de nossa afirmação sobre o limite em (157) será algo entediante.

Mas (158) está longe de ser nossa última fórmula; pois conseguiremos expressar a série

$$K(d) = \sum_{n=1}^{\infty} (\frac{d}{n}) \frac{1}{n}$$

em forma fechada. Isto, contudo, irá nos tomar mais três capítulos.

Teorema 206. *Se x e y cada qual percorre um conjunto completo de resíduos mod $|d|$, então exatamente $|d|\varphi(|d|)$ dos d^2 números $F(x,y)$ que resultam são relativamente primos com d.*

Observação: Que o número seja independente da escolha dos conjuntos de resíduos é claro, para começar; pois de $x \equiv x'$ e $y \equiv y'$, segue que $F(x,y) \equiv F(x',y')$.

Prova: Basta provar, para $p^l|d$, $l > 0$, que se x e y percorrem cada qual um conjunto completo de resíduos mod p^l, então $p \not| F(x,y)$ exatamente

Representações de $h(d)$ em Termos de $K(d)$

$p^l \varphi(p^l)$ vezes. Pois se a decomposição canônica de $|d|$ é $|d| = \prod_{p \mid \,|d|} p^l$, então, como $(F, d) = 1$ é equivalente a $p \nmid F$ para todo $p \mid \,|d|$, pelo Teorema 71 existem exatamente $\prod_{p \mid \,|d|} p^l \varphi(p^l) = |d| \varphi(|d|)$ pares de classes $x \equiv x_0 \pmod{|d|}$, $y \equiv y_0 \pmod{|d|}$.

Como $(a, b, c) = 1$ e $b^2 - 4ac = d$ não podemos ter ao mesmo tempo $p \mid a$ e $p \mid c$ se $p \mid d$. Sem perda de generalidade, seja $p \nmid a$. (Pois $a > 0$ não é usado nesta prova que segue.)

1) Seja $p > 2$. Então, como $(p, 4a) = 1$, só depende de $4aF = (2ax + by)^2 - dy^2$ não ser divisível por p, ou seja, como $p \mid d$, de

$$2ax + by \not\equiv 0 \pmod{p}.$$

Para cada um dos nossos p^l valores de y, como $p \nmid 2a$, todos os x pertencentes a um conjunto de $p - 1$ classes residuais mod p tem esta propriedade, isto é, exatamente

$$p^{l-1}(p - 1) = \varphi(p^l)$$

de nossos x.

2) Seja $p = 2$, de modo que $2 \mid d$ e $2 \mid b$. A condição

$$ax^2 + bxy + cy^2 \equiv 1 \pmod{2}$$

implica

$$x + cy \equiv 1 \pmod{2}.$$

Para cada um dos nossos 2^l valores de y, todos os x pertencentes a uma classe residual mod 2 tem esta propriedade, ou seja, precisamente $2^{l-1} = \varphi(2^l)$ de nossos x.

Teorema 207. Seja $m > 0$. Suponha dada uma elipse ou um setor de uma hipérbole (o triângulo curvilíneo limitado por um arco de hipérbole e dois raios desenhados de seus pontos extremos ao centro da hipérbole); Seja I sua área. Suponha a figura esticada por um valor $\sqrt{\tau}$, $\tau > 0$ (isto é, suponha que consideramos o conjunto de pontos $\xi \sqrt{\tau}$, $\eta \sqrt{\tau}$ em vez do conjunto original de pontos ξ, η). Seja $U(\tau)$ o número de pontos com coordenadas inteiras (chamados de pontos no reticulado) dentro da figura extendida (com pontos na fronteira contados ou não, como queiramos) que satisfazem as condições adicionais

$$x \equiv x_0 \pmod{m}, \qquad y \equiv y_0 \pmod{m}.$$

Então temos

$$\lim_{\tau \to \infty} \frac{U(\tau)}{\tau} = \frac{I}{m^2}.$$

Prova: No plano da figura original desenhamos dois sistemas de paralelas mutuamente perpendiculares, tais que as linhas distam $\frac{m}{\sqrt{\tau}}$ uma da outra, em torno do ponto $\xi = \frac{x_0}{\sqrt{\tau}}$, $\eta = \frac{y_0}{\sqrt{\tau}}$; ou seja, desenhamos todas as retas

$$\xi = \frac{x_0 + rm}{\sqrt{\tau}}, \qquad \eta = \frac{y_0 + sm}{\sqrt{\tau}}.$$

Seja $W(\tau)$ o número de quadrados nesta rede que estão contidos na elipse ou no setor da hipérbole, conforme o caso; um quadrado do qual apenas uma parte está contida na figura deve ser contado se e só se sua extremidade no "sudoeste" (ou seja, a extremidade na qual ξ e η são ambos mínimos) estiver contado na figura esticada correspondente. Então claramente temos

$$U(\tau) = W(\tau).$$

Como $\frac{m^2}{\tau}$ é a área de cada quadrado na nossa rede, segue dos teoremas básicos do cálculo integral que

$$I = \int\int d\xi d\eta = \lim_{\tau\to\infty}(\frac{m^2}{\tau}W(\tau)),$$

o que demonstra nosso teorema.

Teorema 208. *Valem as seguintes fórmulas para a função $H(\tau, F)$, definida acima:*

$$\lim_{\tau\to\infty}\frac{H(\tau,F)}{\tau} = \begin{cases} \frac{2\pi}{\sqrt{|d|}}\frac{\varphi(|d|)}{|d|} & \text{para } d < 0, \\ \frac{\log \epsilon}{\sqrt{d}}\frac{\varphi(d)}{d} & \text{para } d > 0, \end{cases}$$

onde ϵ é definido como no Teorema 111.

Prova: Pelo Teorema 206 basta provar que o número de soluções $U(\tau) = U(\tau, F, x_0, y_0)$ de

$$0 \le F(x,y) \le \tau, \qquad x \equiv x_0 \pmod{|d|}, \qquad y \equiv y_0 \pmod{|d|},$$

o qual, no caso $d > 0$ também satisfaz as condições (146) tem a propriedade que

$$\lim_{\tau\to\infty}\frac{U(\tau)}{\tau} = \begin{cases} \frac{2\pi}{\sqrt{d}}\frac{1}{d^2} & \text{para } d < 0, \\ \frac{\log \epsilon}{\sqrt{d}}\frac{1}{d^2} & \text{para } d > 0. \end{cases}$$

($F(x,y) = 0$ é permitido, já que esta equação pode ser satisfeita apenas para $x = y = 0$, pela irracionalidade de $\sqrt{d}$.)

Representações de $h(d)$ em Termos de $K(d)$

1) Seja $d < 0$. Pelo Teorema 207 só precisamos observar que a elipse

$$a\xi^2 + b\xi\eta + c\eta^2 \leq 1$$

(da qual, depois de esticada, obtemos $F(x,y) \leq \tau$) tem área $\frac{2\pi}{\sqrt{|d|}}$. O leitor certamente sabe isto.

2) Seja $d > 0$. Pelo Teorema 207 basta provar, abreviando

$$\Lambda = 2a\xi + (b + \sqrt{d})\eta, \qquad \overline{\Lambda} = 2a\xi + (b - \sqrt{d})\eta,$$

que o setor de hiérbola

(159) $$a\xi^2 + b\xi\eta + c\eta^2 \leq 1, \qquad \overline{\Lambda} > 0, \qquad 1 \leq \frac{\Lambda}{\overline{\Lambda}} < \epsilon^2$$

tem área $\frac{\log \epsilon}{\sqrt{d}}$. (A condição $0 \leq a\xi^2 + b\xi\eta + c\eta^2$ pode ser omitida, já que segue de $a\xi^2 + b\xi\eta + c\eta^2 = \frac{\Lambda\overline{\Lambda}}{4a}$ e $\Lambda \geq \overline{\Lambda} > 0$.) (159) é um setor de uma hipérbole; pois (por favor, desenhe isto!) as assíntotas da hipérbole $a\xi^2 + b\xi\eta + c\eta^2 = \frac{\Lambda\overline{\Lambda}}{4a} = 1$ são as retas $\Lambda = 0$ e $\overline{\Lambda} = 0$, de modo que os semi-raios $\Lambda = \overline{\Lambda} > 0$ (isto é, incidentalmente, o eixo ξ positivo) e $\Lambda = \epsilon^2 \overline{\Lambda} > 0$ intersectam o mesmo ramo da hipérbole (dentro da região $\Lambda > 0$, $\overline{\Lambda} > 0$).

A área do setor de hiérbola (159) é

$$I = \int\int d\xi d\eta$$

sobre a região $\Lambda\overline{\Lambda} \leq 4a$, $\overline{\Lambda} > 0$, $1 \leq \frac{\Lambda}{\overline{\Lambda}} < \epsilon^2$. Sejam as novas variáveis

$$\frac{\Lambda}{2\sqrt{a}} = \rho, \qquad \frac{\overline{\Lambda}}{2\sqrt{a}} = \sigma;$$

como

$$\left|\begin{pmatrix} \frac{\partial \rho}{\partial \xi} & \frac{\partial \rho}{\partial \eta} \\ \frac{\partial \sigma}{\partial \xi} & \frac{\partial \sigma}{\partial \eta} \end{pmatrix}\right| = \frac{1}{2\sqrt{a}}\frac{1}{2\sqrt{a}}\left|\begin{pmatrix} 2a & b+\sqrt{d} \\ 2a & b-\sqrt{d} \end{pmatrix}\right| = -\sqrt{d},$$

temos

$$I = \frac{1}{\sqrt{d}}\int\int d\rho d\sigma,$$

sobre o setor de hipérbole $\rho\sigma \leq 1$, $\sigma > 0$, $\sigma \leq \rho \leq \epsilon^2 \sigma$ (por favor, desenhe um diagrama; ou então use o velho no caso de a hipérbole originalmente desenhada acontecer de ser equilátera) tendo vértices $0,0; \epsilon, 1\epsilon; 1,1$. Consequentemente temos

$$\sqrt{d}I = \int_0^\epsilon d\rho \int_{\frac{\rho}{\epsilon^2}}^{\min(\rho, \frac{1}{\rho})} d\sigma = \int_0^1 d\rho \int_{\frac{\rho}{\epsilon^2}}^{\rho} d\sigma + \int_1^\epsilon d\rho \int_{\frac{\rho}{\epsilon^2}}^{\frac{1}{\rho}} d\sigma$$

$$= \int_0^1 (\rho - \frac{\rho}{\epsilon^2}) d\rho + \int_1^\epsilon (\frac{1}{\rho} - \frac{\rho}{\epsilon^2}) d\sigma = \int_0^1 \rho d\rho + \int_1^\epsilon \frac{d\rho}{\rho} - \int_0^\epsilon \frac{\rho}{\epsilon^2} d\rho = \log \epsilon.$$

Teorema 209.

$$h(d) = \begin{cases} \frac{w\sqrt{|d|}}{2\pi} K(d) & \text{para } d < 0, \\ \frac{\sqrt{d}}{\log \epsilon} K(d) & \text{para } d > 0, \end{cases}$$

Prova: Segue do Teorema 205 e do Teorema 208 (cf. 158)) que

$$h(d) \cdot \begin{cases} 2\pi \\ \log \epsilon \end{cases} \cdot \frac{1}{\sqrt{|d|}} \cdot \frac{\varphi(|d|)}{|d|} = w \frac{\varphi(|d|)}{|d|} K(d) \quad \text{para} \quad d \begin{cases} < 0, \\ > 0. \end{cases}$$

Podemos agora esquecer completamente o significado de h, bem como formas quadráticas, e temos apenas (apenas!) que achar a soma da série

$$K(d) = \sum_{n=1}^\infty (\frac{d}{n}) \frac{1}{n}.$$

Capítulo 20

Somas de Gauss

Vou assumir que o leitor esteja familiar com o seguinte teorema da teoria clássica de séries de Fourier:

Teorema 210. *Seja $f(\xi)$ definida para $0 \leq \xi \leq 1$ (como função real ou complexa; no caso de $f(\xi)$ complexa segue imediatamente do caso real); além disso, seja $f(\xi)$ contínua e suponha que $f'(\xi)$ existe e é contínua. Fazendo*

$$\alpha_h = 2\int_0^1 f(\eta)\cos 2\pi h\eta\, d\eta, \qquad \beta_h = 2\int_0^1 f(\eta)\operatorname{sen}2\pi h\eta\, d\eta$$

temos

$$\frac{\alpha_0}{2} + \sum_{h=1}^{\infty}(\alpha_h \cos 2\pi h\eta + \beta_h \operatorname{sen}2\pi h\eta) = \begin{cases} f(\eta) & \text{para } 0 < \xi < 1, \\ \frac{f(0)+f(1)}{2} & \text{para } \xi = 0. \end{cases}$$

Em particular, portanto (como $\alpha_{-h} = \alpha_h$ e $\beta_{-h} = -\beta_h$), temos

$$\frac{f(0)+f(1)}{2} = \frac{\alpha_0}{2} + \sum_{h=1}^{\infty}\alpha_h = \frac{1}{2}\lim_{N\to\infty}\sum_{h=-N}^{N}\alpha_h = \frac{1}{2}\lim_{N\to\infty}\sum_{h=-N}^{N}(\alpha_h + \beta_h i)$$

(160)
$$= \lim_{N\to\infty}\sum_{h=-N}^{N}\int_0^1 f(\eta)e^{2\pi ih\eta}d\eta.$$

Teorema 211. *Seja $n > 0$. Então*

$$\sum_{s=0}^{n-1} e^{2\pi i \frac{s^2}{n}} = \begin{cases} (1+i)\sqrt{n} & \text{para } n \equiv 0 \\ \sqrt{n} & \text{para } n \equiv 1 \\ 0 & \text{para } n \equiv 2 \\ i\sqrt{n} & \text{para } n \equiv 3 \end{cases} \pmod{4}.$$

Observação: Existem provas mais elementares (cf. o Apêndice a este capítulo); o leitor deve, contudo, ficar acostumado o mais rápido possível ao uso da análise; além disso, a prova a seguir (usando (160)) é a mais breve das muitas provas deste teorema, que foi uma das maiores descobertas de Gauss. Tudo que se requer, incidentalmente, para a determinação do número de classes, é o caso especial do Teorema 211 no qual $n = p > 2$, que levará diretamente ao Teorema 212. Todavia eu não gostaria de provar a fórmula

$$\sum_{s=0}^{p-1} e^{2\pi i \frac{s^2}{p}} = \begin{cases} \sqrt{p} & \text{para } p \equiv 1 \\ i\sqrt{p} & \text{para } p \equiv 3 \end{cases} \pmod{4}$$

somente para primos, já que ela segue para todos os ímpares positivos com a mesma dificuldade, ou antes (hoje!), com a mesma facilidade.

Prova: Como
$$e^{2\pi i \frac{0^2}{n}} = 1 = e^{2\pi i \frac{n^2}{n}},$$
segue que
$$\sum_{s=0}^{n-1} e^{2\pi i \frac{s^2}{n}} = \sum_{s=0}^{n-1} \frac{e^{2\pi i \frac{s^2}{n}} + e^{2\pi i \frac{(s+1)^2}{n}}}{2}.$$

Por (160), com
$$f(\xi) = e^{2\pi i \frac{(s+\xi)^2}{n}} = f_s(\xi),$$
temos
$$\sum_{s=0}^{n-1} e^{2\pi i \frac{s^2}{n}} = \sum_{s=0}^{n-1} \frac{f_s(0) + f_s(1)}{2} = \sum_{s=0}^{n-1} \lim_{N \to \infty} \sum_{h=-N}^{N} \int_0^1 e^{2\pi i (\frac{(s+\eta)^2}{n} + h\eta)} d\eta$$

$$\lim_{N \to \infty} \sum_{h=-N}^{N} \sum_{s=0}^{n-1} \int_0^1 e^{2\pi i (\frac{(s+\eta)^2}{n} + h\eta)} d\eta$$

Somas de Gauss

$$\lim_{N\to\infty} \sum_{h=-N}^{N} \sum_{s=0}^{n-1} \int_{s}^{s+1} e^{2\pi i(\frac{\eta^2}{n}+h\eta)} d\eta$$

(161) $\quad \lim_{N\to\infty} \sum_{h=-N}^{N} \int_{s}^{n} e^{2\pi i(\frac{\eta^2}{n}+h\eta)} d\eta = n \lim_{N\to\infty} \sum_{h=-N}^{N} \sum_{s=0}^{n-1} \int_{0}^{1} e^{2\pi i n(\xi^2+h\xi)} d\xi$

(fazendo $\eta = n\xi$).

É agora bem sabido que

$$\gamma = \int_{-\infty}^{\infty} e^{2\pi i \xi^2} d\xi$$

converge; não nos é necessário saber o valor de γ, já que virá do que se segue. Logo, fazendo $\xi = \sqrt{n}\eta$, temos, por um lado,

$$\frac{\gamma}{\sqrt{n}} = \int_{-\infty}^{\infty} e^{2\pi i n \eta^2} d\eta = \sum_{k=-\infty}^{\infty} \int_{k}^{k+1} e^{2\pi i n \eta^2} d\eta = \sum_{k=-\infty}^{\infty} \int_{0}^{1} e^{2\pi i n(\xi+k)^2} d\xi$$

$$= \sum_{k=-\infty}^{\infty} \int_{0}^{1} e^{2\pi i n(\xi^2+2k\xi)} d\xi,$$

e, por outro,

$$\frac{\gamma}{\sqrt{n}} = \sum_{k=-\infty}^{\infty} \int_{k-\frac{1}{2}}^{k+\frac{1}{2}} e^{2\pi i n \eta^2} d\eta = \sum_{k=-\infty}^{\infty} \int_{0}^{1} e^{2\pi i n(\xi+k-\frac{1}{2})^2} d\xi$$

$$= \sum_{k=-\infty}^{\infty} e^{2\pi i n(k-\frac{1}{2})^2} \int_{0}^{1} e^{2\pi i n(\xi^2+(2k-1)\xi)} d\xi$$

$$i^n \sum_{k=-\infty}^{\infty} \int_{0}^{1} e^{2\pi i n(\xi^2+(2k-1)\xi)} d\xi$$

(já que

$$e^{2\pi i n(k-\frac{1}{2})^2} = e^{2\pi i n(k^2-k+\frac{1}{4})} = e^{\frac{\pi i n}{2}} = i^n).$$

Logo, por causa de (161), temos

$$\frac{\gamma}{\sqrt{n}}(1+i^{-n}) = \sum_{k=-\infty}^{\infty} \int_{0}^{1} e^{2\pi i n(\xi^2+2k\xi)} d\xi + \sum_{k=-\infty}^{\infty} \int_{0}^{1} e^{2\pi i n(\xi^2+(2k-1)\xi)} d\xi$$

$$\sum_{h=-\infty}^{\infty} \int_0^1 e^{2\pi i n(\xi^2+h\xi)} d\xi = \frac{1}{n} \sum_{s=0}^{n-1} e^{2\pi i \frac{s^2}{n}},$$

(162) $$e^{2\pi i \frac{s^2}{n}} = \gamma\sqrt{n}(1+i^{-n}).$$

A constante absoluta γ é determinada colocando $n=1$ em (162):

$$1 = \gamma(1-i),$$

$$\gamma = \frac{1}{1-i} = \frac{1+i}{2}.$$

Segue portanto de (162) que

$$e^{2\pi i \frac{s^2}{n}} = \sqrt{n}\frac{(1+i)(1+i^{-n})}{2},$$

e nesta fórmula temos

$$\frac{(1+i)(1+i^{-n})}{2} = \begin{cases} (1+i) & \text{para } n \equiv 0 \\ 1 & \text{para } n \equiv 1 \\ 0 & \text{para } n \equiv 2 \\ i & \text{para } n \equiv 3 \end{cases} \pmod{4}.$$

Teorema 212.

$$\sum_{r=1}^{p-1} \left(\frac{r}{p}\right) e^{\frac{2\pi i r}{p}} = \begin{cases} \sqrt{p} & \text{para } p \equiv 1 \pmod{4}, \\ i\sqrt{p} & \text{para } p \equiv 3 \pmod{4}. \end{cases}$$

Observação: Exceto pelo sinal, isto é muito facilmente provado (apenas depois de anos de esforço Gauss conseguiu determinar o sinal).

A saber, fazendo

$$e^{\frac{2\pi i}{p}} = \rho, \quad \sum_{r=1}^{p-1} \left(\frac{r}{p}\right)\rho^r = \lambda$$

para abreviar, então (como $\left(\frac{r}{p}\right)$ e ρ^r tem período p para $p \nmid r$) temos

$$\lambda = \sum_r \left(\frac{r}{p}\right)\rho^r,$$

Somas de Gauss

a soma sendo tomada sobre um conjunto reduzido de resíduos; assim, se s também percorre um tal conjunto, temos

$$\lambda^2 = \sum_r (\frac{r}{p})\rho^r \sum_s (\frac{s}{p})\rho^s;$$

rt também percorre um conjunto reduzido de resíduos quando t o faz; assim temos

$$\lambda^2 = \sum_r (\frac{r}{p})\rho^r \sum_t (\frac{rt}{p})\rho^{rt} = \sum_{r,t} (\frac{t}{p})\rho^{(1+t)r} = \sum_{t=1}^{p-1} (\frac{t}{p}) \sum_{r=1}^{p-1} \rho^{(1+t)r}$$

$$= \sum_{t=1}^{p-1} (\frac{t}{p}) \sum_{r=0}^{p-1} \rho^{(1+t)r},$$

já que

$$\sum_{t=1}^{p-1} (\frac{t}{p}) = 0$$

(pelo Teorema 79). Agora temos

$$\sum_{r=0}^{p-1} \rho^{(1+t)r} = \begin{cases} p & \text{para } t = p-1, \\ \frac{1-\rho^{(1+t)p}}{1-\rho^{1+t}} = 0 & \text{para } 1 \le t \le p-2; \end{cases}$$

segue que

$$\lambda^2 = (\frac{p-1}{p})p = (-1)^{\frac{p-1}{2}} p,$$

$$\lambda = \begin{cases} \pm\sqrt{p} & \text{para } p \equiv 1 \pmod 4, \\ \pm i\sqrt{p} & \text{para } p \equiv 3 \pmod 4. \end{cases}$$

Estas observações, incidentalmente, não são usadas na seguinte prova completa do Teorema 212.

Prova: Se a percorre os resíduos quadráticos e b percorre os não resíduos quadráticos mod p no intervalo $0 < x < p$ então temos

$$\lambda = \sum_r (\frac{r}{p}) e^{\frac{2\pi i r}{p}} = \sum_a \rho^a - \sum_b \rho^b.$$

Por outro lado temos

$$1 + \sum_a \rho^a + \sum_b \rho^b = \sum_{s=0}^{p-1} \rho^s = \frac{1-\rho^p}{1-\rho} = 0,$$

de modo que
$$\lambda = \sum_a \rho^a + 1 + \sum_a \rho^a = 1 + 2\sum_a \rho^a.$$

Pelo Teorema 79, a coincide com os restos de $1^2, 2^2, \ldots, (\frac{p-1}{2})^2$ da divisão por p. Os restos de s^2, para $1 \leq s \leq p-1$, portanto dão cada valor de a exatamente duas vezes. Consequentemente, pelo Teorema 211,

$$\lambda = 1 + \sum_{s=1}^{p-1} \rho^s = \sum_{s=0}^{p-1} \rho^s = \begin{cases} \pm\sqrt{p} & \text{para } p \equiv 1 \ (\text{mod } 4), \\ \pm i\sqrt{p} & \text{para } p \equiv 3 \ (\text{mod } 4). \end{cases}$$

Apêndice

Introdução

Por causa da importância do Teorema 211, eu gostaria agora de apresentar três outras provas, pelo menos para n ímpar, que são bem diferentes da prova acima, e diferentes entre si.

A primeira, devida a Kronecker, usa a teoria de variável complexa, em particular o Teorema de Cauchy; também fornece, incidentalmente, uma prova para n par.

A segunda prova é devida a I. Schur e usa álgebra matricial.

A terceira prova é devida a Mertens, e seus cálculos envolvem apenas (embora de modo extenso) somas trigonométricas finitas.

Incidentalmente, o Teorema 211 é trivial para $n \equiv 2 \pmod 4$; pois então temos

$$e^{2\pi i \frac{(s+\frac{n}{2})^2}{n}} = e^{2\pi i \frac{s^2+sn+\frac{n^2}{4}}{n}} = e^{2\pi i \frac{s^2}{n}} e^{\pi i \frac{n}{2}} = -e^{2\pi i \frac{s^2}{n}},$$

de modo que os termos na soma se cancelam mutuamente em pares.

O caso $n \equiv 0 \pmod 4$ poderia ser reduzido ao caso $4 \nmid n$ de um modo elementar; mas omitirei a prova longa desta afirmação já que, de qualquer modo, será apenas o Teorema 212, isto é, o Teorema 211 para n ímpar (de fato primo) que será usado adiante.

1. A Prova de Kronecker

Seja $n > 0$. Para $0 < \rho < \frac{1}{4}$, $\omega > 1$, consideremos a integral

$$I = I(n, \rho, \omega) = \int \frac{e^{\frac{2\pi i}{n} \xi^2}}{1 - e^{2\pi i \xi}} d\xi,$$

que é tomada na direção positiva em torno do retângulo de vértices $\pm \omega i$, $\frac{n}{2} \pm \omega i$ no qual — para evitar os pontos 0 (um polo do integrando) e $\frac{n}{2}$ (um polo, se n for par) — cortes semicirculares foram feitos, os semicírculos tendo raio ρ com centros em 0 e $\frac{n}{2}$, respectivamente. O integrando é regular ao longo deste caminho, e dentro do caminho tem o polo s, onde $1 \leq s \leq \frac{n-1}{2}$. (Para $n = 1$ ou 2 não existem nenhuns polos dentro.) I é independente de

ρ e ω (ou seja, depende apenas de n); como o resíduo do integrando em s é claramente $-\frac{1}{2\pi i}e^{\frac{2\pi i}{n}s^2}$, segue do Teorema de Cauchy que

$$I = -\sum_{1 \leq s \leq \frac{n-1}{2}} e^{\frac{2\pi i}{n}s^2} = -\frac{1}{2}(\sum{}')_{s=1}^{n-1} e^{\frac{2\pi i}{n}s^2},$$

onde o símbolo $(\sum{}')$ indica que se n for par então o termo para o qual $s = \frac{n}{2}$ (que seria, incidentalmente, i^n) é omitido da soma.

A soma das integrais sobre os dois segmentos de reta da fronteira à esquerda $\xi = i\eta$, $\omega \geq \eta \geq \rho$ e $\xi = -i\eta$, $\rho \leq \eta \leq \omega$ é

$$i\int_\omega^\rho \frac{e^{-\frac{2\pi i}{n}\eta^2}}{1 - e^{2\pi i\eta}}d\eta - i\int_\rho^\omega \frac{e^{-\frac{2\pi i}{n}\eta^2}}{1 - e^{2\pi i\eta}}d\eta =$$

$$-i\int_\rho^\omega e^{-\frac{2\pi i}{n}\eta^2}\left(\frac{e^{2\pi\eta}}{e^{2\pi\eta}-1} - \frac{1}{e^{2\pi\eta}-1}\right)d\eta$$

$$= -i\int_\rho^\omega e^{-\frac{2\pi i}{n}\eta^2}d\eta;$$

quando $\omega \to \infty$ esta expressão tende a

$$-i\int_\rho^\infty e^{-\frac{2\pi i}{n}\eta^2}d\eta$$

(já que, como é sabido, esta integral converge).

Como
$$e^{\frac{2\pi i}{n}(\frac{n}{2}\mp i\eta)^2} = e^{\frac{2\pi i}{n}(\frac{n^2}{4}\mp ni\eta-\eta^2)} = i^n e^{\pm 2\pi\eta}e^{-\frac{2\pi i}{n}\eta^2}$$

e

$$e^{\frac{2\pi i}{n}(\frac{n}{2}\mp i\eta)} = (-1)^n e^{\pm 2\pi\eta},$$

a soma das integrais sobre os segmentos de reta na fronteira $\xi = \frac{n}{2} - i\eta$, $\omega \geq \eta \geq \rho$ e $\xi = \frac{n}{2} + i\eta$, $\rho \leq \eta \leq \omega$ à direita é

$$-i^{1+n}\int_\omega^\rho \frac{e^{2\pi\eta}e^{-\frac{2\pi i}{n}\eta^2}}{1-(-1)^n e^{2\pi\eta}}d\eta + i^{1+n}\int_\rho^\omega \frac{e^{-2\pi\eta}e^{-\frac{2\pi i}{n}\eta^2}}{1-(-1)^n e^{-2\pi\eta}}d\eta$$

$$= i^{1+n}\int_\rho^\omega e^{-\frac{2\pi i}{n}\eta^2}\left(\frac{e^{2\pi\eta}}{1-(-1)^n e^{2\pi\eta}} + \frac{1}{e^{2\pi\eta}-(-1)^n}\right)d\eta$$

Somas de Gauss

$$= i^{1+n}(-1)^n \int_\rho^\omega e^{-\frac{2\pi i}{n}\eta^2}(\frac{(-1)^n e^{2\pi\eta}}{1-(-1)^n e^{2\pi\eta}} + \frac{1}{(-1)^n e^{2\pi\eta}-1})d\eta$$

$$= -i^{1+n}(-1)^n \int_\rho^\omega e^{-\frac{2\pi i}{n}\eta^2} d\eta = -i(-i)^n \int_\rho^\omega e^{-\frac{2\pi i}{n}\eta^2} d\eta;$$

quando $\omega \to \infty$ esta expressão tende a

$$-i(-i)^n \int_\rho^\infty e^{-\frac{2\pi i}{n}\eta^2} d\eta.$$

As integrais sobre os segmentos horizontais da fronteira tendem a 0 quando $\omega \to \infty$; como para $\xi = \tau + \omega i$, $\frac{n}{2} \geq \tau \geq 0$ temos

$$|\frac{e^{-\frac{2\pi i}{n}\xi^2}}{1-e^{2\pi i\xi}}| \leq \frac{e^{-\frac{4\pi\tau\omega}{n}}}{1-e^{-2\pi\omega}} \leq \frac{e^{-\frac{4\pi\tau\omega}{n}}}{1-e^{-2\pi}},$$

de modo que

$$|\int_{n2+\omega i}^{\omega i} \frac{e^{-\frac{2\pi i}{n}\xi^2}}{1-e^{2\pi i\xi}} d\xi| \leq \frac{1}{1-e^{-2\pi}} \int_0^{\frac{n}{2}} e^{-\frac{4\pi\tau\omega}{n}} d\tau < \frac{1}{1-e^{-2\pi}} \int_0^\infty e^{-\frac{4\pi\tau\omega}{n}} d\tau$$

$$= \frac{1}{1-e^{-\pi}} \frac{1}{\omega} \int_0^\infty e^{-\frac{4\pi\kappa}{n}} d\kappa,$$

e para $\xi = \tau - \omega i$, $0 \leq \tau \leq \frac{n}{2}$ temos

$$|\frac{e^{\frac{2\pi i}{n}\xi^2}}{1-e^{2\pi i\xi}}| \leq \frac{e^{\frac{4\pi\tau\omega}{n}}}{e^{2\pi\omega}-1},$$

de modo que

$$|\int_{-\omega i}^{\frac{n}{2}-\omega i} \frac{e^{\frac{2\pi i}{n}\xi^2}}{1-e^{2\pi i\xi}} d\xi| \leq \frac{1}{e^{2\pi\omega}-1} \int_0^{\frac{n}{2}} e^{\frac{4\pi\tau\omega}{n}} d\tau = \frac{1}{e^{2\pi\omega}-1}\{\frac{n}{4\pi\omega} e^{\frac{4\pi\tau\omega}{n}}\}_0^{\frac{n}{2}}$$

$$= \frac{1}{e^{2\pi\omega}-1} \frac{n}{4\pi\omega}(e^{2\pi\omega}-1) = \frac{n}{4\pi\omega}.$$

Portanto temos

$$-\frac{1}{2}({\sum}')_{s=1}^{n-1} e^{\frac{2\pi i}{n}s^2} = -i(1+(-i)^n) \int_\rho^\infty e^{-\frac{2\pi i}{n}\eta^2} d\eta + I_1 + I_2,$$

onde I_1 e I_2 denotam as integrais sobre os semicírculos em torno de 0 e de $\frac{n}{2}$, respectivamente.

Consideramos agora o limite quando $\rho \to 0$. Temos

$$\int_\rho^\infty e^{-\frac{2\pi i}{n}\eta^2} d\eta \to \int_0^\infty e^{-\frac{2\pi i}{n}\eta^2} d\eta;$$

além disso, se $f(\xi)$ tiver um polo de ordem um com resíduo α em $\xi = \xi_0$ então integrando na direção negativa em torno de um semicírculo $\mathcal{H}(\rho)$ com centro em ξ e raio ρ temos

$$\lim_{\rho \to 0} \int_{\mathcal{H}(\rho)} f(\xi) d\xi = -\pi i \alpha;$$

pois

$$f(\xi) = \frac{\alpha}{\xi - \xi_0} + g(\xi),$$

onde $g(\xi)$ é regular em ξ_0; e portanto, como

$$\lim_{\rho \to 0} \int_{\mathcal{H}(\rho)} g(\xi) d\xi = 0$$

(comprimento do caminho $\pi\rho$, e integrando uniformemente limitado para ρ pequeno), temos

$$\lim_{\rho \to 0} \int_{\mathcal{H}(\rho)} f(\xi) d\xi = \alpha \lim_{\rho \to 0} \int_{\mathcal{H}(\rho)} \frac{d\xi}{\xi - \xi_0} = \alpha \lim_{\rho \to 0}(-\pi i) = -\pi i \alpha.$$

Consequentemente (no caso de n ímpar $\frac{n}{2}$ é um ponto regular e temos simplesmente $\lim_{\rho \to 0} I_2 = 0$),

$$-i(1+(-i)^n)\int_0^\infty e^{-\frac{2\pi i}{n}\eta^2} d\eta = -\frac{1}{2}(\sideset{}{'}\sum)_{s=1}^{n-1} e^{\frac{2\pi i}{n}s^2} - \frac{1}{2} e^{\frac{2\pi i}{n} 0^2}$$

$$- \begin{cases} 0 & \text{se } 2 \nmid n, \\ \frac{1}{2} e^{\frac{2\pi i}{n}(\frac{n}{2})^2} & \text{se } 2 | n, \end{cases}$$

de modo que, em qualquer caso,

$$= -\frac{1}{2}\sum_{s=0}^{n-1} e^{\frac{2\pi i}{n}s^2},$$

$$\sum_{s=0}^{n-1} e^{2\pi i \frac{s^2}{n}} = 2i(1+(-i)^n) \int_0^\infty e^{-\frac{2\pi i}{n}\eta^2} d\eta = 2i(1+(-i)^n)\sqrt{n}\int_0^\infty e^{-2\pi i \lambda^2} d\lambda.$$

Somas de Gauss

A integral à direita pode ser avaliada especializando $n = 1$; temos
$$1 = 2i(1-i)\sqrt{n}\int_0^\infty e^{-2\pi i \lambda^2}d\lambda,$$
de modo que
$$\sum_{s=1}^{n-1} e^{2\pi i \frac{s^2}{n}} = \frac{1+(-i)^n}{1-i}\sqrt{n};$$
estes são os quatro valores do nosso teorema, dependentes da classe residual mod 4.

A Prova de Schur

Não assumirei nenhum conhecimento de cálculo matricial, e vou desenvolver:

1) O conceito: Uma matriz é uma disposição de n^2 elementos num quadrado
$$\mathcal{U} = \begin{pmatrix} \alpha_{11} & \cdots & \alpha_{1n} \\ & \cdots & \\ \alpha_{n1} & \cdots & \alpha_{nn} \end{pmatrix} = (\alpha_{kl}).$$
(A numeração também poderia, é claro, ir de 0 até $n-1$.)

2) A definição da multiplicação
$$(\alpha_{kl})(\beta_{kl}) = \left(\sum_m \alpha_{km}\beta_{ml}\right).$$

3) A definição
$$\mathcal{U}^2 = \mathcal{U}\mathcal{U}.$$

4) A notação
$$e_{kl} = \begin{cases} 1 & \text{para } k = l, \\ 0 & \text{para } k \neq l. \end{cases}$$

5) A definição da função característica da matriz $\mathcal{U} = (\alpha_{kl})$; é o determinante
$$\Phi(\xi) = |\xi e_{kl} - \alpha_{kl}|;$$
$\Phi(\xi)$ é um polinômio de grau exatamente n com coeficiente líder 1, e portanto $= \prod_{r=1}^n (\xi - \xi_r)$; os ξ_r são chamados de raízes características da matriz. O coeficiente de ξ^{n-1} é $-\sum_k \alpha_{kk}$, de modo que
$$\sum_{r=1}^k \xi_r = \sum_k \alpha_{kk}.$$

$\sum_k \alpha_{kk}$ é chamado de traço da matriz.

6) O Teorema: As raízes características de $\mathcal{U}^2$ são ξ_r^2, e logo as de $(\mathcal{U}^2)^2$ são ξ_r^4.

Prova: O enunciado é equivalente a

$$|\xi e_{kl} - \sum_m \alpha_{km}\alpha_{ml}| = \prod_{r=1}^n (\xi - \xi_r^2).$$

De fato, seja η um número para o qual $\eta^2 = \xi$. Então o produto matricial

$$(\eta e_{kl} + \alpha_{kl})(\eta e_{kl} - \alpha_{kl}) = (\sum_m (\eta e_{km} + \alpha_{km})(\eta e_{ml} - \alpha_{ml}))$$

$$= (\eta^2 \sum_m e_{km}e_{ml} + \eta \sum_m \alpha_{km}e_{ml} - \eta \sum_m e_{km}\alpha_{ml} - \sum_m \alpha_{km}\alpha_{ml})$$

$$= (\eta^2 e_{kl} + \eta\alpha_{kl} - \eta\alpha_{kl} - \sum_m \alpha_{km}\alpha_{ml}) = (\xi e_{kl} - \sum_m \alpha_{km}\alpha_{ml}),$$

de modo que

$$|\eta e_{kl} + \alpha_{kl}|\,|\eta e_{kl} - \alpha_{kl}| = |\xi e_{kl} - \sum_m \alpha_{km}\alpha_{ml}|,$$

e aí temos

$$|\eta e_{kl} - \alpha_{kl}| = \Phi(\eta) = \prod_{r=1}^n (\eta - \xi_r),$$

$$|\eta e_{kl} + \alpha_{kl}| = (-1)^n |-\eta e_{kl} - \alpha_{kl}| = (-1)^n \Phi(-\eta) = (-1)^n \prod_{r=1}^n (-\eta - \xi_r),$$

$$= \prod_{r=1}^n (\eta + \xi_r),$$

de modo que

$$|\xi e_{kl} - \sum_m \alpha_{km}\alpha_{ml}| = \prod_{r=1}^n (\eta^2 - \xi_r^2) = \prod_{r=1}^n (\xi - \xi_r^2).$$

Seja agora $n > 0$ ímpar, e seja

$$S = \sum_{s=1}^{n-1} e^{2\pi i \frac{s^2}{n}}.$$

Somas de Gauss

Primeiro mostramos que
$$|S| = \sqrt{n};$$
isto será fácil.

$$|S|^2 = S\overline{S} = \sum_{s,t=0}^{n-1} e^{\frac{2\pi i}{n}(s^2-t^2)} = \sum_{s,t} e^{\frac{2\pi i}{n}(s^2-t^2)},$$

a soma tomada sobre quaisquer dois conjuntos completos de resíduos mod n. Como, para t fixo, $s+t$ também percorre um tal conjunto quando s o faz temos

$$|S|^2 = \sum_{s,t} e^{\frac{2\pi i}{n}((s+t)^2-t^2)} = \sum_{s,t} e^{\frac{2\pi i}{n}(s^2+2st)} = \sum_{s=0}^{n-1} e^{\frac{2\pi i}{n}s^2} \sum_{t=0}^{n-1} e^{\frac{4\pi i s}{n}t}.$$

Nesta fórmula

$$\sum_{t=0}^{n-1} e^{\frac{4\pi i s}{n}t} = \begin{cases} n & \text{para } n|2s, \text{ isto é, } n|s, \\ 0 & \text{caso contrário,} \end{cases}$$

de modo que
$$|S|^2 = n,$$
$$|S| = \sqrt{n}.$$

Agora fazemos
$$\epsilon = e^{\frac{2\pi i}{n}},$$

e consideramos a matriz $n \times n$
$$\mathcal{U} = (\epsilon^{kl}) \qquad (k \text{ e } l = 0, 1, \ldots, n-1).$$

Se $\xi_1, \ldots, \xi_n$ são suas raízes características então nosso
$$S = \sum_{k=0}^{n-1} \epsilon^{kk} = \sum_{r=1}^{n} \xi_r$$

é o traço de $\mathcal{U}$.

Temos
$$\mathcal{U}^2 = \left(\sum_{m=0}^{n-1} \epsilon^{km+ml}\right) = \left(\sum_{m=0}^{n-1} \epsilon^{(k+l)m}\right) = (s_{k+l}),$$

onde
$$s_j = \sum_{m=0}^{n-1} \epsilon^{jm} = \begin{cases} n & \text{para } n|j, \\ 0 & \text{caso contrário.} \end{cases}$$

Daí segue, além disso, que
$$(\mathcal{U}^2)^2 = \left(\sum_{m=0}^{n-1} s_{k+m} s_{m+l}\right) = (n^2 e_{kl});$$

pois se $k = l$ temos
$$\sum_{m=0}^{n-1} s_{k+m} s_{m+l} = \sum_{m=0}^{n-1} s_{k+m}^2 = n^2$$

(como n divide $k + m$ para exatamente um m); para $k \neq l$ temos
$$\sum_{m=0}^{n-1} s_{k+m} s_{m+l} = 0,$$

pois nunca temos $n|k + m$ e $n|m + l$ simultaneamente.

$(\mathcal{U}^2)^2$ tem os ξ_r^4 como suas raízes, por 6). Além disso, $(\mathcal{U}^2)^2$ tem a função característica
$$|\xi e_{kl} - n^2 e_{kl}| = (\xi - n^2)^n.$$

Consequentemente $(\mathcal{U}^2)^2$ tem suas n raízes todas $= n^2$. Temos portanto
$$\xi_r = i^{a_r} \sqrt{n}; \qquad a_r = 0, 1, 2 \text{ ou } 3.$$

Se $i^a \sqrt{n}$ $(a = 01, 2, 3)$ tiver multiplicidade m_a, então
$$S = \sum_{r=1}^{n} \xi_r = \sqrt{n}(m_0 - m_2 + i(m_1 - m_2)).$$

De
$$|S|^2 = n$$

segue que
$$(m_0 - m_2)^2 + (m_1 - m_3)^2 = 1.$$

Temos portanto

$m_0 - m_2 = 0,$ $\qquad m_1 - m_3 = \pm 1$ $\qquad$ ou $\qquad$ $m_0 - m_2 = \pm 1,$ $\qquad m_1 - m_3 = 0,$

Somas de Gauss

$$S = v\eta\sqrt{n}, \quad \text{onde} \quad v = \pm 1, \quad \text{e} \quad \eta = 1 \text{ ou } i.$$

Como $\mathcal{U}^2$ tem traço

$$\sum_{r=0}^{n-1} s_{2r} = n,$$

segue que

$$n(m_0 - m_1 + m_2 - m_3) = \sum_{r=1}^{n} \xi_r^2 = n;$$

temos portanto as quatro equações

$$m_0 + m_1 + m_2 + m_3 = n,$$

$$m_0 + im_1 - m_2 - im_3 = v\eta,$$

$$m_0 - m_1 + m_2 - m_3 = 1,$$

$$m_0 - im_1 - m_2 + im_3 = v\eta^{-1}$$

para m_0, m_1, m_2 e m_3. Daí segue que

$$2(m_1 - m_3) = vi(\eta^{-1} - \eta),$$

$$4m_2 = n + 1 - v(\eta + \eta^{-1}).$$

Como m_2 é inteiro devemos ter

$$\eta = \begin{cases} 1 & \text{para } n \equiv 1 \ (mod\ 4), \\ i & \text{para } n \equiv 3 \ (mod\ 4), \end{cases}$$

de modo que de qualquer forma

$$\eta = i^{(\frac{n-1}{2})^2}.$$

Resta mostrar que devemos ter

$$v = 1.$$

Isto é conseguido calculando

$$|\mathcal{U}| = |\epsilon^{kl}|$$

de duas maneiras diferentes. Por um lado, como

$$|\xi e_{kl} - \epsilon^{kl}| = \prod_{r=1}^{n}(\xi - \xi_r),$$

temos, fazendo $\xi = 0$,

$$|\mathcal{U}| = (-1)^n| - \epsilon^{kl}| = \prod_{r=1}^{n} \xi_r = n^{\frac{n}{2}} i^{m_1 - 2m_2 - m_3};$$

como

$$m_1 - m_3 = \begin{cases} 0 & \text{para } n \equiv 1 \ (mod \ 4), \\ v & \text{para } n \equiv 3 \ (mod \ 4), \end{cases}$$

e

$$2m_2 = \begin{cases} \frac{n+1}{2} - v & \text{para } n \equiv 1 \ (mod \ 4), \\ \frac{n+1}{2} & \text{para } n \equiv 3 \ (mod \ 4), \end{cases}$$

$$i^v = vi,$$

segue que

$$|\mathcal{U}| = n^{\frac{n}{2}} i^{v - \frac{n+1}{2}} = n^{\frac{n}{2}} vii^{-\frac{n+1}{2}} = n^{\frac{n}{2}} vi^{\frac{1-n}{2}} = n^{\frac{n}{2}} vi^{\frac{n^2-n}{2}} = n^{\frac{n}{2}} vi^{\frac{n(n-1)}{2}}.$$

Por outro lado, por uma fórmula conhecida de determinantes, temos

$$|\mathcal{U}| = \left| \begin{pmatrix} 1 & 1 & \cdots & 1 \\ 1 & \epsilon & \cdots & \epsilon^{n-1} \\ & & \cdots & \\ 1 & \epsilon^{n-1} & \cdots & \epsilon^{(n-1)(n-1)} \end{pmatrix} \right| = \prod_{0 \leq l < k \leq n-1} (\epsilon^k - \epsilon^l) =$$

$$= \prod_{l<k} e^{\frac{\pi i (k+l)}{n}} (e^{\frac{\pi i (k-l)}{n}} - e^{\frac{\pi i (l-k)}{n}})$$

$$e^{\frac{\pi i}{n} \sum_{l<k} (k+l)} \prod_{l<k} (2i \operatorname{sen} \frac{\pi(k-l)}{n}) = \prod_{l<k} (2i \operatorname{sen} \frac{\pi(k-l)}{n}),$$

já que

$$\sum_{l<k} (k+l) = \sum_{k=1}^{n-1} \sum_{l=0}^{k-1} (k+l) = \sum_{k=1}^{n-1} (k^2 + \frac{(k-1)k}{2})$$

$$= \sum_{k=1}^{n-1} (-\frac{k(k-1)^2}{2} + \frac{(k+1)k^2}{2}) = \frac{n(n-1)^2}{2} = 2n(\frac{n-1}{2})^2$$

é divisível por $2n$.

Temos portanto

$$|\mathcal{U}| = i^{\frac{n(n-1)}{2}} \prod_{l<k} (2 \operatorname{sen} \frac{\pi(k-l)}{n});$$

como, neste produto, todo seno é positivo, segue por comparação com a outra fórmula que

$$v = 1.$$

3. A Prova de Mertens

Para esta prova devemos primeiro estabelecer o fato que

$$S = \pm i^{\frac{n-1}{2}} \sqrt{n} = \begin{cases} \pm\sqrt{n} & \text{para } n \equiv 1 \ (mod\ 4), \\ \pm i\sqrt{n} & \text{para } n \equiv 3 \ (mod\ 4). \end{cases}$$

Isto é mais difícil do que a prova dada acima em **2.** do simples fato que

$$|S| = \sqrt{n};$$

para $n = p$, na verdade, sabemos da observação antes do Teorema 212 e da prova daquele teorema que a determinação do valor de S, a menos de sinal, é bem simples. *(Como já observado, o caso $n = p$ seria suficiente para as aplicações a seguir.)*

Primeiro mostramos que se, para $n > 0$, fizermos

$$\varphi(m,n) = \sum_{s=0}^{n-1} e^{2\pi i \frac{s^2}{n}} = \sum_{s} e^{2\pi i \frac{ms^2}{n}}$$

somando sobre qualquer conjunto completo de resíduos mod n, então

$$\varphi(mn_2, n_1)\varphi(mn_1, n_2) = \varphi(m, n_1 n_2) \quad \text{para} \quad n_1 > 0,\ n_2 > 0,\ (n_1, n_2) = 1.$$

De fato temos

$$\varphi(mn_2, n_1)\varphi(mn_1, n_2) = \sum_{s_1, s_2} e^{2\pi i \left(\frac{mn_2 s_1^2}{n_1} + \frac{mn_1 s_2^2}{n_2}\right)} = \sum_{s_1, s_2} e^{2\pi i \frac{m(n_2 s_1^2 + n_1 s_2^2)}{n_1 n_2}}$$

$$= \sum_{s_1, s_2} e^{2\pi i \frac{m(n_2 s_1 + n_1 s_2)^2}{n_1 n_2}} = \sum_{s=0}^{n_1 n_2 - 1} e^{2\pi i \frac{ms^2}{n_1 n_2}} = \varphi(m, n_1 n_2)$$

pelo Teorema 73.

Para $n = 1$ temos

$$\varphi(m, 1) = 1.$$

Se $n > 1$ e $n = \prod_{p|n} p^l$ for sua decomposição canônica então a aplicação repetida da relação funcional acima resulta em

$$\varphi(1, n) = \prod_{p|n} \varphi(\frac{n}{p^l}, p^l).$$

Para $l \geq 2$ e $p \nmid 2m$ agora temos

$$\varphi(m, p^l) = p\varphi(m, p^{l-2}).$$

Pois

$$\varphi(m, p^l) = \sum_{s=0}^{p^l-1} e^{2\pi i \frac{ms^2}{p^l}} = \sum_{t=0}^{p^{l-1}-1} \sum_{z=0}^{p-1} e^{2\pi i \frac{m(p^{l-1}z+t)^2}{p^l}}$$

$$= \sum_{t=0}^{p^l-1} e^{2\pi i \frac{mt^2}{p^l}} \sum_{z=0}^{p-1} e^{2\pi i \frac{2mtz}{p}}.$$

Nesta fórmula a soma interna é p, se $p|2mt$, isto é, se $p|t$; caso contrário é 0. Consequentemente

$$\varphi(m, p^l) = p \sum_{v=0}^{p^{l-2}-1} e^{2\pi i \frac{mv^2}{p^{l-2}}} = p\varphi(m, p^{l-2}).$$

Daí segue, para $p \nmid 2m$ e $l \geq 1$, que

$$\varphi(m, p^l) = \begin{cases} p^{\frac{l}{2}}\varphi(m, 1) = p^{\frac{l}{2}} & \text{para } l \text{ par.} \\ p^{\frac{l-1}{2}}\varphi(m, p) & \text{para } l \text{ ímpar.} \end{cases}$$

Segue, para n ímpar > 1, que

$$\varphi(1, n) = P_n \prod \varphi(\frac{n}{p^j}, p),$$

onde $P_n > 0$ e o produto é tomado sobre aqueles primos p que dividem n um número ímpar de vezes.

Podemos agora facilmente mostrar que

$$\varphi(m, p)^2 = (\frac{-1}{p})p \qquad \text{para} \qquad p \nmid 2m.$$

Pois se

$$\rho = e^{\frac{2\pi i m}{p}},$$

e se a percorre os resíduos quadráticos no intervalo $0 < x < p$ então temos

$$\varphi(m, p) = \sum_{s=0}^{p-1} e^{2\pi i \frac{ms^2}{p}} = 1 + 2\sum_{\alpha} \rho_{\alpha};$$

Somas de Gauss

e daqui para frente tudo continua como na prova do Teorema 212, junto com a observação que o precede, com a única exceção que aqui ρ representa qualquer raiz p-ésima primitiva da unidade, enquanto que lá representava uma raiz particular.

Assim

$$(\varphi(1,n))^2 = Q_n \prod_{p|n\ 2 \nmid} (\frac{-1}{p}) = Q_n(\frac{-1}{n}) = Q_n(-1)^{\frac{n-1}{2}}, \qquad Q_n > 0,$$

de forma que

$$S^2 = (\varphi(1,n))^2 = (-1)^{\frac{n-1}{2}} n,$$

uma vez que já estabelecemos diretamente, em **2.**, que

$$|S| = |\varphi(1,n)| = \sqrt{n}.$$

(Ainda segue diretamente, é claro, já que

$$P_n = \frac{\sqrt{n}}{\prod_{p|n\ 2 \nmid} \sqrt{p}}, \qquad Q_n = P_n^2 \prod_{p|n\ 2 \nmid} p,$$

que

$$Q_n = n$$

e

$$S = \pm i^{\frac{n-1}{2}} \sqrt{n}$$

sem que

$$|S| = \sqrt{n}$$

seja provado.)

Consequentemente: seja $n > 0$ ímpar. Já sabemos que

$$S = \pm i^{\frac{n-1}{2}} \sqrt{n} = \pm \frac{1+i}{1+i^n} \sqrt{n},$$

e gostaríamos de mostrar que o sinal de cima sempre vale. Seja R definido por

$$(1+i)R = \sum_{s=0}^{2n-1} e^{\frac{\pi i s^2}{2n}}.$$

Então temos

$$(1+i)R = \sum_{r=0}^{n-1} e^{\frac{\pi i (2r)^2}{2n}} + \sum_{r=0}^{n-1} e^{\frac{\pi i (2r+1)^2}{2n}}$$

$$= \sum_{r=0}^{n-1} e^{\frac{2\pi i r^2}{2n}} + \sum_{t=-\frac{n-1}{2}}^{\frac{n-1}{2}} e^{\frac{\pi i(2(\frac{n-1}{2}+t)+1)^2}{2n}} = S + \sum_{t=-\frac{n-1}{2}}^{\frac{n-1}{2}} e^{\frac{\pi i(n+2t)^2}{2n}}$$

$$= S + \sum_{t=-\frac{n-1}{2}}^{\frac{n-1}{2}} e^{\frac{\pi i(n^2+4tn+4t^2)}{2n}} = S + i^n \sum_{t=-\frac{n-1}{2}}^{\frac{n-1}{2}} e^{\frac{2\pi i t^2}{2n}} = (1+i)^n S,$$

$$R = \frac{1+i^n}{1+i} S = \pm \sqrt{n}.$$

R é portanto real, e temos que mostrar apenas (apenas! é aqui que o cálculo começa realmente) que

$$R > 0.$$

Façamos

$$\frac{\pi}{64n} = \omega$$

para abreviar. Então temos

$$\sum_{s=0}^{8n-1} e^{8s^2 i \omega} = \sum_{s=0}^{8n-1} e^{\frac{\pi i s^2}{8n}} = \sum_{s=0}^{4n-1} e^{\frac{\pi i s^2}{8n}} + \sum_{s=4n}^{8n-1} e^{\frac{\pi i s^2}{8n}}.$$

Aqui, por um lado, temos

$$\sum_{s=4n}^{8n-1} e^{\frac{\pi i s^2}{8n}} = \sum_{t=0}^{4n-1} e^{\frac{\pi i (4n+t)^2}{8n}} = \sum_{t=0}^{4n-1} e^{\frac{\pi i (16n^2+8nt+t^2)}{8n}} = \sum_{t=0}^{4n-1} e^{\frac{\pi i t^2}{8n}},$$

e por outro,

$$\sum_{s=4n}^{8n-1} e^{\frac{\pi i s^2}{8n}} = \sum_{u=1}^{4n} e^{\frac{\pi i (8n-u)^2}{8n}} = \sum_{u=1}^{4n} e^{\frac{\pi i (64n^2-16nu+u^2)}{8n}} = \sum_{u=1}^{4n} e^{\frac{\pi i u^2}{8n}} = \sum_{u=0}^{4n-1} e^{\frac{\pi i u^2}{8n}},$$

de modo que temos, por um lado,

$$\sum_{s=0}^{8n-1} e^{8s^2 i\omega} = \sum_{s=0}^{4n-1} (1+(-1)^s) e^{\frac{\pi i s^2}{8n}} = 2 \sum_{\substack{s=0 \\ 2|s}}^{4n-1} e^{\frac{\pi i s^2}{8n}} = 2 \sum_{v=0}^{2n-1} e^{\frac{\pi i v^2}{2n}} = 2(1+i)R,$$

e por outro lado,

$$\sum_{s=0}^{8n-1} e^{8s^2 i\omega} = 2 \sum_{s=0}^{4n-1} e^{\frac{\pi i s^2}{8n}},$$

Somas de Gauss

e consequentemente

$$(1+i)R = \sum_{s=0}^{4n-1} e^{\frac{\pi i s^2}{8n}} = \sum_{s=0}^{4n-1} e^{8s^2 i\omega};$$

como R é real, segue que

$$R = \sum_{s=0}^{4n-1} \cos 8s^2\omega = \sum_{s=1}^{4n-1} \operatorname{sen} 8s^2\omega.$$

Agora

$\operatorname{sen}(\alpha+\beta)\operatorname{sen}(\alpha-\beta) = (\operatorname{sen}\alpha\cos\beta + \cos\alpha\operatorname{sen}\beta)(\operatorname{sen}\alpha\cos\beta - \cos\alpha\operatorname{sen}\beta)$

$\operatorname{sen}^2\alpha\cos^2\beta - \cos^2\alpha\operatorname{sen}^2\beta = \operatorname{sen}^2\alpha(1-\operatorname{sen}^2\beta) - (1-\operatorname{sen}^2\alpha)\operatorname{sen}^2\beta = \operatorname{sen}^2\alpha - \operatorname{sen}^2\beta$

fazendo

$$\alpha = (2s+1)^2\omega, \qquad \beta = (2s-1)^2\omega,$$

temos, já que

$$\alpha+\beta = (8s^2+2)\omega, \qquad \alpha-\beta = 8s\omega,$$

que

$$\frac{\operatorname{sen}^2((2s+1)^2\omega) - \operatorname{sen}^2((2s-1)^2\omega)}{\operatorname{sen} 8s\omega} = \operatorname{sen}(8s^2+2)\omega$$
$$= \operatorname{sen} 8s^2\omega \cos 2\omega + \cos 8s^2\omega \operatorname{sen} 2\omega$$

para $1 \leq s \leq 4n-1$ (temos $\operatorname{sen} 8s\omega > 0$ pois $0 < 8s\omega < 32n\omega = \frac{\pi}{2}$); segue, somando $s = 1, 2, \ldots, 4n-1$, que

$$R\cos 2\omega + (R-1)\operatorname{sen} 2\omega = \sum_{s=1}^{4n-1} \frac{\operatorname{sen}^2((2s+1)^2\omega) - \operatorname{sen}^2((2s-1)^2\omega)}{\operatorname{sen} 8s\omega},$$

de modo que, usando o chamado somatório por partes,

$$R(\cos 2\omega + \operatorname{sen} 2\omega) = \operatorname{sen} 2\omega - \frac{\operatorname{sen}^2\omega}{\operatorname{sen} 8\omega}$$
$$+ \sum_{s=1}^{4n-2} \operatorname{sen}^2((2s+1)^2\omega)\left(\frac{1}{\operatorname{sen} 8s\omega} - \frac{1}{\operatorname{sen} 8(s+1)\omega}\right) + \frac{\operatorname{sen}^2((8n-1)^2\omega)}{\operatorname{sen}(8(4n-1)\omega)}.$$

O lado direito é positivo; pois, em primeiro lugar, temos

$$\operatorname{sen} 2\omega - \frac{\operatorname{sen}^2\omega}{\operatorname{sen} 8\omega} = \frac{\operatorname{sen} 2\omega\operatorname{sen} 8\omega - \operatorname{sen}\omega\operatorname{sen}\omega}{\operatorname{sen} 8\omega} > 0;$$

e em segundo lugar cada termo da soma

$$\frac{1}{\operatorname{sen} 8s\omega} - \frac{1}{\operatorname{sen} 8(s+1)\omega} > 0,$$

já que a função seno é crescente no primeiro quadrante; e em terceiro lugar,

$$\operatorname{sen}(8(4n-1)\omega) > 0.$$

Além disso, $\cos 2\omega + \operatorname{sen} 2\omega$ é > 0; temos portanto

$$R > 0.$$

Capítulo 21

Redução a Discriminantes Fundamentais

Definição 38. *Continuemos tomando d não quadrado e $\equiv 0$ ou $1 \pmod 4$. d é dito um discriminante fundamental se não for divisível pelo quadrado de nenhum primo ímpar e se for ou ímpar ou $\equiv 8$ ou $12 \pmod{16}$.*

Teorema 213. *Todo $d \equiv 0$ ou $1 \pmod 4$ que não é um quadrado pode ser escrito, unicamente, na forma fm^2, onde $m > 0$ e f é um discriminante fundamental.*

Prova: 1) Seja d ímpar. Se $d = fm^2$ de algum modo, no sentido do teorema, então m^2 deve ser o maior quadrado que divide d. Então f é de fato um discriminante fundamental; pois, em primeiro lugar, $f \equiv d \equiv 1 \pmod 4$, e, em segundo lugar, f não é um quadrado, e, em terceiro lugar, f é livre de quadrados.

2) Seja d par.

21) Primeiro mostro que d pode ser escrito na forma fm^2. De qualquer forma, temos $d = qr^2$, onde $r > 0$ e q é livre de quadrados e não é um quadrado.

Se $q \equiv 1 \pmod 4$ então q é um discriminante fundamental.

Se $q \equiv 2$ ou $3 \pmod 4$ então r é par (já que $4|d$), de modo que $d = 4q(\frac{r}{2})^2$, e $4q$ é um discriminante fundamental; pois $4q$ é em primeiro lugar $\equiv 0 \pmod 4$, em segundo lugar não é um quadrado, e, em terceiro lugar, não é divisível pelo quadrado de nenhum primo ímpar e, em quarto lugar, $\equiv 8$ ou $12 \pmod{16}$.

22) Provo agora a unicidade. Do fato que $d = fm^2$, $m > 0$, e f é um discriminante fundamental segue que m^2 é divisível pelo maior quadrado que divide d.

Se f for ímpar então f é livre de quadrados, de modo que m é o r acima, e f é o q acima.

Se f for par, de modo que $f \equiv 8$ ou $12 \pmod{16}$, então $4 \nmid \frac{f}{4}$, de forma que $2m$ é o r acima e f é o $4q$ acima.

Teorema 214. Seja $d = fm^2$ a decomposição do nosso d conforme o Teorema 213. Então temos

$$K(d) = \prod_{p|m}(1 - (\frac{f}{p})\frac{1}{p})K(f).$$

Observação: Como o produto à direita contem apenas um número finito de fatores, segue que a determinação de $K(d)$ se reduz à determinação de $K(f)$, de modo que no próximo capítulo podemos restringir nossa atenção a discriminantes fundamentais.

Prova: Se $\sum_{n=1}^{\infty} b_n$ converge e se $a_1 + \ldots + a_u$ é uma soma finita então certamente temos

$(a_1 + \cdots + a_u)(b_1 + \ldots + ad\ inf) = (a_1b_1 + a_1b_2 + \cdots) + (0 + a_2b_1 + 0 + a_2b_2 + \cdots)$

$+ (0 + 0 + a_3b_1 + 0 + 0 + a_3b_2 + \cdots) + \cdots + (0 + 0 + \cdots + a_ub_1 + \cdots)$

$$= \sum_{s=1}^{\infty} \sum_{r|s,\ r \leq u} a_r b_{\frac{r}{s}}.$$

O lado direito do enunciado, a saber,

$$\sum_{r|m} \mu(r)(\frac{f}{r})\frac{1}{r} \cdot \sum_{n=1}^{\infty}(\frac{f}{n})\frac{1}{n},$$

é portanto

$$= \sum_{s=1}^{\infty} \sum_{r|m\ r|m} \mu(r)(\frac{f}{r})\frac{1}{r}(\frac{f}{\frac{s}{r}})\frac{1}{\frac{s}{r}} = \sum_{s=1}^{\infty} \sum_{r|(s,m)} \mu(r)(\frac{f}{s})\frac{1}{s}$$

$$= \sum_{s=1}^{\infty}(\frac{f}{s})\frac{1}{s} \sum_{r|(s,m)} \mu(r) = \sum_{s=1\ (s,m)=1}^{\infty}(\frac{f}{s})\frac{1}{s} = \sum_{s=1}^{\infty}(\frac{fm^2}{s})\frac{1}{s} = \sum_{s=1}^{\infty}(\frac{d}{s})\frac{1}{s} = K(d).$$

Capítulo 22

A Determinação de $K(d)$ para Discriminantes Fundamentais

Ao longo dos capítulos 22 e 23 d sempre representará um discriminante fundamental.

Se $\xi > 0$ então por $\sqrt{\xi}$ sempre entendo o número positivo cujo quadrado é ξ. Neste capítulo, excepcionalmente, se $\xi < 0$ o símbolo $\sqrt{\xi}$ terá um valor definido, a saber $i\sqrt{|\xi|}$.

Teorema 215. *Se $n > 0$ e se r percorre um conjunto completo de resíduos positivos mod $|d|$, então*

$$\sum_r (\frac{d}{r}) e^{\frac{2\pi i}{|d|} nr} = (\frac{d}{n})\sqrt{d}.$$

Observação: O fato que esta soma é independente da escolha de classes residuais segue imediatamente do fato que $(\frac{d}{r})$ (pelo Teorema 99,4)) e $e^{\frac{2\pi i}{|d|} nr}$ tem ambos período $|d|$ (a respeito da variável positiva r).

Prova: Os números $-4, 8, -8$ e $(-1)^{\frac{p-1}{2}} p$, onde $p > 2$ são todos discriminantes fundamentais; vamos denominá-los por hora de discriminantes primos.

Claramente basta provar todos os quatros enunciados que seguem:

1) d pode ser escrito na forma $\prod q$, onde q são discriminantes primos e todos os pares de fatores são mutuamente primos entre si. (Isto é, no

máximo um dos números $-4, 8, -8$ aparece, e cada $(-1)^{\frac{p-1}{2}}p$ aparece no máximo uma vez.)

2) Cada produto não vazio $\prod q$, onde q são discriminantes primos que são mutuamente primos entre si, é um discriminante fundamental.

3) Se o teorema for verdadeiro para dois discriminantes fundamentais d_1 e d_2 para os quais $(d_1, d_2) = 1$ então ele vale para $d_1 d_2$ (que, por 1) e 2) é certamente um discrimante fundamental).

4) O teorema é verdadeiro para discriminantes primos.

Prova de 1): Se d for ímpar então $d \equiv 1 \pmod{4}$ e é livre de quadrados, de modo que

$$d = \prod_{p|d}(-1)^{\frac{p-1}{2}}p,$$

onde cada $p > 2$.

Se $d \equiv 8 \pmod{16}$ então $\frac{d}{8}$ é ímpar e livre de quadrados, de modo que para uma escolha apropriada de sinais temos

$$d = \pm 8 \prod_{p|d \ p>2}(-1)^{\frac{p-1}{2}}p.$$

Se $d \equiv 12 \pmod{16}$ então $\frac{d}{4} \equiv -1 \pmod{4}$ é livre de quadrados, de modo que

$$d = (-4)\prod_{p|d \ p>2}(-1)^{\frac{p-1}{2}}p.$$

Prova de 2): $\prod q$ não é divisível pelo quadrado de nenhum primo ímpar, não é quadrado e é $\equiv 1 \pmod{4}$ ou $\equiv 8$ ou $12 \pmod{16}$.

Prova de 3): De

$$\sum_{r_1}(\frac{d_1}{r_1})e^{\frac{2\pi i}{|d_1|}nr_1} = (\frac{d_1}{n})\sqrt{d_1}, \qquad \sum_{r_2}(\frac{d_2}{r_2})e^{\frac{2\pi i}{|d_2|}nr_2} = (\frac{d_2}{n})\sqrt{d_2}$$

segue que

(163) $$\sum_{r_1, r_2}(\frac{d_1}{r_1})(\frac{d_2}{r_2})e^{\frac{2\pi i}{|d_1 d_2|}(r_1|d_2|+r_2|d_1|)} = (\frac{d_1}{n})(\frac{d_2}{n})\sqrt{d_1}\sqrt{d_2}.$$

Para $p \nmid d_1 d_2$ e $p > 2$ segue do Teorema 81 que

$$(\frac{d_1}{p})(\frac{d_2}{p}) = (\frac{d_1 d_2}{p});$$

A Determinação de $K(d)$ para Discriminantes Fundamentais 261

para $p \nmid d_1 d_2$ e $p = 2$ segue da Definição 20 que

$$\left(\frac{d_1}{p}\right)\left(\frac{d_2}{p}\right) = \left(\frac{2}{|d_1|}\right)\left(\frac{2}{|d_2|}\right) = \left(\frac{2}{|d_1||d_2|}\right) = \left(\frac{d_1 d_2}{p}\right);$$

para $p | d_1 d_2$ segue da Definição 20 que

$$\left(\frac{d_1}{p}\right)\left(\frac{d_2}{p}\right) = 0 = \left(\frac{d_1 d_2}{p}\right).$$

Para qualquer p temos portanto

$$\left(\frac{d_1}{p}\right)\left(\frac{d_2}{p}\right) = \left(\frac{d_1 d_2}{p}\right).$$

Consequentemente, pela Definição 20 temos

$$\left(\frac{d_1}{n}\right)\left(\frac{d_2}{n}\right) = \left(\frac{d_1 d_2}{n}\right),$$

de modo que por (163) e o Teorema 99, 3) temos

$$\sum_{r_1, r_2} \left(\frac{d_1}{r_1|d_2|}\right)\left(\frac{d_2}{r_2|d_1|}\right) e^{\frac{2\pi i n}{|d_1 d_2|}(r_1|d_2|+r_2|d_1|)} =$$

(164)
$$= \left(\frac{d_1}{|d_2|}\right)\left(\frac{d_2}{|d_1|}\right)\left(\frac{d_1 d_2}{n}\right)\sqrt{d_1}\sqrt{d_2}.$$

Pelo Teorema 73 $r_1|d_2| + r_2|d_1|$ percorre um sistema positivo completo de resíduos $r \mod |d_1 d_2|$; pelo Teorema 99, 4) temos

$$\left(\frac{d_1}{r_1|d_2|}\right) = \left(\frac{d_1}{r_1|d_2| + r_2|d_1|}\right), \quad \left(\frac{d_2}{r_2|d_1|}\right) = \left(\frac{d_2}{r_1|d_2| + r_2|d_1|}\right).$$

(164) portanto resulta em

$$\sum_r \left(\frac{d_1 d_2}{r}\right) e^{\frac{2\pi i n}{|d_1 d_2|}r} = \sum_r \left(\frac{d_1}{r}\right)\left(\frac{d_2}{r}\right) e^{\frac{2\pi i n}{|d_1 d_2|}r} =$$

$$= \left(\frac{d_1}{|d_2|}\right)\left(\frac{d_2}{|d_1|}\right)\left(\frac{d_1 d_2}{n}\right)\sqrt{d_1}\sqrt{d_2}.$$

Basta portanto provar apenas que

$$\left(\frac{d_1}{|d_2|}\right)\left(\frac{d_2}{|d_1|}\right)\sqrt{d_1}\sqrt{d_2} = \sqrt{d_1 d_2}.$$

Como

$$\sqrt{d_1}\sqrt{d_2} = \begin{cases} -\sqrt{d_1 d_2} & \text{para } d_1 < 0, d_2 < 0, \\ \sqrt{d_1 d_2} & \text{caso contrário,} \end{cases}$$

tenho portanto que mostrar que

$$\left(\frac{d_1}{|d_2|}\right)\left(\frac{d_2}{|d_1|}\right) = \begin{cases} -1 & \text{para } d_1 < 0, d_2 < 0, \\ 1 & \text{caso contrário.} \end{cases}$$

Como $(d_1, d_2) = 1$, seja d_1 ímpar, sem perda de generalidade. Então pelo Teorema 98, 1) temos

$$\left(\frac{d_1}{|d_2|}\right)\left(\frac{d_2}{|d_1|}\right) = \left(\frac{|d_2|}{|d_1|}\right)\left(\frac{d_2}{|d_1|}\right).$$

Para $d_2 > 0$, isto significa que

$$\left(\frac{d_2}{|d_1|}\right)^2 = 1;$$

para $d_2 < 0$, isto significa que

$$\left(\frac{|d_2|}{|d_1|}\right)(-1)^{\frac{|d_1|-1}{2}}\left(\frac{|d_2|}{|d_1|}\right) = (-1)^{\frac{|d_1|-1}{2}} = \begin{cases} 1 & \text{se } d_1 > 0, \\ -1 & \text{se } d_1 < 0. \end{cases}$$

Prova de 4): Seja d um discriminante primo. Vamos investigar os casos $(n, d) > 1$ e $(n, d) = 1$; no último caso basta fazer a prova para $n = 1$, isto é, mostrar que

$$\sum_r \left(\frac{d}{r}\right)e^{\frac{2\pi i}{|d|}r} = \sqrt{d};$$

pois, se fizermos $e^{\frac{2\pi i}{|d|}} = \rho$ então para $(n, d) = 1$ temos

$$\left(\frac{d}{n}\right)\sum_r \left(\frac{d}{r}\right)\rho^r = \left(\frac{d}{n}\right)\sum_r \left(\frac{d}{nr}\right)\rho^{nr} = \sum_r \left(\frac{d}{n^2 r}\right)\rho^{nr} = \sum_r \left(\frac{d}{r}\right)\rho^{nr}.$$

No caso $(n, d) = 1$ o enunciado do teorema significa que

$$\sum_r \left(\frac{d}{r}\right)\rho^{nr} = 0.$$

41) Para $d = -4$ temos

$$\sum_r \left(\frac{d}{r}\right)\rho^{nr} = \sum_r \left(\frac{-4}{r}\right)i^{nr} = i^n - i^{3n} =$$

A Determinação de $K(d)$ para Discriminantes Fundamentais

$$= \begin{cases} (-1)^m - (-1)^{3m} & \text{se } n=2m, \\ i - i^3 = 2i = \sqrt{-4} & \text{se } n=1. \end{cases}$$

42) Para $d = \pm 8$ segue do Teorema 93 (já que $\rho^2 = i$, $\rho = \frac{1+i}{\sqrt{2}}$) que

$$\sum_r (\frac{d}{r})\rho^{nr} = \sum_r (\frac{\pm 8}{r})\rho^{nr} = \sum_r (\frac{\pm 2}{r})\rho^{nr} = \rho^n \mp \rho^{3n} - \rho^{5n} \pm \rho^{7n}$$

$$= \rho^n(1 \mp i^n - i^{2n} \pm i^{3n}).$$

Isto significa que

$$\rho^n(1 \mp (-1)^m - 1 \pm (-1)^{3m}) = 0 \quad \text{se } n = 2m,$$

$$\frac{1+i}{\sqrt{2}}(1 \mp i + 1 \mp i) = \frac{1+i}{\sqrt{2}} 2(1 \mp i) \begin{cases} = 2\sqrt{2} = \sqrt{8} & \text{se } n = 1, d = 8, \\ = 2i\sqrt{2} = \sqrt{-8} & \text{se } n = 1, d = -8. \end{cases}$$

43) Para $d = (-1)^{\frac{p-1}{2}} p$, temos
se $(n,d) > 1$, como $p|n$ e porque $(\frac{d}{r})$ é um caráter do segundo tipo mod $|d|$:

$$\sum_r (\frac{d}{r})\rho^{nr} = \sum_r (\frac{d}{r}) = 0,$$

se $n = 1$, pelo Teorema 98, 1) e Teorema 212:

$$\sum_r (\frac{d}{r})\rho^{nr} = \sum_r (\frac{d}{r})\rho^r = \sum_r (\frac{r}{|d|})\rho^r = \sum_r (\frac{r}{p})\rho^r = \sum_{r=1}^{p-1} (\frac{r}{p}) e^{\frac{2\pi i r}{p}}$$

$$= \sqrt{(-1)^{\frac{p-1}{2}} p}.$$

(Todo o ferramental do capítulo 20 não foi necessário senão para o subcaso 43) do quarto enunciado.)

Teorema 216.
Para $0 < \varphi < 2\pi$ temos

(165) $$\sum_{n=1}^{\infty} \frac{\operatorname{sen} n\varphi}{n} = \frac{\pi}{2} - \frac{\varphi}{2},$$

(166) $$\sum_{n=1}^{\infty} \frac{\cos n\varphi}{n} = -\log(2\operatorname{sen}\frac{\varphi}{2}).$$

Prova: Assumo este fato da análise. Caso contrário, o leitor inexperiente pode deduzir (165) da expansão de Fourier do lado direito bastante regular; (166) preferivelmente não desta maneira, por causa das singularidades $\varphi = 0$ e $\varphi = 2\pi$, antes do fato que para $|\xi| \leq 1$, com a exceção de $\xi = 1$ (ξ complexo), temos, com uma normalização apropriada da parte imaginária do logaritmo (esta normalização sendo arbitrária, uma vez que imediatamente desaparece),

$$\sum_{n=1}^{\infty} \frac{\xi^n}{n} = -\log(1-\xi),$$

a partir do que, fazendo $\xi = e^{\varphi i}$, nosso resultado segue por comparação de partes reais.

Teorema 217. *Se d for um discriminante fundamental então*

$$K(d) = \begin{cases} -\frac{1}{\sqrt{d}} \sum_{r=1}^{d-1} (\frac{d}{r}) \log \operatorname{sen} \frac{\pi r}{d} & \text{para } d > 0, \\ -\frac{\pi}{|d|^{\frac{3}{2}}} \sum_{r=1}^{|d|-1} (\frac{d}{r}) r & \text{para } d < 0. \end{cases}$$

Prova: Pelo Teorema 215 temos

$$\sqrt{d} K(d) = \sum_{n=1}^{\infty} (\frac{d}{n}) \sqrt{d} \frac{1}{n} = \sum_{n=1}^{\infty} \frac{1}{n} \sum_{r=1}^{|d|-1} (\frac{d}{r}) e^{\frac{2\pi i}{|d|} nr}$$

(167)
$$= \sum_{r=1}^{|d|-1} (\frac{d}{r}) \sum_{n=1}^{\infty} \frac{1}{n} e^{\frac{2\pi i}{|d|} nr}$$

(pois $\sum_{n=1}^{\infty}$ à direita converge, pelo Teorema 216, já que $0 < \frac{2\pi r}{|d|} < 2\pi$).

1) Seja $d > 0$. Por (166) segue de (167), já que o lado esquerdo é real, que

$$\sqrt{d} K(d) = \sum_{r=1}^{d-1} (\frac{d}{r}) \sum_{n=1}^{\infty} \frac{\cos(n \frac{2\pi r}{d})}{n} = -\sum_{r=1}^{d-1} (\frac{d}{r}) \log(2 \operatorname{sen} \frac{\pi r}{d})$$

$$= -\sum_{r=1}^{d-1} (\frac{d}{r}) \log(\operatorname{sen} \frac{\pi r}{d})$$

uma vez que

$$\log 2 \sum_{r=1}^{d-1} (\frac{d}{r}) = 0.$$

A Determinação de $K(d)$ para Discriminantes Fundamentais

2) Seja $d < 0$. Por (165) segue de (167), já que o lado esquerdo é puramente imaginário, que

$$\sqrt{|d|}K(d) = \sum_{r=1}^{|d|-1} (\frac{d}{r}) \sum_{n=1}^{\infty} \frac{\text{sen}(n\frac{2\pi r}{|d|})}{n} = \sum_{r=1}^{|d|-1} (\frac{d}{r})(\frac{\pi}{2} - \frac{\pi r}{|d|})$$

(168)
$$= -\frac{\pi}{|d|} \sum_{r=1}^{|d|-1} (\frac{d}{r})r.$$

Capítulo 23

Fórmulas Finais para o Número de Classes

Teorema 218. *Seja d um discriminante fundamental. Então temos*

$$\epsilon^{h(d)} = \frac{\prod_t \operatorname{sen}\frac{\pi t}{d}}{\prod_s \operatorname{sen}\frac{\pi s}{d}} \quad para \quad d > 0,$$

(169) $$h(d) = \frac{w}{2|d|}\left(\sum t - \sum s\right) \quad para \quad d < 0,$$

onde s percorre os números no intervalo $0 < r < |d|$ para os quais $\left(\frac{d}{r}\right) = 1$ e t os números no mesmo intervalo para os quais $\left(\frac{d}{r}\right) = -1$.

Observações: 1) para $d = (-1)^{\frac{p-1}{2}} p$, onde $p > 2$, segue do Teorema 98, 1) que isto significa que s percorre os resíduos quadráticos e t os não resíduos quadráticos mod p entre 0 e p.

2) Se $d > 0$, segue do Teorema 101 que o lado direito do enunciado também

$$= \left(\frac{\prod_{t < \frac{d}{2}} \operatorname{sen}\frac{\pi t}{d}}{\prod_{s < \frac{d}{2}} \operatorname{sen}\frac{\pi s}{d}}\right)^2.$$

Prova: 1) Seja $d > 0$. Pelos Teoremas 209 e 217 temos

$$h(d) = -\frac{\sqrt{d}}{\log \epsilon} \frac{1}{\sqrt{d}} \sum_{r=1}^{d-1} (\frac{d}{r}) \log(\operatorname{sen}\frac{\pi r}{d}) =$$

$$= \frac{1}{\log \epsilon} (\sum_t \log(\operatorname{sen}\frac{\pi t}{d}) - \sum_s \log(\operatorname{sen}\frac{\pi s}{d})).$$

2) Seja $d < 0$. Pelos Teoremas 209 e 217 temos

$$h(d) = -w \frac{\sqrt{|d|}}{2\pi} \frac{\pi}{|d|^{\frac{3}{2}}} \sum_{r=1}^{|d|-1} (\frac{d}{r}) r = \frac{w}{2|d|} (\sum t - \sum s).$$

Para $d < 0$ vou estabelecer — em primeiro lugar, como um fim em si, e em segundo lugar para cumprir o que foi prometido na introdução — ainda outra fórmula, mais simples, para $h(d)$ e — uma vez que a transformação elementar de (169) poderia ser efetuada, certamente, mas seria bastante trabalhosa — vou fazer isto usando mais uma vez a série $K(d)$.

Teorema 219. *Seja $d < 0$ um discriminante fundamental. Então*

$$h(d) = \frac{w}{2(2 - (\frac{d}{2}))} \sum_{r=1}^{[\frac{|d|}{2}]} (\frac{d}{r}).$$

Observação: Para $d = -p$, $p \equiv 3 \pmod 4$ e $p > 3$ isto é precisamente o que foi afirmado em (123), já que

$$(\frac{d}{r}) = (\frac{r}{p}), \quad [\frac{|d|}{2}] = \frac{p-1}{2}, \frac{w}{2} = 1,$$

$$2 - (\frac{d}{2}) = \begin{cases} 3 & \text{para } p \equiv 3 \pmod 8, \\ 1 & \text{para } p \equiv 7 \pmod 8. \end{cases}$$

Prova: Por (165) temos, para $2\pi < \varphi < 4\pi$,

$$\sum_{n=1}^{\infty} \frac{\operatorname{sen} n\varphi}{n} = \sum_{n=1}^{\infty} \frac{\operatorname{sen} n(\varphi - 2\pi)}{n} = \frac{\pi}{2} - \frac{\varphi - 2\pi}{2} = \frac{\pi}{2} - \frac{\varphi}{2} + \pi.$$

A série à esquerda também converge para $\varphi = 2\pi$; pelo Teorema 215 (com $2n$ no lugar de n) temos portanto

Fórmulas Finais para o Número de Classes

$$\sqrt{d}K(d)(\frac{d}{2}) = \sum_{n=1}^{\infty}(\frac{d}{2n})\sqrt{d}\frac{1}{n} = \sum_{n=1}^{\infty}\frac{1}{n}\sum_{r=1}^{|d|-1}(\frac{d}{r})e^{\frac{2\pi i}{|d|}nr},$$

$$\sqrt{|d|}K(d)(\frac{d}{2}) = \sum_{n=1}^{\infty}\frac{1}{n}\sum_{r=1}^{|d|-1}(\frac{d}{r})\operatorname{sen}(n\frac{4\pi r}{|d|}) = \sum_{r=1}^{|d|-1}(\frac{d}{r})\sum_{n=1}^{\infty}\frac{\operatorname{sen}(n\frac{4\pi r}{|d|})}{n}$$

$$= \sum_{1 \le r \le \frac{|d|}{2}}(\frac{d}{r})(\frac{\pi}{2} - \frac{2\pi r}{|d|}) + \sum_{\frac{|d|}{2} < r < |d|}(\frac{d}{r})(\frac{\pi}{2} - \frac{2\pi r}{|d|} + \pi)$$

(na verdade troquei $\sum_n$ pelo valor incorreto $-\frac{\pi}{2}$ em vez de 0, para $r = \frac{|d|}{2}$; isto é inofensivo, contudo, uma vez que para d par certamente temos $(\frac{d}{\frac{|d|}{2}}) = 0$, pois $4|d$). Segue portanto de (168) que

$$\sqrt{|d|}K(d)(\frac{d}{2}) = -\frac{2\pi}{|d|}\sum_{r=1}^{|d|-1}(\frac{d}{r}) + \pi\sum_{\frac{|d|}{2} < r < |d|}(\frac{d}{r})$$

$$= 2\sqrt{|d|}K(d) + \pi\sum_{\frac{|d|}{2} < r < |d|}(\frac{d}{r}) = 2\sqrt{|d|}K(d) - \pi\sum_{0 < r \le \frac{|d|}{2}}(\frac{d}{r}),$$

$$\sqrt{|d|}(2 - (\frac{d}{2}))K(d) = \pi\sum_{0 < r \le \frac{|d|}{2}}(\frac{d}{r}),$$

de forma que, pelo Teorema 209 temos

$$h(d) = \frac{w\sqrt{|d|}}{2\pi}\frac{\pi}{\sqrt{|d|}}\frac{1}{2-(\frac{d}{2})}\sum_{0<r\le\frac{|d|}{2}}(\frac{d}{r}) = \frac{w}{2(2-(\frac{d}{2}))}\sum_{r=1}^{[\frac{|d|}{2}]}(\frac{d}{r}).$$

Apêndice

Exercícios para a Primeira Parte

Exercícios para o Capítulo 1

1. Suponha $b > 0$ e $b \nmid a$. Faça $r_0 = a$ e $r_1 = b$ e determine $r_2, r_3, \cdots, r_n$ pelas relações

$$\begin{aligned} r_0 &= r_1 q_1 + r_2, & 0 < r_2 < r_1, \\ r_1 &= r_2 q_2 + r_3, & 0 < r_3 < r_2, \\ &\cdots \\ r_{n-2} &= r_{n-1} q_{n-1} + r, & 0 < r_n < r_{n-1}, \\ r_{n-1} &= r_n q_n, & 0 = r_{n+1}. \end{aligned}$$

Mostre que r_n, o último resto não nulo, é o máximo divisor comum de a e b. Este processo de achar o máximo divisor comum é dito o Algoritmo de Euclides.

2. Para a e b arbitrários, não ambos nulos, considere todos os números da forma $ax + by$, onde x e y podem tomar quaisquer valores inteiros. Seja d o menor número positivo desta forma. Mostre que $d = (a, b)$.

3. Prove que $(ma, mb) = m(a, b)$, onde $m > 0$ e a e b não são ambos nulos.

4. Deduza o Teorema 15 a partir do Teorema 14 ou do ex. 3.

5. Mostre que o máximo divisor comum de $a + b$ e $a - b$ é ou 1 ou 2 se $(a, b) = 1$.

6. Suponha que $F_n = 2^{2^n} + 1$ para $n = 0, 1, 2, \ldots$. Mostre que se $k > 0$ então $F_n / (F_{n+k} - 2)$. Deduza que qualquer par dentre os números $F_0, F_1, F_2, \ldots$ são mutuamente primos entre si.

7. Mostre que se $ad - bc = 1$ então $(a + b, c + d) = 1$.

8. Prove que se n for ímpar então $n(n^2 - 1)$ é divisível por 24.

9. Mostre que na chamada série de Fibonacci $1, 2, 3, 5, 8, \ldots$, em que cada termo é a soma dos dois termos que o precedem, dois termos consecutivos são sempre primos entre si.

10. Mostre que a soma $1 + \frac{1}{2} + \frac{1}{3} + \cdots + \frac{1}{n}$ não é um inteiro para $n > 1$.

(Sugestão: Seja 2^l a maior potência de 2 não maior do que n. Então não existe nenhum outro número entre 1 e n, inclusive, que é divisível por 2^l.)

Exercícios para o Capítulo 2

1. Prove que se $a \geq 3$ e $n \geq 2$ então $a^n - 1$ é composto.
2. Prove que $T(a)$ é ímpar se e só se a é um quadrado perfeito.
3. Suponha que $n > 0$. Mostre que $T(2^n-1) \geq T(n)$ e $T(2^n+1) > T^*(n)$, onde $T^*(n)$ é o número de divisores positivos ímpares de n.
4. Use o ex. 6 do cap. 1 para dar uma outra prova do Teorema 18.
5. Suponha k um inteiro maior do que 2.
   a) Se $q_1-1, q_2-1, \ldots, q_v-1$ são divisíveis por k, mostre que $q_1 q_2 \ldots q_v - 1$ é divisível por k.
   b) Se $n > 0$, mostre que existe um primo p tal que $k \not| (p-1)$ e $p|(nk-1)$.
   c) Pelo método de prova do Teorema 18, mostre que existem infinitos primos p tais que $k \not| (p-1)$.
6. Se $f(n)$ for um polinômio não constante em n com coeficientes inteiros então $f(n)$ é composto para infinitos valores de n.
   (Sugestão: Seja a tal que $A = |f(a)| > 1$. Então $A|f(Ax+a)$ para cada x.)
7. Prove que se ξ e η são reais então $[\xi + \eta] \geq [\xi] + [\eta]$.
8. Use o Teorema 27 e ex. 7 para provar que se $m > 0$ e $n > 0$ então $(m+n)!$ é divisível por $m!n!$. Deduza que o produto de n inteiros consecutivos é sempre divisível por $n!$.
9. Se $1 \leq r \leq p^n$, $p^k|r$ e $p^{k+1} \not| r$, mostre que $P^n!\{r!(p^n-r)!\}^{-1}$ é divisível por p^{n-k} mas não por p^{n-k+1}.

Exercícios para o Capítulo 3

1. Suponha $r \geq 2$, $a_1 > 0, \ldots, a_r > 0$, e seja v o mínimo múltiplo comum de $a_1, \ldots, a_r$. Mostre que escrevendo $a'_1 = \frac{v}{a_1}, \ldots, a'_r = \frac{v}{a_r}$ então $(a'_1, \ldots, a'_r) = 1$.
2. Suponha $r \geq 2$ e $a_1, \ldots, a_r$ não todos nulos, digamos $a_1 \neq 0$. Seja $d_1 = a_1$ e $d_n = (a_n, d_{n-1})$ para $2 \leq n \leq r$. Mostre que $d_r = (a_1, \ldots, a_r)$.
3. Se $r \geq 2$ e $a_1 > 0, \ldots, a_r > 0$, denotemos (temporariamente) o mínimo múltiplo comum de $a_1, \ldots, a_r$ por $\{a_1, \ldots, a_r\}$. Mostre que se $a > 0$, $b > 0$ e $c > 0$ então
   a) $(a, \{b, c\}) = \{(a, b), (a, c)\}$;
   b) $\{a, (b, c)\} = (\{a, b\}, \{a, c\})$.

c) $(\{a,b\},\{a,c\},\{b,c\}) = \{(a,b),(a,c),(b,c)\}$.

Exercícios para o Capítulo 4

1. Se $a > 0$ e $b > 1$ mostre que $\frac{S(a)}{a} < \frac{S(ab)}{ab} \leq \frac{S(a)S(b)}{ab}$.

2. Mostre que um inteiro ímpar divisível por não mais do que dois primos não pode ser um número perfeito.
(Sugestão: Mostre que $S(a) < 2a$ para um tal número ímpar a.)

3. Prove que a soma dos recíprocos dos divisores positivos de um número perfeito é igual a 2.

4. Se n for um número perfeito ímpar, mostre que $n = p^r m^2$, onde $p \equiv r \equiv 1 \pmod 4$ e $p \nmid m$. Se m for dado, mostre que existe no máximo uma potência de primo p^r tal que $p \nmid m$ e $p^r m^2$ é perfeito.

5. Está implícito na prova do Teorema 31 que se $a > 0$, $b > 0$ e $(a,b) = 1$ então $S(ab) = S(a)S(b)$. Prove mais geralmente que se $a > 0$ e $b > 0$ então $S(a)S(b) = \sum_{d|(a,b)} dS(\frac{ab}{d^2})$.
(Sugestão: Trate primeiro o caso em que a e b são potências do mesmo primo.)

6. A função aritmética $\lambda(a)$ (a função de Liouville) é definida por:
$\lambda(a) = 1$ se $a = 1$ ou se a for o produto de um número par de primos (não necessariamente distintos), enquanto que $\lambda(a) = -1$ se a for o produto de um número ímpar de primos (não necessariamente distintos). Prove o seguinte:

a) Se $a > 0$ e $b > 0$ então $\lambda(ab) = \lambda(a)\lambda(b)$.

b)
$$\sum_{d|a} \lambda(d) = \begin{cases} 1 & \text{se } a = b^2 \text{ para algum } b \neq 0, \\ 0 & \text{se } a > 1, a \neq b^2 \text{ para todos } b. \end{cases}$$

c) Se $\xi \leq 1$ temos $\sum_{n=1}^{[\xi]} \lambda(n)[\frac{\xi}{n}] = [\xi^{\frac{1}{2}}]$.

d) Se $x \leq 1$ temos $|\sum_{n=1}^{x} \frac{\lambda(n)}{n}| < 2$.

7. Se $a > 0$ mostre que $\sum_{d|a} \mu(d) S(\frac{a}{d}) = a$.

8. Mostre que $\Lambda(a) = \sum_{d|a} \mu(d) \log(\frac{a}{d}) = -\sum_{d|a} \mu(d) \log(d)$.

9. Seja $G(a)$ uma função aritmética qualquer. Denote por $F(a)$ a função aritmética
$$F(a) = \sum_{d|a} \mu(d) G(\frac{a}{d}).$$

Mostre que $G(a) = \sum_{d|a} F(d)$.

10. Seja $f(a)$ uma função aritmética que nunca se anula. Denote por $g(a)$ a função aritmética

$$g(a) = \prod_{d|a} f(d).$$

Mostre que temos

$$f(a) = \prod_{d|a} g(\frac{a}{d})^{\mu(d)}.$$

11. Mostre que $\varphi(5186) = \varphi(5187) = \varphi(5188) = 2592$.

12. Se $n > 0$ mostre que $\varphi(n)|n$ se e só se n é de uma das formas $1, 2^2, 2^a 3^b$, onde $a > 0, b > 0$.

13. Prove que se $a > 0$ e $b > 0$ então $\varphi(ab) = \varphi(a)\varphi(b)c(\varphi(c))^{-1}$, onde c é o produto dos primos que dividem tanto a quanto b.

14. Se $n > 0$ então $T(1) + T(2) + \cdots + T(n) = [\frac{n}{1}] + [\frac{n}{2}] + \cdots + [\frac{n}{n}]$.

(Sugestão: Conte de duas maneiras o número de soluções de $xy \leq n$, $x > 0$, $y > 0$.)

15. Se $n > 0$ e $k = [\sqrt{n}]$ mostre que

$$T(1) + T(2) + \cdots + T(n) = 2([\frac{n}{1}] + [\frac{n}{2}] + \cdots + [\frac{n}{k}]) - k^2.$$

(Sugestão: Se $xy \leq n$, $x > 0$, $y > 0$ então ou $x \leq k$ ou $y \leq k$, possivelmente ambos.)

Exercícios para o Capítulo 5

1. Se $a = c_0 + c_1 g + \cdots + c_n g^n$ prove que

$$a \equiv c_0 + c_1 + \cdots + c_n \pmod{g-1}.$$

(Em particular, todo número é congruente módulo 9 à soma de seus algarismos decimais; cf., Teorema 8.)

2. Se $a > 4$ e a não for primo, mostre que $(a-1)! \equiv 0 \pmod{a}$.

3. Se $k > 0$ e $n(k-1)$ for par, mostre que existem inteiros x e y relativamente primos a k tais que $x + y \equiv n \pmod{k}$.

(Sugestão: Considere primeiro o caso em que k é potência de um primo e então use o Teorema 70.)

4. Dado que $a > 0$, $b > 0$, $(a, b) = 1$, e $aa' + bb' = 1$, mostre que se $n \geq 0$ a equação diofantina $ax + by = n$ tem

$$1 + [\frac{b'n}{a}] + [\frac{a'n}{b}]$$

soluções em inteiros não negativos x e y.

5. Dado que $a > 0, b > 0, (a, b) = 1$. Mostre que se $n > ab-a-b$ existem inteiros não negativos x e y tais que $ax + by = n$, mas que se $n = ab - a - b$ isto não se dá.

6. Mostre que
$$(a + b)^p \equiv a^p + b^p \pmod{p}.$$

7. Prove que se $m^p + n^p \equiv 0 \pmod{p}$, onde $p > 2$, então
$$m^p + n^p \equiv 0 \pmod{p^2}.$$

8. Seja dado que $r > 1$, $s > 1$ e $rs > p$. Então se $p \nmid a$ podemos achar inteiros x e y tais que
$$ax \equiv y \pmod{p}, \quad 1 \leq |x| < r, \quad 1 \leq |y| < s.$$

(Sugestão: Considere os números $au - v$, onde $0 \leq u \leq r - 1$ e $0 \leq v \leq s - 1$. Como $rs > p$, dois destes números devem ser congruentes módulo p.)

9. Seja dado que $p > 3$.
a) Prove que $p!$ e $(p-1)! - 1$ são primos entre si.
b) Prove que se $n > 0$ e $n \equiv (p-1)! - 1 \pmod{p!}$ então os $p-2$ inteiros que predecem n e os p inteiros que sucedem n são compostos.

10. Se $p > 2$, use o Teorema de Wilson para mostrar que
$$\{[\frac{p-1}{2}]!\}^2 \equiv (-1)^{\frac{p+1}{2}} \pmod{p}.$$

11. Se $1 \leq j \leq p - 2$ e se s_j for a soma dos produtos de j fatores entre os números $1, 2, \ldots, p-1$, mostre que $s_j \equiv 0 \pmod{p}$.

12. Se $l > 2$ mostre que
$$a^{2^{l-2}} \equiv 1 \pmod{2^l}$$

para a ímpar.

(Sugestão: Use indução matemática.)

13. Se $p > 2$ e $l \geq 0$ ou se $p = 2$ e $0 \leq l \leq 2$ defina $\kappa(p^l) = \varphi(p^l)$. Se $p = 2$ e $l > 2$ defina $\kappa(p^l) = 1/2\varphi(p^l)$. Se $m > 1$ e se $m = p_1^{l_1} \cdots p_r^{l_r}$ for sua fatoração canônica, defina $\kappa(m)$ como o mínimo múltiplo comum de $\kappa(p_1^{l_1}), \ldots, \kappa(p_r^{l_r})$. Mostre que se $(a, m) - 1$ então $a^{\kappa(m)} \equiv 1 \pmod{m}$. (Por esta razão $\kappa(m)$ é às vezes dito o expoente universal de m.)

14. Seja dado que $m > 1$ e m ímpar. Considere as quatro afirmações
(i) m é primo.
(ii) $\varphi(m)|(m-1)$,

(iii) $\kappa(m)|(m-1)$,
(iv) $2^{m-1} \equiv 1 \pmod{m}$.

a) Mostre que se uma destas quatro afirmações vale então as que se seguem também são verdadeiras.

b) Mostre que se $m = 341, 645, 1387$ ou 1905 então *(iv)* vale mas *(iii)* não. Mostre que se $m = 561, 1105$ ou 1729 então *(iii)* vale mas *(ii)* não. (Não existem exemplos conhecidos em que *(ii)* vale mas *(i)* não.)

c) Mostre que se *(iv)* vale quando $m = k$ então vale também quando $m = 2^k - 1$.

Exercícios para o Capítulo 6

1. Mostre que a congruência $ax^2 + bx + c \equiv 0 \pmod{p}$, onde p é ímpar e $p \not| a$, tem solução se e só se $b^2 - 4ac$ é um resíduo quadrático módulo p.

2. Se $\left(\frac{n}{p}\right) = -1$ mostre que $\sum_{d|n} d^{\frac{p-1}{2}} \equiv 0 \pmod{p}$.

3. Mostre que $\sum_{n=1}^{p-1}\left(\frac{n}{p}\right) = 0$.

4. Se $p > 2$ mostre que o produto dos resíduos quadráticos em um dado sistema reduzido de resíduos módulo p é congruente a $-\left(\frac{-1}{p}\right)$.

(Sugestão: Proceda como na primeira prova do Teorema de Wilson.)

5. Se $p \equiv 3 \pmod{4}$ e r é o número de não resíduos quadráticos entre os números $1, 2, \ldots, \frac{p-1}{2}$ então $\left(\frac{p-1}{2}\right)! \equiv (-1)^r \pmod{p}$.

6. Mostre que a conclusão do Teorema 86 pode ser escrita

$$\left(\frac{p}{q}\right) = \left(\frac{(-1)^{\frac{q-1}{2}}p}{q}\right).$$

7. Se $p > 2$ mostre que o número de soluções da congruência $x^8 \equiv 16 \pmod{p}$ é 8 se $p \equiv 1 \pmod{8}$, 4 se $p \equiv 5 \pmod{8}$ e 2 se $p \equiv 3, 7 \pmod{8}$.

(Sugestão: Utilize a identidade

$$x^8 - 16 = \{x^2 - 2\}\{x^2 + 2\}\{(x-1)^2 + 1\}\{(x+1)^2 + 1\}.)$$

8. Mostre que para qualquer primo a congruência

$$x^6 - 11x^4 + 36x^2 - 36 \equiv 0 \pmod{p}$$

é solúvel. Quantas soluções existem?

9. Use o lema de Gauss diretamente para mostrar que -3 é um resíduo quadrático para primos congruentes a 1 módulo 6 e um não resíduo quadrático para primos congruentes a 5 módulo 6.

10. Prove que
$$\sum_{r=1}^{p-2} \left(\frac{r(r+1)}{p}\right) = -1,$$
desde que $p > 2$.

(Sugestão: Para cada r para o qual $1 \le r \le p-2$ existe um único s para o qual $1 \le s \le p-2$ e $rs \equiv 1 \pmod{p}$. Assim,
$$\left(\frac{r(r+1)}{p}\right) = \left(\frac{rs(rs+s)}{p}\right) = \left(\frac{s+1}{p}\right).)$$

11. Seja $p > 2$ e seja N o número de inteiros n no intervalo $1 \le n \le p-2$ tais que n e $n+1$ são ambos resíduos quadráticos módulo p. Mostre que $N = \frac{1}{4}(p - 4 - (\frac{-1}{p}))$.

(Sugestão: $N = \frac{1}{4} \sum_{n=1}^{p-2} (1 + (\frac{n}{p}))(1 + (\frac{n+1}{p}))$.)

12. Se $n \ge 1$ mostre que $(\frac{n}{4n-1}) = 1$, $(\frac{-n}{4n-1}) = -1$ (símbolos de Jacobi).

13. Se k for par, $k > 0$, h ímpar e $(h, k) = 1$, prove a seguinte relação para o símbolo de Jacobi
$$(-1)^{\frac{(h+1)k}{4}} \left(\frac{k}{h+k}\right) = \left(\frac{k}{h}\right).$$

14. Mostre que o símbolo de Jacobi pode ser expresso em termos do símbolo de Kronecker de qualquer uma das seguintes maneiras
Se $m > 0$, m ímpar e $(n, m) = 1$ então

$$\left(\frac{n}{m}\right) = \begin{cases} 1 & \text{se } m \text{ for um quadrado,} \\ \left(\frac{m}{|n|}\right) & \text{se } m \equiv 1 \pmod{4} \text{ e } m \text{ não for um quadrado,} \\ \frac{n}{|n|}\left(\frac{-m}{|n|}\right) & \text{se } m \equiv 3 \pmod{4}, \end{cases}$$

$$\left(\frac{n}{m}\right) = \begin{cases} 1 & \text{se } n \text{ for um quadrado,} \\ \left(\frac{4n}{m}\right) & \text{se } n \text{ não for um quadrado.} \end{cases}$$

15. Mostre que o símbolo de Kronecker pode ser expresso em termos do símbolo de Jacobi como se segue: se $d \equiv 0$ ou $1 \pmod{4}$ e não for um quadrado e $m > 0$ então

$$\left(\frac{d}{m}\right) = \begin{cases} 0 & \text{se } (m, d) > 1, \\ \left(\frac{m}{|d|}\right) & \text{se } (m, d) = 1, d \equiv 1 \pmod{4}, \\ \left(\frac{\frac{d}{4}}{m}\right) & \text{se } (m, d) = 1, d \equiv 0 \pmod{4}. \end{cases}$$

16. a) Mostre que a quinta afirmação do Teorema 99 pode ser modificada para se ter $\left(\frac{d}{p}\right) = -1$ para p apropriado.

b) Se n não for um quadrado mostre que existe um número infinito de p ímpares tais que $\left(\frac{n}{p}\right) = -1$.

(Sugestão: Aplique a) com $d = h^2 n$ onde n é o produto dos primeiros r primos, r sendo um inteiro positivo arbitrário.)

c) Se a congurência $x^2 \equiv n \pmod{p}$ for solúvel para p suficientemente grandes, mostre que n é um quadrado.

Exercícios para o Capítulo 7

1. Sejam a, b e c dados e tais que ou $b^2 - ac < 0$ ou $b^2 - ac =$ um quadrado positivo. Mostre que para qualquer k dado a equação $ax^2 + 2bxy + cy^2 = k$ tem apenas um número finito de soluções.

2. Sejam a, b e c dados e tais que ou $b^2 - ac = 0$ ou $b^2 - ac$ é positivo e não quadrado. Mostre que existe um k não nulo tal que a equação $ax^2 + 2bxy + cy^2 = k$ tem um número infinito de soluções, se não ocorrer que $a = b = c = 0$.

3. Dado k, mostre que existem infinitos valores positivos de d tais que a equação $x^2 - dy^2 = k$ é solúvel.

4. Se d for divisível por 4 ou por qualquer primo congruente a 3 módulo 4, mostre que a equação $x^2 - dy^2 = -1$ não tem soluções.

5. Seja d positivo e não quadrado e suponha que a equação $x^2 - dy^2 = -1$ tenha soluções. Se x_0, y_0 é a solução para a qual y_0 tem o menor valor positivo e $x_0 > 0$, mostre que a solução geral de $x^2 - dy^2 = -1$ é dada pela fórmula

$$\pm(x_0 + y_0\sqrt{d})^{2n+1} = x + y\sqrt{d},$$

emquanto a solução geral de $x^2 - dy^2 = 1$ é dada pela fórmula

$$\pm(x_0 + y_0\sqrt{d})^{2n} = x + y\sqrt{d}.$$

6. Mostre que a equação $x^2 - 34y^2 = -1$ não tem soluções.
(Sugestão: A equação $x^2 - 34y^2 = 1$ tem a solução $x = 35$, $y = 6$.)

7. Se d é divisível por um primo congruente a 3 módulo 4 mostre que a equação $x^2 - dy^2 = -4$ não tem soluções.

8. Suponha $d > 0$, $d \equiv 0, 1 \pmod{4}$, d não quadrado e suponha que a equação $x^2 - dy^2 = -4$ tem soluções. Se x_0, y_0 é a solução para a qual y_0 tem o menor valor positivo e $x_0 > 0$, mostre que a solução geral de $x^2 - dy^2 = -4$ é dada pela fórmula

$$\pm(\frac{x_0 + y_0\sqrt{d}}{2})^{2n+1} = \frac{x + y\sqrt{d}}{2},$$

enquanto a solução geral de $x^2 - dy^2 = 4$ é dada pela fórmula

$$\pm(\frac{x_0 + y_0\sqrt{d}}{2})^{2n} = \frac{x + y\sqrt{d}}{2}.$$

9. Suponha $d \equiv 0 \pmod{4}$. Mostre que qualquer solução da equação $x^2 - dy^2 = 4$ é da forma $x = 2u$, $y = v$, onde $u^2 - \frac{1}{4}dv^2 = 1$. Analogamente para a equação $x^2 - dy^2 = -4$, se tiver soluções.

10. Suponha $d \equiv 1 \pmod{8}$. Mostre que qualquer solução da equação $x^2 - dy^2 = 4$ é da forma $x = 2u$, $y = 2v$, onde $u^2 - dv^2 = 1$. Analogamente para a equação $x^2 - dy^2 = -4$, se tiver soluções.

11. Suponha $d > 0$, $d \equiv 5 \pmod{8}$. Se x_0, y_0 é a solução de $x^2 - dy^2 = 4$ para a qual y_0 tem o menor valor e $x_0 > 0$ e se x'_0, y'_0 é a solução de $x^2 - dy^2 = 1$ para a qual y'_0 tem o menor valor positivo e $x'_0 > 0$, mostre que

$$x'_0 + y'_0\sqrt{d} = \frac{x_0 + y_0\sqrt{d}}{2},$$

se x_0 e y_0 forem pares, mas que

$$x'_0 + y'_0\sqrt{d} = (\frac{x_0 + y_0\sqrt{d}}{2})^8,$$

se x_0 e y_0 forem ímpares. Analogamente para a equação $x^2 - dy^2 = -4$, se tiver soluções.

Exercícios para a Segunda Parte

Exercícios para o Capítulo 8

1. Mostre que existe uma constante positiva a tal que existe um primo entre n e an para qualquer positivo n.

2. Se $\epsilon > 0$ mostre que $\sum p^{-1}(\log p)^{-\epsilon}$ converge, com a soma tomada sobre todos os primos em ordem crescente.

3. Mostre que se m percorre os números compostos em ordem crescente então $\sum\{m - \varphi(m)\}^{-2}$ converge.

(Sugestão: Se m tiver um fator primo $\leq m^{\frac{1}{3}}$ então $m - \varphi(m) > m^{\frac{2}{3}}$. Se não, então ou m é o quadrado de um primo ou o produto de dois primos distintos.)

4. (a) Mostre que $\sum\{\log(1-\frac{1}{p})+\frac{1}{p}\}$ converge, com a soma tomada sobre todos os primos em ordem crescente.
(b) Se $\xi \geq 3$ mostre que

$$\sum_{p\leq\xi}\frac{1}{p} \geq \log\log\xi + \sum\{\log(1-\frac{1}{p})+\frac{1}{p}\}.$$

(Cf. a segunda prova do Teorema 114.)

5. Para $\xi > 0$ defina

$$\varsigma(\xi) = \sum_{p\leq\xi}\log p.$$

Mostre que existem constantes positivas α' e α'' tais que $\alpha'\xi < \varsigma(\xi) < \alpha''\xi$ para $\xi > 2$.
(Sugestão: Use o fato que $\{\pi(\xi) - \pi(\sqrt{\xi})\}\log\sqrt{\xi} \leq \varsigma(\xi) \leq \pi(\xi)\log\xi$.)

6. Mostre que

$$|\sum_{p\leq n} p^{-1}\log p - \log n|$$

é limitado para $n \geq 1$.
(Sugestão: Use o Teorema 27 para mostrar que

$$n\sum_{p\leq n}p^{-1}\log p - \sum_{p\leq n}\log p \leq \log n! \leq n\sum_{p\leq n}p^{-1}\log p + n\sum_{p\leq n}\{p(p-1)\}^{-1}\log p,$$

e então use o ex. 5 e as desigualdades óbvias $e^n > n^n(n!)^{-1} \geq 1$.)

7. Na notação do ex. 5 mostre que

$$\lim_{\xi\to\infty} \pi(\xi)(\log\xi)\{\varsigma(\xi)\}^{-1} = 1.$$

(Sugestão: Mostre que

$$\varsigma(\xi)\log^{-1}\xi \leq \pi(\xi) \leq \omega + \varsigma(\xi)\log^{-1}\omega$$

se $2 \leq \omega \leq \xi$ e então tome $\omega = \xi\log^{-2}\xi$ para ξ grande.)

8. Se $\epsilon > 0$ mostre que o número de fatores primos distintos de n é menor do que $(1+\epsilon)\log n\log^{-1}\log n$ para n suficientemente grande.
(Sugestão: Se n tem r fatores primos distintos, onde $r > 2$, então $n \geq p_1 p_2 \ldots p_r$ e assim $\log n\log^{-1}\log n \geq \varsigma(p_r)\log^{-1}\varsigma(p_r)$.)

9. Se $t > 0$ e $\xi \geq 2$ mostre que

$$\prod_{t<p\leq\xi}(1-\frac{t}{p}) < \log^{-1}\xi\prod_{p\leq t}(1-\frac{1}{p})^{-t}.$$

(Cf. a prova da segunda parte do Teorema 115.)

Exercícios para o Capítulo 9

1. Suponha dado um conjunto de N objetos e certas propriedades $A_1, A_2, \ldots, A_r$ deles. Suponha que $N(A_i)$ dos objetos tem a propriedade A_i, que $N(A_i, A_j)$ dos objetos tem ambas as propriedades A_i e A_j, que $N(A_i, A_j, A_k)$ dos objetos tem as três propriedades A_i, A_j e A_k, ..., que $N(A_1, A_2, \ldots, A_r)$ tem todas as propriedades $A_1, A_2, \ldots, A_r$. Seja Z o número de objetos que não tem nenhuma das propriedades $A_1, A_2, \ldots, A_r$. Mostre que

$$Z = N + \sum_{n=1}^{r}(-1)^n N_n,$$

onde

$$N_n = \sum N(A_{i_1}, A_{i_2}, \ldots, A_{i_n}). \qquad (1 \leq i_1 < i_2 < \cdots < i_n \leq r).$$

2. Nas condições do problema anterior, mostre que se m for par e $0 < m \leq r$ então

$$N + \sum_{n=1}^{m-1}(-1)^n N_n \leq Z \leq N + \sum_{n=1}^{m}(-1)^n N_n.$$

3. Sejam $t > 0$ e $a_1, a_2, \ldots, a_t$ são inteiros distintos. Seja $P(\xi)$ o número de $n \leq \xi$ tais que $n + a_1, n + a_2, \ldots, n + a_t$ são todos primos. Pelo método usado na prova do Teorema 119 mostre que para $\xi \geq 3$

$$P(\xi) < \beta \xi (\log \xi)^{-t}(\log \log \xi)^t,$$

onde β é um número positivo que só depende de $t, a_1, a_2, \ldots, a_t$.

(Sugestão: Mostre primeiro que o resultado é trivial se $a_1, a_2, \ldots, a_t$ representam todas as classes residuais módulo algum primo. Observe ainda que qualquer primo que divida $a_i - a_j$ para alguns i e j ($i \neq j$) tem um papel excepcional análogo ao papel do primo 2 na prova do Teorema 119.)

4. Mostre que o Teorema 120 é ainda verdadeiro se o termo geral da série for $p^{-1}(\log p)^\varsigma$ em vez de p^{-1}, onde $\varsigma < 1$.

Exercícios para o Capítulo 10

1. Sejam $m > 0$ e $\kappa(m)$ definido como no ex. 13 da primeira parte, capítulo 5, e mostre que existe um número g que pertence ao expoente $\kappa(m)$ módulo m. Deduza que os números que ocorrem como expoentes módulo m são precisamente os divisores de $\kappa(m)$.

2. Seja $m > 1$. Mostre que as cinco afirmações a seguir são equivalentes:
    (a) m é 2,4, uma potência de um primo ímpar ou duas vezes a potência de um primo ímpar,
    (b) $\kappa(m) = \varphi(m)$,
    (c) existe um número g tal que todo inteiro relativamente primo com m é congruente módulo m a uma potência de g,
    (d) se a pertence ao expoente 2 módulo m então $a \equiv -1 \pmod{m}$,
    (e) o produto dos elementos num sitema residual reduzido módulo m é congruente a -1 módulo m.

3. Se $k_1 > 0$, $\chi_1(a)$ é um caráter módulo k_1, $k_2 > 0$, $\chi_2(a)$ é um caráter módulo k_2, então $\chi_1(a)\chi_2(a)$ é um caráter módulo o mínimo múltiplo comum entre k_1 e k_2.

4. Se $k_1 > 0$, $k_1 > 0$, $(k_1, k_2) = 1$ e $\chi(a)$ é um caráter módulo $k_1 k_2$, então $\chi(a)$ é unicamente expressável na forma $\chi_1(a)\chi_2(a)$, onde $\chi_1(a)$ é um caráter módulo k_1 e $\chi_2(a)$ é um caráter módulo k_2.
    (Sugestão: Seja $u_1 \equiv 1 \pmod{k_1}$, $u_1 \equiv 0 \pmod{k_2}$, $u_2 \equiv 0 \pmod{k_1}$, $u_2 \equiv 1 \pmod{k_2}$. Então $\chi(a) = \chi(u_1 a + u_2)\chi(u_1 + u_2 a)$.)

5. Seja $\chi(a)$ é um caráter módulo k e $\chi_0(a)$ é o caráter principal módulo k. Sejam k_1 e k_2 divisores de k, $\chi_1(a)$ um caráter módulo k_1 e $\chi_2(a)$ um caráter módulo k_2 tais que

$$\chi(a) = \chi_0(a)\chi_1(a) = \chi_0(a)\chi_2(a).$$

Mostre que existe um caráter $\chi_3(a)$ módulo (k_1, k_2) tal que

$$\chi(a) = \chi_0(a)\chi_3(a).$$

6. Seja $k > 0$, onde k tem r fatores primos distintos. Mostre que o número de caracteres reais (caracteres do primeiro e do segundo tipo) é 2^r se $4 \nmid k$, 2^{r+1} se $4 \mid k$ mas $8 \nmid k$, e 2^{r+2} se $8 \mid k$.

7. Seja $\chi(a)$ um caráter não principal módulo k (caráter do segundo ou do terceiro tipo) e

$$S(m) = \sum_{a=1}^{m} \chi(a).$$

Se d for um número tal que $d \geq |S(m)|$ para todo $m \geq 1$, mostre que

$$|L(1,\chi)| < 1 + \frac{1}{2} + \frac{1}{3} + \cdots + \frac{1}{d}.$$

Deduza que $|L(1,\chi)| < \log k$.
(Sugestão: $L(1,\chi) = \sum_{m=1}^{\infty} S(m)\{m(m+1)\}^{-1}$.)

8. Mostre que as séries (71) e (73) de fato convergem uniformemente para $s \geq \epsilon$, desde que $\epsilon > 0$.

9. Se $\chi(a)$ for um caráter faça $g = g(s,\chi) = \sum_{a=2}^{\infty} \chi(a)\Lambda(a)(a^s \log a)^{-1}$ para $s > 1$. Mostre que $e^g = L(s,\chi)$ para $s > 1$.
(Sugestão: Mostre que a derivada de $e^{-g} L(s,\chi)$ é zero.)

10. Mostre que se $0 < \eta < 1$ e ν e λ são reais então

$$(1-\eta)^{2\lambda^2+1}|1 - \eta e^{\nu i}|^{4\lambda}|1 - \eta e^{2\nu i}| < 1.$$

(Sugestão: Use a relação

$$\log|1 - \eta e^{\nu i}| = -\sum_{n=1}^{\infty} \eta^n (\cos n\nu) n^{-1}.)$$

Mostre ainda que se $\sqrt{2}|\lambda - 1| < 1$ a desigualdade acima pode ser usada no lugar do Teorema 149 para provar o Teorema 151. (O Teorema 149 é o caso especial $\lambda = \frac{1}{2}$. O caso $\lambda = 1$ é também às vezes usado.)

11. Se $k > 0$ use o ex. 9 para mostrar que

$$\prod_{\chi} L(s,\chi) > 1$$

para $s > 1$ real, onde o produto é tomado sobre todos os caracteres módulo k. Mostre que esta desigualdade pode ser usada para dar outra prova do Teorema 151.

(Sugestão: O conjugado de um caráter do terceiro tipo é também um caráter do terceiro tipo.)

12. Dado que $k > 0$ e χ_0 é o caráter principal módulo k, mostre que se $s \to 1$ pela direita

$$\frac{L'(s,\chi)}{L(s,\chi)} + \frac{1}{s-1}$$

tem um limite finito. Deduza deste fato e da equação (82) que se $(l,k) = 1$ então

$$\sum_{p \equiv l} \frac{1}{p^s} \log p - \frac{1}{h(s-1)}$$

tem um limite finito se $s \to 1$ pela direita.

13. a) Seja $k > 0$. Se $\chi_0(a)$ é o caráter principal módulo k mostre que (na notação do ex. 9) $g(s,\chi_0) + \log(s-1)$ tem um limite finito se $s \to 1$ pela direita. Se $\chi(a)$ é um caráter não principal módulo k mostre que $g(s,\chi)$ tem um limite finito se $s \to 1$ pela direita.

b) Seja $(l,k) = 1$, $l > 0$. Mostre que para $s > 1$ (com o somatório como no Teorema 154)

$$\frac{1}{h}\sum_{\chi}\frac{1}{\chi(l)}g(s,\chi) = \sum_{a\equiv l}\frac{\Lambda(a)}{a^s \log a}.$$

c) Prove o Teorema 155 usando b) e as funções $g(s,\chi)$ em vez de (82) e as funções $-\frac{L'(s,\chi)}{L(s,\chi)}$. Mostre de fato que

$$\sum_{p\equiv l}\frac{1}{p^s} + \frac{1}{h}\log(s-1)$$

tem um limite finito se $s \to 1$ pela direita.

d) Mostre que $\sum_{p\equiv l}\frac{1}{p}$ diverge.

14. Usando o Teorema 155 e o exercício 9 da primeira parte, cap. 5, mostre que, dado qualquer número positivo r por maior que seja, existe um número infinito de primos q tais que a diferença entre q e qualquer outro primo é maior do que r em valor absoluto.

Exercícios para a Terceira Parte

Exercícios para o Capítulo 11

1. Se $b > 0$, $b' > 0$ e $ba' - ab' = \pm 1$ mostre que $\frac{a}{b}$ e $\frac{a'}{b'}$ são vizinhas na série de Farey de ordem n para qualquer n tal que $b + b' > n \geq \max(b, b')$. (Cf. a prova do Teorema 156.)

2. Se $\frac{a}{b}$ e $\frac{a'}{b'}$ são vizinhas na série de Farey de alguma ordem então $\frac{a+a'}{b+b'}$ é a única fração entre elas na série de Farey de ordem $b + b'$.

3. Suponha que para cada fração $\frac{a}{b}$ com $(a,b) = 1$ e $b > 0$ construimos um círculo de raio $(2b^2)^{-1}$ e centro em $\frac{a}{b} + i(2b^2)^{-1}$ no plano complexo. Mostre que nenhum par de círculos assim se intersecta e que dois tais círculos são tangentes se e só se as frações correspondentes são vizinhas na série de Farey de alguma ordem.

4. Se ξ é um dado número irracional mostre que existem infinitas frações $\frac{a}{b}$ com $(a,b) = 1$, $b > 0$, e $|\xi - \frac{a}{b}| < (2b^2)^{-1}$.

Exercícios para o Capítulo 12

1. Mostre diretamente (isto é, sem usar nenhum dos resultados deste capítulo) que se

$$n = x^2 + y^2, \quad x > 0, \quad y > 0, \quad 2|x$$

tem mais do que uma solução então n é composto.

2. Mostre diretamente que se algum $p \equiv 3 \pmod{4}$ divide n com multiplicidade ímpar então n não pode ser expresso como a soma de dois quadrados.

3. Usando a identidade $2(x^2 + y^2) = (x+y)^2 + (x-y)^2$, mas sem usar nenhum dos resultados deste capítulo, mostre que $U(2n) = U(n)$.

4. Prove que todo $p \equiv 1 \pmod{4}$ pode ser expresso como a soma de dois quadrados usando o exercício 8 da primeira parte, capítulo 5 em vez dos métodos deste capítulo.

(Sugestão: Na notação do problema mencionado tome $r = s = [\sqrt{p}] + 1$ e escolha a tal que $a^2 + 1 \equiv 0 \pmod{p}$.)

5. Usando apenas o resultado do problema predecente e a identidade

$$(x_1^2 + y_1^2)(x_2^2 + y_2^2) = (x_1 x_2 + y_1 y_2)^2 + (x_1 y_2 - y_1 x_2)^2,$$

mostre que um n positivo pode ser expresso como a soma de dois quadrados se nenhum $p \equiv 3 \pmod{4}$ divide n com multiplicidade ímpar.

6. Se $n > 0$, se nenhum $p \equiv 3 \pmod{4}$ divide n com multiplicidade ímpar, e se m for definido como no Teorema 164, mostre que o número de soluções de

$$n = x^2 + y^2, \quad x \geq y \geq 0$$

é igual ao número de soluções de

$$m = xy, \quad x \geq y > 0.$$

(Sugestão: Mostre que ambas as quantidades são iguais a $[\frac{1}{2}T(m) + \frac{1}{2}]$. Cf. exercício 2 da primeira parte, cap. 2.)

7. Para $n > 0$ faça $b_n = 1$ se $U(n) > 0$ e $b_n = 0$ se $U(n) = 0$. Mostre que $\sum_{n=1}^{\infty} b_n n^{-\alpha}$ converge se $\alpha > 1$ e diverge se $\alpha \leq 1$.

8. Se $x > 0$ mostre que

$$\pi x - 4\sqrt{x} - 4 < \sum_{n=1}^{x} U(n) < \pi x + 4\sqrt{x}.$$

Exercícios para o Capítulo 13

1. Mostre que na prova do Teorema 168 é possível evitar a prova preliminar que m é ímpar. (Se isto for feito, a desigualdade $|y_k| < \frac{m}{2}$ deve ser substituída por $|y_k| \leq \frac{m}{2}$, e depois a possibilidade $n = m$ deve ser excluída com um argumento separado.)

2. Mostre que se $n_1 > 0$, $n_2 > 0$ e $(n_1, n_2) = 1$ então

$$\frac{Q(n_1 n_2)}{8} = \frac{Q(n_1)}{8} \frac{Q(n_2)}{8}.$$

3. Seja $R(n)$ o número de soluções de

$$x_1^2 + x_2^2 + x_3^2 + x_4^2 = n, \qquad (x_1, x_2, x_3, x_4) = 1.$$

Se $n > 0$ mostre que

$$Q(n) = \sum_{d^2 | n} R(\frac{n}{d^2}), \qquad R(n) = \sum_{d^2 | n} \mu(d) Q(\frac{n}{d^2}).$$

(Cf. Teoremas 38 e 162.)

4. Use os resultados dos exercícios precedentes para mostrar que se $n_1 > 0$, $n_2 > 0$ e $(n_1, n_2) = 1$ então

$$\frac{R(n_1 n_2)}{8} = \frac{R(n_1)}{8} \frac{R(n_2)}{8}.$$

5. Seja u um número ímpar positivo e v o maior divisor livre de quadrados de u. Usando os resultados dos exercícios precedentes mostre que

$$\begin{aligned} R(u) &= 8uS(v)v^{-1}, \\ R(2u) &= 24uS(v)v^{-1}, \\ R(4u) &= 16uS(v)v^{-1}, \\ R(2^l u) &= 0, \quad \text{se} \quad l > 2. \end{aligned}$$

6. Mostre que existem infinitos n positivos para os quais

$$x_1^2 + x_2^2 + x_3^2 + x_4^2 = n, \quad x_1^2 > x_2^2 > x_3^2 > x_4^2$$

não tem soluções.

7. Mostre que se n for suficientemente grande então

$$x_1^2 + x_2^2 + x_3^2 + x_4^2 + x_5^2 = n, \quad x_1^2 > x_2^2 > x_3^2 > x_4^2 > x_5^2$$

tem soluções.

Exercícios para o Capítulo 14

1. Use o Teorema 181 para dar outra prova que, se $n > 0$ e nenhum $p \equiv 3 \pmod{4}$ divide n com multiplicidade ímpar, então n pode ser expresso como a soma de dois quadrados.

(Sugestão: Sem perda de generalidade pode ser assumido que n é livre de quadrados. Então existem inteiros b e c tais que $b^2 = -1 + cn$. Logo a forma binária definida $nx_1^2 + 2bx_1x_2 + cx_2^2$ é equivalente a $x_1^2 + x_2^2$.)

2. Se cada um de dois inteiros pode ser expresso como a soma de dois quadrados então o produto também pode. Mostre que a afirmação análoga para três quadrados é falsa.

3. Mostre que se $p \equiv 5 \pmod{12}$ e $p > 17$ então p pode ser expresso como a soma de três quadrados positivos distintos.

(Sugestão: Mostre que $p = a^2 + b^2$, onde $a + b \equiv 0 \pmod 3$. Então use a identidade

$$9(a^2 + b^2) = (2a - b)^2 + (2a + 2b)^2 + (2b - a)^2.)$$

4. Usando apenas os resultados deste capítulo mostre que para $n > 0$ existem soluções de

$$x_1^2 + x_2^2 + x_3^2 + x_4^2 = n, \quad (x_1, x_2, x_3, x_4) = 1$$

se e só se $8 \nmid n$.

5. Mostre que dados m e n o sistema

$$x_1^2 + x_2^2 + x_3^2 + x_4^2 = n, \quad x_1 + x_2 + x_3 + x_4 = m$$

tem uma solução se e só se ou
(i) $4n - m^2 = 0$ e $4|m$ ou
(ii) $4n - m^2 > 0$, $m \equiv n \pmod 2$ e $4n - m^2$ não é da forma $4^a(8b + 7)$, $a \geq 0$, $b \geq 0$.

6. Se $x > 0$ seja $N(x)$ o número de inteiros positivos não maiores do que x e não expressáveis como a soma de três quadrados. Mostre que

$$N(x) = \sum_{a=0}^{r} [\frac{1}{8}(4^{-a}x + 1)],$$

onde $r = [(\log x - \log 7)\log^{-1} 4]$ e deduza que

$$\frac{x}{6} - \frac{7\log x}{8\log 4} - 1 < N(x) < \frac{x}{6} + \frac{\log x}{8\log 4}.$$

7. *Use os argumentos deste capítulo para mostrar que se $n > 0$ e $n \equiv 1, 2, 3, 5$ ou $6 \pmod{8}$ existem soluções de*

$$x_1^2 + x_2^2 + x_3^2 = n, \qquad (x_1, x_2, x_3) = 1.$$

Mostre ainda que se $n \equiv 0, 4, 7$ ou $7 \pmod{8}$ nenhuma solução existe.

Índice de Convenções

$a, b, c, d, \ldots$ denotam inteiros (sempre, exceto quando explicitamente observado o contrário)
$p, p', \ldots, p_1, p_2, \ldots$ denotam primos
m é > 0
d não é quadrado perfeito e é $\equiv 0$ ou $1 \pmod{4}$
$a_1, \ldots$ constantes positivas > 0
$i = \sqrt{-1}$
s não necessariamente inteiro
n, n_1, n_2, d, d_1, d_2 são > 0
$u, l, m, a, \alpha, \beta$ são inteiros ímpares > 0
d é um discriminante fundamental

Índice Remissivo

Aritmética, função, *35, 38, 41, 42, 86, 133, 134, 149, 273, 274*

Brun, Teorema de, *103, 105, 115*

Caráter, *133-139, 150, 282, 283*
    do primeiro tipo, *139*
    do segundo tipo, *139, 148, 151, 226, 263*
    do terceiro tipo, *139, 147, 151, 283*
    principal, *139, 140-142, 148, 166, 283, 284*
Chebyshev, *107*
classe, de formas, *22, 42, 52, 66, 94, 95, 148, 186-188, 191, 194, 201-203, 207, 210-213, 215, 229-231*
    imprimitiva, *215*
    primitiva, *201, 215, 225*
    residual, *47, 49, 51, 54, 57-59, 71, 79, 117, 119, 130, 132, 173, 188, 227, 231, 245, 259, 281*
complementos, *69*
composto, número, *22*
congruência, *46, 47, 49, 50, 53, 54, 57, 59, 63*

congruentes, *47, 61, 275, 276*
conjunto de resíduos, completo (ou conjunto completo de resíduos), *52, 53, 60, 117, 134, 135, 138, 140, 160, 174, 230, 247, 251, 259*
  reduzido, ver reduzido, conjunto de resíduos
Crivo de Eratóstenes, *115*

Decimal, representação, *13*
definida, forma, *188, 189, 191, 193, 207, 208, 210, 287*
determinante, *184-186, 191, 194, 211, 213,218, 223, 250*
diofantina, equação, *6, 54, 55, 91, 101, 157, 171, 175, 274*
Dirichlet, *23, 83, 103, 105, 127, 148, 152, 157, 196*
discriminante, *184, 186, 189, 190, 193-195, 201, 205, 207, 208, 210, 215*
  fundamental, *257, 258, 259, 260, 264, 267, 268, 289*
  primo, *262*
divisibilidade, *12*
divisor, *11, 13, 15-18, 21, 23-25, 28, 31, 32, 35-39, 42, 55, 68, 84, 120, 157, 158, 180, 225, 272,273, 282, 286*
  máximo — comum, *11, 17, 31, 32, 55, 271*

Equivalência, *91, 183, 185, 201*
Eratóstenes, ver Crivo de Eratóstenes
escaninhos, princípio dos (princípio da casa de pombo), *52, 70, 75, 76, 93, 94, 95, 132, 135, 173, 202*
Euclides, algoritmo de,
Euler, *71*
  critério de *66, 68*
  função de, *42*
  identidade de, *171*
expoente, *6, 28, 127, 130, 275, 282*
  pertencer ao, *127, 282*

Farey,
  frações de *159, 162*
  seqüência de (série de), *159, 160, 161, 284*
Fermat,
  conjectura de, *61*
  Teorema de, *5, 61, 66, 67, 127, 128, 131, 133*
Fibonacci, série de, *271*

Índice Remissivo

Formas,
    binárias, *186-189, 201, 287*
    indefinidas, *207*
    fatoráveis, *205*
    lineares, *203*
    não-fatoráveis, *203*
    negativas definidas, *208*
    primitivas (ou imprimitivas), *202, 203, 215, 225*
    quadráticas, *148, 183, 199, 203, 205, 234*
    positivas definidas, *208, 210*
    reduzidas, *202*
    ternárias, *186, 189, 191, 193, 195*
função aritmética, ver aritmética, função
função característica, *245, 248*

Gauss, *71, 202, 206, 236, 238*
    lema de, *69, 276*
    somas de *235*
Gaussianas, Teoria das Somas, *203*
Gordan, *40*

Hadamard, *107*
Hardy, *5, 6, 158*
Hilbert, *5, 6, 158*

Identidade, transformação, *185*
imprimitiva, forma, *202, 215*
imprópria, representação, *217, 221*
incongruente, *47, 52, 53, 60, 66, 127, 132, 172*
indefinida, forma, *207*
inteiro, *5, 6, 11, 16-18, 49, 52, 56, 73, 91, 95, 99-101, 108, 117, 121, 122,*
    133, 140, 150, 172, 174, 175, 179, 180, 180, 183-186, 190, 206, 208
    218, 227, 228, 249, 271, 273-275, 277, 278, 281, 282, 287, 289
    representação como produto de primos, *21*
        canônica, *24, 25, 29, 31, 35, 38, 39, 43, 44, 59, 77, 84, 129, 168,*
        231, 251, 275

Jacobi, lei de reciprocidade de, *79-81*

símbolo de, 77, 81-83, 85, 277

Kronecker, *241*
   símbolo de, 83, 133, 139, 203, 225, 277

Lagrange, Teorema de, *171, 175, 197*
Legendre, símbolo de, 65, 77, 78, 81, 83
Liouville, função de, 273
Littlewood, 5, 6, 158

Matriz, *222, 223, 245, 246, 247*
mediante, 161, 162
Mertens, 241, 251
Móbius, função de, 38
   inversão, 41, 61
módulo, 45-47, 65, 67, 69, 119, 130, 131, 274-278, 281-284
múltiplo comum, 15, 16, 19, 33, 51, 57, 108, 272, 275, 282
   mínimo, 33, 51, 57, 108, 272, 275, 282

Não resíduo, *65, 67, 78, 87, 88, 173, 202, 203, 239, 267, 276*
negativas definidas, formas, ver formas
Números, utilidade da Teoria dos, 40

Par, *13, 36, 52, 63, 71, 75, 84-88, 94, 115, 116, 125, 137, 158, 162, 166,*
   168, 173, 177, 179, 180, 188, 194, 201, 207, 222, 223, 231, 241, 242,
   252, 257-259, 269, 271, 273, 274, 277, 279, 281
Pell, equação de, 91, 94, 96, 101, 203, 218
perfeito, número, 36-38, 273
   ímpar, 36, 273
$\pi(\xi)$, propriedades assintóticas de, 105
positivo definida, formas, ver formas
positivo, inteiro, 35, 278
primária, representação, 271, 220, 221, 222, 225, 226, 229
primitiva, forma, ver formas
primitiva, raiz, 130, 131
primo (número primo), 5, 6, 17, 19, 21-28, 37-39, 68, 71, 73, 74, 77, 81,
   105, 107, 108, 110, 111, 113, 115-120, 125, 127, 128, 152, 157, 165,

168, 169, 173, 196, 203, 206, 226-228, 230, 236, 241, 252, 257, 259, 260, 271-282, 284, 289
primo, relativamente, *18, 32, 43, 51-53, 58, 59, 73, 78, 81-83, 282*
primos, pares de, (ver Teorema de Brun), *115, 116, 125, 273*
própria, representação, ver representação
próprio, divisor, *35, 37*

Quadrática, forma, ver formas
quadrática, lei de reciprocidade, *68, 70, 71, 74*
quadrático, resíduo, *65, 67, 68, 74, 78, 171, 173, 195, 197, 202, 203, 239, 252, 267, 276, 277*
    não-resíduo, *65, 67, 78, 87, 88, 202, 276*
quociente, *13, 16*

Raiz, *74, 133, 134, 253*
    particular, *253*
    primitivas, *130, 131*
reciprocidade, lei de, *71, 74, 79, 80, 81*
reduzido, conjunto de resíduos, *52, 53, 60, 61, 65, 67, 132, 159, 239*
relativamente primo, *18, 32, 43, 51-53, 59, 73, 78, 81-83, 226-228, 230, 274, 282*
representação, como produto de primos, *18, 21, 22, 28, 78, 273, 274, 278, 279*
    imprópria, *217, 221*
    primária, *221, 225*
    própria, *217, 218, 221, 225*
representativo, sistema, *225, 226, 229, 230*
resíduos, *52, 69, 70, 135, 203, 230, 261*
    classes de, *47, 49, 54, 59, 119, 130, 173, 227, 231, 259, 281*
    conjunto completo de, *52, 53, 60, 117, 134, 135, 138, 140, 160, 174, 230, 247, 251, 259*
    quadráticos, *65, 67, 68, 171, 202, 203, 239, 252, 267, 276, 277*
    conjunto reduzido de, *53, 60, 61, 65, 132, 159, 239, 276*
resto, *13, 140, 203, 240, 271*

Schur, *241, 245*

Thue, *6, 101*

traço, *246, 247*
transformação, *185, 186, 188, 191-194, 208, 211, 213, 217-219, 222, 268*
  identidade, *185*

Vallée Poussin, *107*

Wilson, Teorema de, *62, 275, 276*